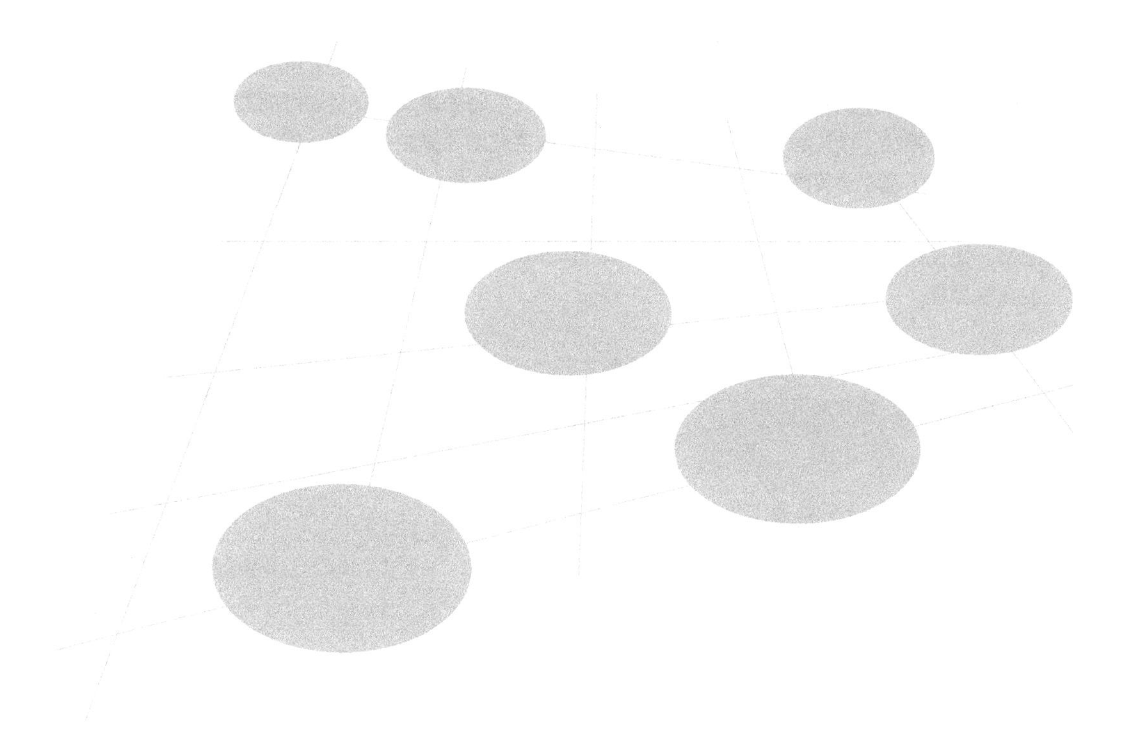

深入浅出强化学习

编程实战

郭　宪　宋俊潇　方勇纯　著

電子工業出版社
Publishing House of Electronics Industry
北京•BEIJING

内容简介

本书是《深入浅出强化学习：原理入门》的姊妹篇，写作的初衷是通过编程实例帮助那些想要学习强化学习算法的读者更深入、更清楚地理解算法。

本书首先介绍马尔可夫决策过程的理论框架，然后介绍基于动态规划的策略迭代算法和值迭代算法，在此基础上分3篇介绍了目前强化学习算法中最基本的算法。第1篇讲解基于值函数的强化学习算法，介绍了基于两种策略评估方法（蒙特卡洛策略评估和时间差分策略评估）的强化学习算法，以及如何将函数逼近的方法引入强化学习算法中。第2篇讲解直接策略搜索方法，介绍了基本的策略梯度方法、AC方法、PPO方法和DDPG算法。第3篇讲解基于模型的强化学习方法，介绍了基于MPC的方法、AlphaZero算法基本原理及在五子棋上的具体实现细节。建议读者根据书中的代码亲自动手编程，并修改程序中的超参数，根据运行结果不断体会算法原理。

图书在版编目（CIP）数据

深入浅出强化学习. 编程实战 / 郭宪，宋俊潇，方勇纯著. —北京：电子工业出版社，2020.3
ISBN 978-7-121-36746-5

Ⅰ. ①深… Ⅱ. ①郭… ②宋… ③方… Ⅲ. ①人工智能－程序设计 Ⅳ. ①TP18

中国版本图书馆CIP数据核字(2019)第111720号

责任编辑：刘 皎
印　　刷：北京盛通商印快线网络科技有限公司
装　　订：北京盛通商印快线网络科技有限公司
出版发行：电子工业出版社
　　　　　北京市海淀区万寿路173信箱　　邮编100036
开　　本：720×1000　1/16　印张：17　字数：354千字
版　　次：2020年3月第1版
印　　次：2021年4月第4次印刷
定　　价：89.00元

凡所购买电子工业出版社图书有缺损问题，请向购买书店调换。若书店售缺，请与本社发行部联系，联系及邮购电话：（010）88254888，88258888。

质量投诉请发邮件至zlts@phei.com.cn，盗版侵权举报请发邮件至dbqq@phei.com.cn。

本书咨询联系方式：010-51260888-819，faq@phei.com.cn。

前　言

每次写书的前言时，我总会感到惴惴不安。因为写前言的时候，书往往已经定稿了，不能再修改内容，书中的每一个字、每一句话、每一段表述都会毫无掩饰地袒露在读者面前。这时我的内心总是惶恐：书中的内容是否已经讲清楚？书中是否仍有很多漏洞？书中的见解是否会贻笑大方？最令我忧虑的是书的内容是否会误人子弟。相信这些担忧是每个心存敬畏之心的作者都有的。直到自己写了两本书，才真正明白那句从小就知道的名言“尽信书不如无书”！

不过，开卷有益，我们还是要多读书、读好书，取之精华，去之糟粕。一本书或一篇文章存在的价值就在于它的精华，我希望这本书还有那么一点点的精华，能帮助到不同层次的读者。

这本书的姊妹篇是《深入浅出强化学习：原理入门》，该书绝大部分的笔墨都用在描述算法的原理上，至于算法的实现，讲得并不多。《深入浅出强化学习：原理入门》出版后，我意识到学习强化学习算法如同学游泳，只知道理论而不下水去游，就永远学不会；同理，只懂原理而没有进行编程训练，永远学不会强化学习算法。出于这样的动机，我为《深入浅出强化学习：原理入门》一书编写了配套程序。在程序的编写过程中，我参考了很多网上的资源，如《莫烦 Python》、GitHub 上的很多源代码等。同时还邀请了知乎上的好友——网名为“一缕阳光”的宋俊潇共同完成这本以编程为主题的书。在这里非常感谢《莫烦 Python》，感谢那些将代码开源的作者们。

本书写作的初衷是通过编程实例帮助那些想要学习强化学习算法的读者更深入、更清楚地理解算法。本书的篇章结构与《深入浅出强化学习：原理入门》一书的篇章结构大体相同，首先介绍马尔可夫决策过程的理论框架，然后介绍基于动态规划的策略迭代算法和值迭代算法，在此基础上介绍了目前强化学习算法中最基本的算法。第1篇讲解基于值函数的强化学习算法，该篇介绍了基于两种策略评估方法（蒙特卡洛策略评估和时间差分策略评估）的强化学习算法，进而介绍了如何将函数逼近的方法引入强化学习算法中。第2篇讲解直接策略搜索的方法，该篇介绍了最基本的策略梯度方法、AC方法、PPO方法和DDPG算法。第3篇讲解基于模型的强化学习方法，该篇介绍了基于MPC的方法、AlphaZero算法基本原理及在五子棋上的具体实现细节。建议读者根据书中的代码亲自动手编程，并修改程序中的超参数，根据运行结果不断体会算法原理。笔者在为本书编写代码的过程中也受益匪浅。

本书第1篇中基于值函数方法的代码编程得益于笔者在2018年下半年给研究生开的选修课。很多代码参考了学生的作业，在该课程方面表现突出的有：冯帆、曹丁元、郑昊思等，在此感谢。本书第2篇中直接策略搜索的方法中很多代码则参考了莫烦的Python课程。第3篇中基于模型的强化学习算法的代码则参考了伯克利CS294深度强化学习课程的作业，AlphaZero部分则基于宋俊潇于2018年上半年完成的一个GitHub开源项目。课题组内的朱威、赵铭慧、张学有、姜帆、戚琪和古明阳等人也参与了本书的讨论和校对，没有他们，这本书也不可能完成。总之，这本书参考了很多网络资源，非常感谢互联网的共享精神，感谢那些拥有共享精神的网友，免费、共享，是计算机学科能快速发展的重要原因。

非常感谢方勇纯教授对笔者的教导和帮助，并积极推进本书的进展。感谢编辑刘皎女士默默无闻的辛勤付出，感谢国家自然基金青年基金（61603200）对笔者的支持。

最后，非常感谢我的爱人王凯女士，在历经艰难的十月怀胎后，生了一个健康漂亮的小公主，非常感谢岳父岳母日日夜夜不辞辛苦地呵护着宝宝健康成长。这本书献给最可爱最聪明最美丽的女儿汐汐。

郭　宪

2019年11月

目　录

Part Zero

第 0 篇

先导篇

本篇名为先导篇，目的是介绍强化学习算法的基本理论框架。第 1 章用很简单的例子让读者了解强化学习算法的流程，以及探索和利用平衡的问题。第 2 章介绍了强化学习算法的基本理论框架——马尔可夫决策过程。

1 一个极其简单的强化学习实例

强化学习算法最基本的理论框架是马尔可夫决策过程，在正式进入对马尔可夫决策过程的讲解和编程之前，我们先介绍一个极其简单的例子：多臂赌博机问题。对于该例子，我们利用强化学习的思想进行解决。在解决的过程中，读者们可以体会到强化学习算法中最核心的思想，如交互学习、探索和利用平衡等概念。

本章 1.1 节给出多臂赌博机的描述和基本算法，1.2 节给出完整的代码实现，1.3 节给出知识点总结和笔者的一些个人体会。

1.1 多臂赌博机

多臂赌博机（Multi-Armed Bandit）是指一台拥有 K 个臂的机器（如图 1.1 所示，图中的多臂赌博机有 3 个臂，即 K=3），玩家每次可以摇动这 K 个臂中的 1 个臂，摇动摇臂后，多臂赌博机会吐出数量不等的金币，吐出金币的数量服从一定的概率分布，而且该概率分布根据摇臂的不同而变化。也就是说，摇动不同的摇臂，多臂赌博机就会吐出数量服从不同概率分布的金币。用更通俗的话来说，有时摇臂吐出的金币多，有时摇臂吐出的金币少。

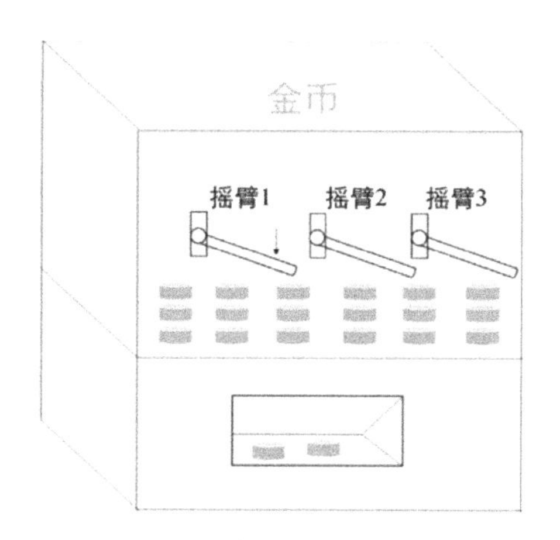

图 1.1　多臂赌博机示意图

多臂赌博机的问题是：假设玩家共有 N 次摇动摇臂的机会，每次如何选择摇动哪个臂以使得 N 轮后得到的金币最多？

对于这个问题，如果你提前知道每个臂对应吐出多少金币，那么每次都摇动那个吐金币最多的臂就可以了。但是，问题是你并不知道摇动哪个臂能获得最多金币。这个时候，你该采用什么样的策略去玩这 N 次游戏，从而得到最多的金币呢？

1.1.1　$\varepsilon-$greedy 策略

一个很直观的想法是：既然不知道哪个臂吐的金币最多，那么可以先对每个臂都尝试几次（如都尝试 10 次），找出哪个臂吐的金币最多，然后一直摇动它。

其实这个最简单、最朴素的想法已经蕴含了算法学习最基本的两个过程：采集数据和学习。首先，对每个臂进行尝试就是采集数据：每次尝试时，多臂赌博机会吐出不同数量的金币，这些不同数量的金币就是数据；其次，学习就是利用这些数据知道哪个臂会吐出最多的金币。一个最简单的思想是计算每个臂的平均吐钱数量。然后，我们一直摇那个吐钱最多的臂。

我们可以将这个算法用更形式化的代数来表示。用 s 表示当前多臂赌博机，用 A 表示可以选择的动作，即 $A=\{1,2,3\}$，其中 a=1 表示摇动第 1 个臂，a=2 表示摇动第 2 个臂，a=3 表示摇动第 3 个臂。用回报 r 表示摇动赌博机的摇臂后所获得的金币的数目。用 $Q(a)$ 表示摇动动作 a 所获得的金币的平均回报，则 $Q(a)=\frac{1}{n}\sum_{i=1}^{n} r_i$，其中 n 为摇动动作 a 的总次数。$R(a)$ 为摇动动作 a 的总回报。有了这些字母，上面最简单、最朴素的算法伪代码的表述如图 1.2 所示。

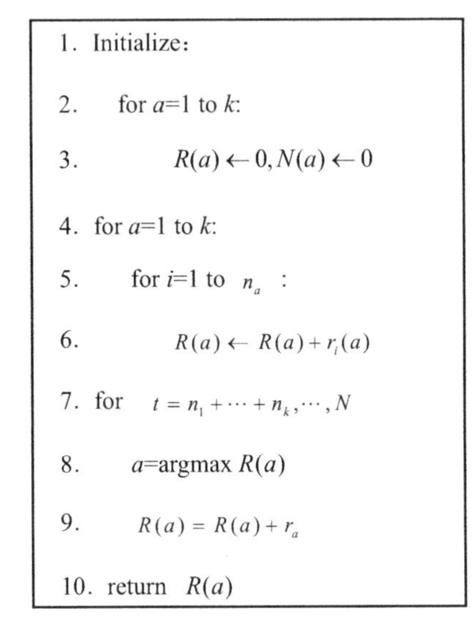

图 1.2　最简单的算法伪代码

在本书中会出现很多伪代码，它们可以把编程的思路描述得非常清楚。所以，读者阅读本书时请不要跳过伪代码。

伪代码的解释：

第 1~3 行：初始化每个动作的总回报 $R(a)$ ，以及摇动该动作的次数 $N(a)$ 。

第 4~6 行：每个臂都尝试 n_a 次，计算每个摇臂总的金币数。

第 7~9 行：算出使得总回报最大的那个臂，一直摇动它。

这是一个简单而朴素的想法，但并不是一个好的算法。原因如下。

第 1 个缺点是：我们不应该以总回报最大为目的来选择当前摇哪个臂，而是应该选择使得当前平均回报最大的臂。因为在后面的摇动过程中，经过 n_a 次摇动后使总和最大的那个臂的平均回报可能会变小，而平均回报才是能真正反映臂好坏的量。所以伪代码的第 8 行应该比较当前每个臂的平均回报，摇动使平均回报最大的臂。

第 2 个缺点是：我们不应该只摇动当前平均回报最大的臂，因为它不一定是最好的那个臂。所以，我们除了要关注当前平均回报最大的那个臂，还要保留一定的概率去摇动其他的臂，以便发现更好的臂。

以上两点分别对应着强化学习算法中最重要的概念：利用策略和探索策略平衡。

其中“利用”就是所谓的 exploitation，是利用当前的数据总结得到的最好的策略，采用该策略，我们可以得到比较高的回报。而“探索”就是所谓的 exploration，该策略能够帮助我们找到更好的臂，甚至找到最优的臂。

强化学习算法在训练过程中所用到的策略是平衡了利用和探索的策略，最常见的是 $\varepsilon-$greedy 策略。该策略用公式表示为

$$A \leftarrow \begin{cases} \arg\max_a Q(a) & \text{概率为} 1-\varepsilon \\ \text{随机动作} & \text{概率为} \varepsilon \end{cases} \tag{1.1}$$

该策略的意思是，在每次选择摇动哪个臂的时候，应该以 $1-\varepsilon$ 的概率去摇动当前均值最大的那个臂，以 ε 的概率在所有的动作中均匀随机地选动作。这样做的目的是在有限的次数中得到尽可能多的回报，同时不失去找到最好的臂的机会。$\varepsilon-$greedy 算法的伪代码如图 1.3 所示。

```
1.  Initialize:
2.      R(a) ← 0
3.    for a=1 to k:
4.        Q(a) ← 0, N(a) ← 0
5.      for t=1 to N:
6.        a ← { arg max_a Q(a)   概率为1-ε
                随机动作          概率为ε
7.        N(a) ← N(a)+1
8.        Q(a) ← Q(a) + 1/N(a) [r(a) - Q(a)]
9.        R(a) = R(a) + r(a)
10. retrun  R(a)
```

图 1.3 $\varepsilon-$greedy 算法的伪代码

伪代码解释：

第 1~4 行：初始化总回报 R，初始化每个动作的平均回报 $Q(a)$，每个动作的次数 $N(a)$。

第 6 行：在每次摇臂之前，利用 $\varepsilon-$greedy 策略选择要摇动的臂 a。

第 7 行：动作 a 的次数 $N(a)$加 1。

第 8 行：根据动作 a 和环境返回的回报$r(a)$，更新动作 a 的平均回报。

第 9 行：计算总的收益。

第 10 行：玩家尝试 N 次后，返回总的收益。

总结：

（1）$\varepsilon-$greedy 策略是探索和利用平衡的策略，这是强化学习算法能够学习到最优策略的关键所在。

（2）强化学习算法在训练的过程中采用不断更新的策略 $\varepsilon-$greedy 与环境（多臂赌博机）进行交互。所产生的回报数据$r(a)$是交互数据，强化学习算法从交互数据中学习。

在多臂赌博机问题中，我们平衡利用和探索的策略还有玻尔兹曼（Boltzmann）策略和 UCB 策略。我们先介绍玻尔兹曼策略。

1.1.2 玻尔兹曼策略

前面介绍的 $\varepsilon-$greedy 策略是平衡利用与探索的策略，其中利用部分的概率，即值函数最大的动作对应的概率为$1-\varepsilon+\frac{\varepsilon}{|A|}$，而其他的动作被选择的概率为$\frac{\varepsilon}{|A|}$。从直观上看，$\varepsilon-$greedy 策略给对应值函数最大的那个动作一个比较大的概率，即$1-\varepsilon+\frac{\varepsilon}{|A|}$，而其他的动作，不管对应的值函数的大小如何，被采样的概率都是相等的，即$\frac{\varepsilon}{|A|}$。这种概率的分配方式有些不合理。按理说，非贪婪的动作也有好坏之分，那些对应值函数大的动作应该比那些对应值函数小的动作被采样的概率大，而 $\varepsilon-$greedy 策略并没有对非贪婪策略进行区分，只是很僵硬地将它们的概率进行统一处理。玻尔兹曼策略则根据对应的值函数对动作采样的概率进行了软（Soft）处理。具体的玻尔兹曼策略表示为

$$p(a_i)=\frac{\exp(\frac{Q(a_i)}{\tau})}{\sum_{j=1}^{K}\exp(\frac{Q(a_j)}{\tau})} \tag{1.2}$$

在式（1.2）中τ为温度调节参数，可用来调节探索和利用的比例。τ越小，玻尔兹曼策略越接近贪婪策略，利用所占的比例越大，探索越少；τ越大，玻尔兹曼策略越接近均匀策略，探索就越多。利用玻尔兹曼策略进行学习的伪代码与图 1.3 类似，不同的是用式（1.2）代替了第 6 行的ε-greedy 策略。

1.1.3 UCB 策略

UCB 的全称是 Upper Confidence Bound(置信上界)，在统计学中常常用置信区间来表示不确定性。在这里，我们用置信区间来表示探索，具体解释请参看本书后面的章节。在这里，我们只给出 UCB 策略的公式：

$$A_t = \arg\max_a [Q(a) + c\sqrt{\frac{\ln t}{N(a)}}] \tag{1.3}$$

其中t为当前摇臂动作的总次数，$N(a)$为动作a的总次数。

如图 1.4 所示为分别采用 3 种学习策略时，总回报与摇动次数的关系。从图中我们看出 UCB 策略回报最高，玻尔兹曼策略次之，ε-greedy 策略回报最低。然而，ε-greedy 策略在 3 种策略中形式最简单、最通用，可广泛用于各种任务的学习和探索训练中。

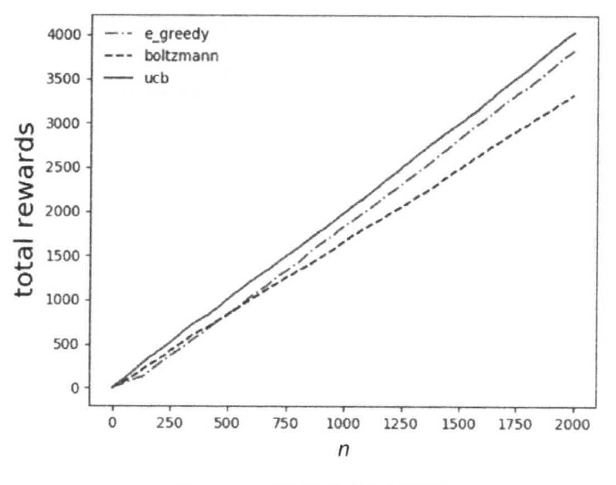

图 1.4　3 种策略的总回报

1.2 多臂赌博机代码实现

本节基于 Python 实现上一节介绍的 3 种学习策略。首先，我们创建一个 KB_Game

类，该类包括以下几个属性：q（每个臂的平均回报，在这里，我们假设臂的数目为3个，初始值都为 0.0）、action_counts（摇动每个臂的次数，初始值为 0）、current_cumulative_rewards（当前累积回报总和，初始值为 0.0）、actions（动作空间，我们用 1、2、3 分别表示 3 个不同的摇臂）、counts（玩家玩游戏的次数）、counts_history（玩家玩游戏的次数记录）、cumulative_rewards_history（累积回报的记录）、a（玩家当前动作，初始值可为动作空间中的任意动作，这里去摇动第一个臂），reward（当前回报，初始值为 0）。

```
class KB_Game:
def __init__(self, *args, **kwargs):
    self.q = np.array([0.0, 0.0, 0.0])
    self.action_counts = np.array([0,0,0])
    self.current_cumulative_rewards = 0.0
    self.actions = [1, 2, 3]
    self.counts = 0
    self.counts_history = []
    self.cumulative_rewards_history=[]
    self.a = 1
    self.reward = 0
```

在类 KB_Game 中定义方法 step()，用于模拟多臂赌博机如何给出回报。该方法的输入为动作，输出为回报。我们用正态分布来模拟玩家在每次摇动摇臂后得到的回报。其中，假设摇动摇臂 1，得到的回报符合均值为 1、标准差为 1 的正态分布；摇动摇臂 2，得到的回报符合均值为 2、标准差为 1 的正态分布；摇动摇臂 3，得到的回报符合均值为 1.5、标准差为 1 的正态分布。最后返回当前回报。

```
def step(self, a):
r = 0
if a == 1:
    r = np.random.normal(1,1)
if a == 2:
    r = np.random.normal(2,1)
if a == 3:
    r = np.random.normal(1.5,1)
return r
```

上面的 KB_Game 类的 step()方法实际上提供了多臂赌博机的模拟器。接下来，我们要实现的是 3 种选择动作的策略方法 choose_action()。该方法的输入参数为策略类别（policy），在本程序中，有 3 个 policy，分别是“e_greedy”“ucb”和“boltzmann”，对应 1.1 节的 3 个策略；另外还有一个参数字典**kwargs，用于传递相应的策略所对应的超参数，如ε-greedy策略中的epsilon，UCB策略中的超参数c_ratio，以及玻尔兹曼策略中的温度‘temperature’。

对于ε-greedy策略，动作的选择由1.1节的式（1.1）给出；对于UCB策略，动作的选择由式（1.3）给出。需要注意的是，在式（1.3）中，每个动作的次数$N(a)$在分母中，所以，UCB算法的第一步是依次摇动每个臂，因此在程序中对应的代码为判断每个动作的次数，如果有等于零的，那么选择该动作。对于玻尔兹曼策略，动作的选择采用上节的式（1.2）。

```
def choose_action(self, policy, **kwargs):
action = 0
if policy == 'e_greedy':
    if np.random.random()<kwargs['epsilon']:
        action = np.random.randint(1,4)
    else:
        action = np.argmax(self.q)+1
if policy == 'ucb':
    c_ratio = kwargs['c_ratio']
    if 0 in self.action_counts:
        action = np.where(self.action_counts==0)[0][0]+1
    else:
        value = self.q + c_ratio*np.sqrt(np.log(self.counts) /
        self.action_counts)
        action = np.argmax(value)+1
if policy == 'boltzmann':
    tau = kwargs['temperature']
    p = np.exp(self.q/tau)/(np.sum(np.exp(self.q/tau)))
    action = np.random.choice([1,2,3], p = p.ravel())
return action
```

有了模拟器，有了动作选择策略，下面我们就可以通过交互进行学习训练了。我们在KB_Game类中定义train()方法。该方法的输入参数为play_total、policy、**kwargs，其中play_total表示要训练的总次数；policy为训练的策略，如“e_greedy”“ucb”或“boltzman”策略，**kwargs为相应策略的超参数字典，用于传递超参数。该训练过程按照图1.3所示的伪代码编写。智能体通过要学习的策略选择动作，然后将动作传给step()方法，相当于跟多臂赌博机进行了一次交互，从多臂赌博机中获得回报r，智能体根据立即回报更新每个动作的平均回报q，计算当前的累计回报并做相应的保存。

```
def train(self, play_total, policy, **kwargs):
reward_1 = []
reward_2 = []
reward_3 = []
```

```
    for i in range(play_total):
        action = 0
        if policy == 'e_greedy':
            action =
self.choose_action(policy,epsilon=kwargs['epsilon'] )
        if policy == 'ucb':
            action = self.choose_action(policy,
c_ratio=kwargs['c_ratio'])
        if policy == 'boltzmann':
            action = self.choose_action(policy,
temperature=kwargs['temperature'])
        self.a = action
        # print(self.a)
        #与环境交互一次
        self.r = self.step(self.a)
        self.counts += 1
        #更新值函数
        self.q[self.a-1] =
       (self.q[self.a-1]*self.action_counts[self.a-
        1]+self.r)/(self.action_counts[self.a-1]+1)
        self.action_counts[self.a-1] +=1
        reward_1.append([self.q[0]])
        reward_2.append([self.q[1]])
        reward_3.append([self.q[2]])
        self.current_cumulative_rewards += self.r

self.cumulative_rewards_history.append(self.current_cumulative_rewards)
        self.counts_history.append(i)
```

在每次训练新的策略时，我们都需要将类 KB_Game 中的成员变量进行重置，因此我们定义 KB_Game 中的 reset()方法来实现该功能。需要重置的变量，包括平均回报 q、各动作的次数 action_counts、当前的累积回报 current_cumulative_rewards、玩家尝试的次数 counts、玩家尝试的历史 counts_history、玩家累积回报的历史 cumulative_rewards_history、动作 a、回报 reward。

```
    def reset(self):
    self.q = np.array([0.0, 0.0, 0.0])
    self.action_counts = np.array([0, 0, 0])
    self.current_cumulative_rewards = 0.0
    self.counts = 0
    self.counts_history = []
    self.cumulative_rewards_history = []
    self.a = 1
    self.reward = 0
```

为了更直观地比较 3 种不同策略的学习性能，需要画图显示，我们用方法 plot()来实现。该方法的参数为 colors 和 policy。其中参数 colors 表示曲线的颜色，用于区分不同的策略。参数 policy 表示不同的策略，如 “e_greedy” “ucb” 或 “boltzmann”。

```
def plot(self,colors,policy):
plt.figure(1)
plt.plot(self.counts_history,self.cumulative_rewards_history,
colors,label=policy)
plt.legend()
plt.xlabel('n',fontsize=18)
plt.ylabel('total rewards',fontsize=18)
```

至此，KB_Game 类就完成了，下面我们写主程序。在主程序中，首先设置随机种子，以便我们每次得到的结果都一样，然后将类 KB_Game 进行实例化，设置总的训练次数 total，设置每个策略的超参数，调用类的训练方法进行学习，学习完成后调用画图方法，调用 reset()方法进行初始化，训练另外一个策略。重复该过程，直到实现 3 个策略的训练，最后调用画图显示函数，显示 3 种策略的学习和训练过程。

```
if __name__ == '__main__':
np.random.seed(0)
    k_gamble = KB_Game()
    total = 2000
    k_gamble.train(play_total=total, policy='e_greedy',
    epsilon=0.05)
    k_gamble.plot(colors='r',policy='e_greedy',style='-.')
    k_gamble.reset()
    k_gamble.train(play_total=total, policy='boltzmann',
    temperature=1)
    k_gamble.plot(colors='b', policy='boltzmann',style='--')
    k_gamble.reset()
    k_gamble.train(play_total=total, policy='ucb', c_ratio=0.5)
    k_gamble.plot(colors='g', policy='ucb',style='-')
    plt.show()
```

如图 1.5 所示为在训练过程中总回报随着玩家摇动次数而变化的曲线。很明显，UCB 策略比其他两个策略都要好。大家可以尝试改变每个策略的超参数，查看超参数对学习的影响。

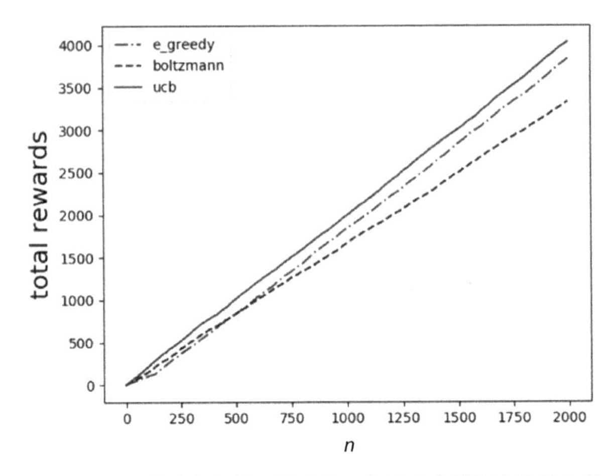

图 1.5　在训练过程中总回报随着玩家摇动次数而变化的曲线

2 马尔可夫决策过程

第 1 章介绍了多臂赌博机，并给出了最基本的强化学习算法。其实关于多臂赌博机的研究还有很多，如果不把多臂赌博机限定在强化学习算法的范畴内，那么其本身的数学理论及其延伸足以撑起一个数学分支。其背后的数学理论很深刻，而且应用范围非常广，感兴趣的读者可以参考文献[1]，进行深入学习。

尽管多臂赌博机背后的数学理论很深刻，但从问题的描述来看，多臂赌博机并不复杂，因为它并没有涉及状态的转移。而实际上我们遇到的能体现强化学习算法强大的，是那些涉及状态转移的问题。在本章中，我们用马尔可夫决策过程来表述这一类问题。本章 2.1 节先对马尔可夫决策过程进行简单的概念讲解，2.2 节则给出完整的代码实现。

2.1 从多臂赌博机到马尔可夫决策过程

如图 2.1 所示，图中 A 为多臂赌博机，B 为一对鸳鸯，其中左上角为雄性鸳鸯，右上角为雌性鸳鸯，B 展示的任务是雄性鸳鸯绕过障碍物找到雌性鸳鸯。跟多臂赌博机不同的是，雄性鸳鸯经过一次动作后会运动到另外一个位置，即系统 B 的状态发生了变化。而多臂赌博机经过一次动作后，其状态仍然是原来的状态（这里假设每次动作后，多臂赌博机所有的元素都不发生变化）。

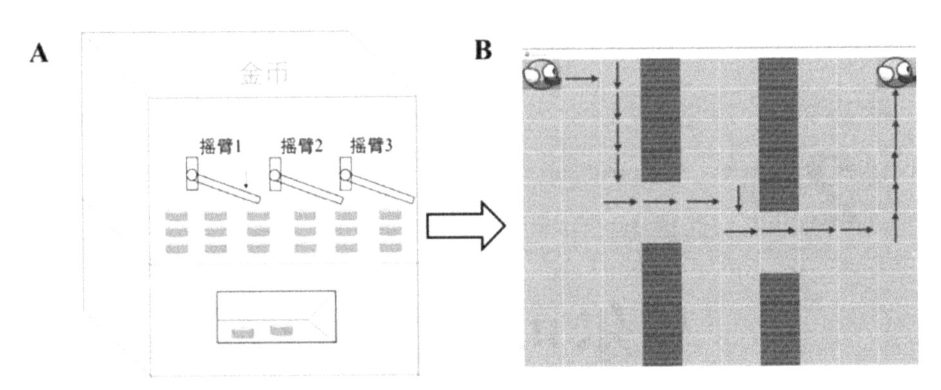

图 2.1　从多臂赌博机到马尔可夫决策过程

在现实生活中，绝大多数任务都涉及多个状态及多个状态之间的转移，即采取动作后，系统状态会发生变化。如在游戏中，控制游戏人物和道具后，游戏中的人物位置、双方伤亡情况等都会发生变化；在围棋中，选择下白子或者黑子后，棋面会发生变化；在机器人运动和导航中，施加动作后，机器人的关节和位置会发生变化，等等。

多臂赌博机通过强化学习算法学到了在固定不变的状态下最优的动作。那么，对于那些采取动作后状态发生变化的系统，如何学习到最优的动作呢？由于涉及状态的变化，这类系统比多臂赌博机更难。但是在现实生活中到处都是这种问题，也是强化学习真正发挥其威力的地方。

我们仔细分析这类问题。如图 2.2 所示，我们将鸳鸯系统的整个状态空间离散为只包含 100 个状态的状态空间，雄性鸳鸯在每个状态处都有 4 个可行的动作，即向东、南、西、北 4 个方向移动。跟多臂赌博机不同的是，雄性鸳鸯需要做一系列的最优动作才能找到雌性鸳鸯。所以，雄性鸳鸯找到雌性鸳鸯是一个序贯决策问题，即需要连续做出决策的问题。我们在生活中遇到的很多问题都是序贯决策问题，比如游戏、围棋、机器人运动等。

然而，强化学习往往并不是万能的，它无法解决所有的序贯决策问题，只能解决可以建模为马尔可夫决策（MDP）过程的序贯决策问题。

马尔可夫决策可以用一个 5 元组 (S,A,P,R,γ) 来描述。其中 S 为状态空间，A 为动作空间，P 为状态转移概率，R 为回报函数，γ 为折扣因子。对于这 5 个元素，我们会进行详细介绍，并举一些例子进行说明。

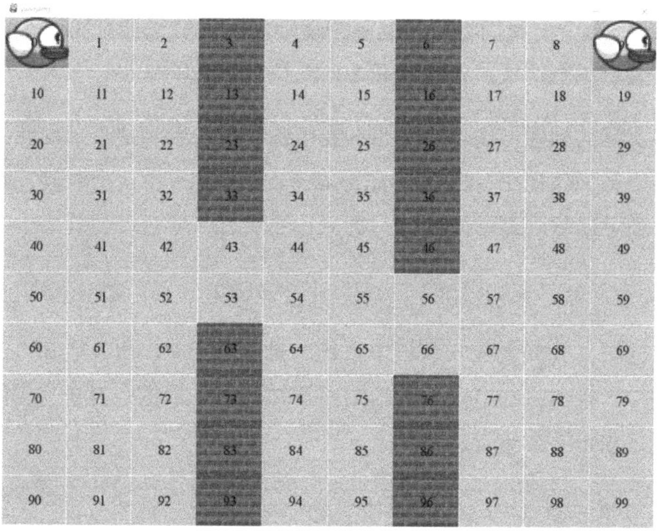

图 2.2 鸳鸯系统

（1）状态 S 。

在我们解决实际问题时，最关键的是如何表示要解决的问题的状态。一个准则是，状态的表示应该使得状态满足马尔可夫性。所谓状态的马尔可夫性是指系统的下一个状态只与当前状态有关，与之前的状态无关。

例 1：如图 2.3 所示为经典的基于 DQN 解决雅达利游戏 Breakthrough 的例子。在该例子中，状态的表示为连续的 4 帧图像 $s_t=[i_t,i_{t-1},i_{t-2},i_{t-3}]$，其中 i_t 为 t 时刻的游戏画面帧。之所以这样表示，就是为了让状态 s_t 满足马尔可夫性。如果 $s_t=[i_t]$ 那么下一时刻的状态 $s_{t+1}=[i_{t+1}]$ 不仅与 s_t 有关，还跟 s_{t+1} 有关，因为只有从 i_t 和 i_{t-1} 的像素差才能知道小球的运动方向。

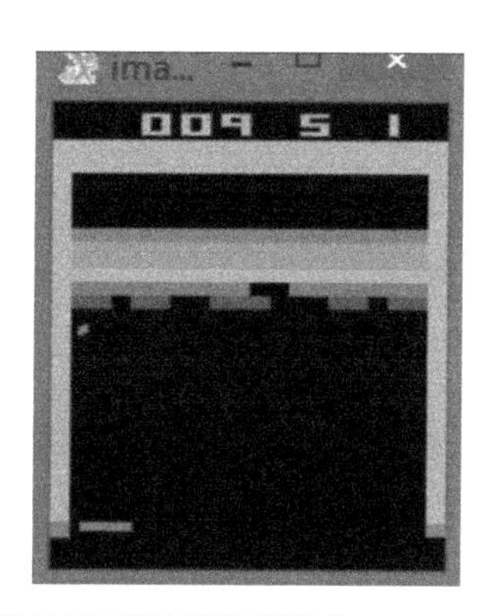

图 2.3 基于 DQN 解决雅达利游戏 Breakthrough 的例子

例 2：在图 2.2 中，我们将鸳鸯的整个运动空间离散成拥有 100 个状态的状态空间，每个状态表示一个位置。状态空间 $S=\{0,1,\cdots,99\}$。

对于很多实际的问题，我们往往并不能精确地或者人为地表示出状态 s_t，而仅仅能得到观测历史和动作历史，即 $h_t=a_0,o_1,a_1,o_2,\cdots,a_{t-1},o_t$，这个时候，我们往往可以利用机器学习的方法将状态空间的学习表示出来，即

$$s_t=f(h_t) \tag{2.1}$$

对于有些问题，我们无法知道整个系统的真实状态 s，而只能知道部分信息。比如在视频游戏中，我们只知道当前的地图而不知道整个地图。对于这类问题，我们称之为部分可观马尔可夫决策过程。

（2）动作空间 A。

动作空间是指智能体可以采取的所有动作的集合。动作空间可为离散空间也可为连续空间。比如雅达利游戏，动作空间为 17 个离散动作；19×19 的围棋动作空间为 362 个离散动作；32 自由度机器人动作空间为 32 维的连续空间。

智能体在状态 s_t 的可行动作空间 $A(s_t)$ 是动作空间 A 的子集。智能体的策略定义在动作集上。

所谓策略是指，在给定状态 s_t 时，在该状态处可行动作空间的动作分布。通俗地说就是，在状态 s_t 处，智能体选择每个可行动作的概率或者概率密度。

常用的策略分为离散策略和连续策略。

离散策略：

$$\pi_*(a\mid s)=\begin{cases}1 \ \text{ if } \ a=\arg\max\limits_{a\in A} q_*(s,a)\\ 1 \ \text{其他}\end{cases} \tag{2.2}$$

其中 $q_*(s,a)$ 为行为值函数，下面会进行介绍。

$\varepsilon-$greedy 策略：

$$\pi(a\mid s)\leftarrow\begin{cases}1-\varepsilon+\dfrac{\varepsilon}{|A(s)|} & \text{if } \ a=\arg\max_a q(s,a)\\ \dfrac{\varepsilon}{|A(s)|} & \text{if } \ a\neq\arg\max_a q(s,a)\end{cases} \tag{2.3}$$

波尔兹曼策略：

$$\pi(a \mid s;\theta)=\frac{\exp(q(s,a;\theta))}{\sum_b \exp(q(s,b;\theta))} \tag{2.4}$$

连续策略：

$$\pi_\theta=\mu_\theta+\varepsilon,\ \varepsilon \sim N(0,\sigma^2) \tag{2.5}$$

（3）状态转移概率 $\boldsymbol{P}$ 。

状态转移概率是指给定当前状态 s_t 和动作 a_t ，转移到状态 s_{t+1} 的概率分布，即

$$P_{ss'}^{a}=P[s_{t+1}=s' \mid s_t=s, a_t=a] \tag{2.6}$$

这里的状态转移概率 P 也可以理解为系统模型，强化学习算法常常分为无模型强化学习算法和基于模型的强化学习算法，其中的模型是指状态转移概率 P 。

例 3：如图 2.2 所示的鸳鸯系统当前的状态转移概率为

$$P_{1,0}^{'\mathrm{e}'}=1;P_{10,0}^{'\mathrm{s}'}=1;P_{0,0}^{'\mathrm{n}'}=1;P_{0,0}^{'\mathrm{w}'}=1$$

（4）回报函数 R 。

R 是指给定状态 s_t ，采取动作 a_t 后，智能体得到的回报，即 $r=R(s_t,a_t)$ 。

一般来讲，回报函数 R 是人为设定的回报。比如雅达利游戏中，回报 R 来自游戏的得分。当然，回报 R 也可以来自某些得分函数。

强化学习算法往往对回报函数 R 非常敏感，不同的回报函数对于收敛性和学习速度影响非常大。尤其是那些稀疏回报的问题，强化学习算法的学习效率很低。因此在实际应用中常常用 Reward Shaping 技术将稀疏回报变成稠密回报。

当拥有专家数据，并且回报函数 R 未知时，可以通过逆向强化学习的方法从专家数据中学习回报函数。当回报无法人为给出时，可以利用机器学习的方法利用数据进行学习。

（5）折扣因子 γ 。

折扣因子 γ 是衰减未来的回报对当前状态值的贡献，取值常常在 $0\sim1$ 之间。一般来说，完成一次任务需要的步数越多，折扣因子 γ 的取值越接近 1。

至此，马尔可夫决策过程的 5 个元素 (S,A,P,R,γ) 已经介绍完了。前面已经介绍

过，强化学习算法可以解决建模为马尔可夫决策过程的序贯决策问题。那么，如何用马尔可夫决策过程来描述一个序贯决策呢?

如图 2.4 所示为机器人找金币的例子。在该例子中，机器人并不知道金币在哪里，只能通过与网格环境进行交互找到最优策略。

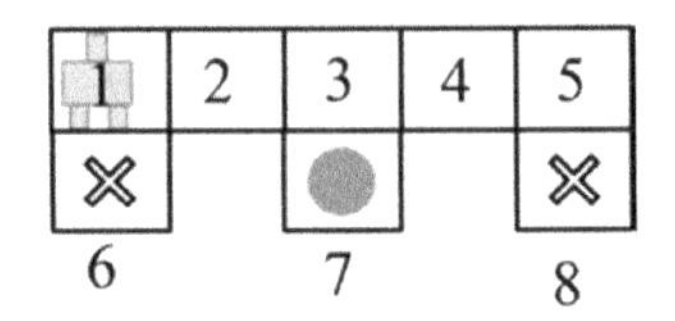

图 2.4　机器人找金币的例子

下面我们用马尔可夫决策过程的 5 个元素来描述机器人找金币的问题。

（1）状态空间 S 。

$$S=\{1,2,3,4,5,6,7,8\}$$

每个状态 $s\in S$ 。

（2）动作空间 A 。

$$A=\{'\mathrm{e}','\mathrm{s}','\mathrm{w}','\mathrm{n}'\}$$

即在每个状态处拥有东、南、西、北 4 个可行的运动方向。

（3）状态转移概率 P 。

机器人的运动规则，即碰到网格边界仍然保持原来的位置，否则按照运动学更新位置。

（4）回报函数 R 。

机器人每走一格获得的回报为 0；遇到金币的回报为 1，游戏结束；进入死亡区 6 或者 8 的回报为−1，游戏结束。

（5）折扣因子 γ 。

折扣因子 γ 可取 $0\sim1$ 中任意的数，这里可取 0.85。

至此，我们已经利用马尔可夫决策过程的 5 个元素对该问题进行了描述。那么，下面的问题是，如何利用马尔可夫决策过程进行学习得到最优策略呢?

我们知道，所有的学习算法都从数据中进行学习，强化学习也不例外。但是与监督学习不同，强化学习是从马尔可夫链数据中进行学习的。所谓马尔可夫链数据是指一个马尔可夫决策序列数据，比如在图 2.4 给出的机器人找金币的例子中，一个马尔可夫链数据为

$$s(1)\xrightarrow[r=0]{a='e'}s(2)\xrightarrow[r=0]{a='e'}s(3)\xrightarrow[r=1]{a='s'}s_T \tag{2.7}$$

该数据链是指机器人在状态 1 时采取往东的动作，得到回报 0，并进入状态 2；在状态 2 时采取往东的动作，得到回报 0，并进入状态 3；在状态 3 时采取往南的动作，得到回报 1，并进入终止状态，游戏结束。

所有强化学习算法都是从这样一个马尔可夫链数据中进行学习的。一个很自然的问题是，如何从这组数据链中进行学习呢？

这时我们需要重新想一想强化学习的目标：找到每个状态 s 处的最优策略，即在每个状态 s 处应该以什么样的策略选择动作，使得整个序贯决策是最优的。

从这个目标中，我们知道强化学习的目标是找到最优策略，我们已经在前面给了策略的描述。这里我们再重复一遍：所谓策略是指在给定状态 s_t 时，在该状态处可行动作空间的动作分布。也就是说，给定状态 s_t，以什么样的策略选择当前可行的动作。

当给定状态 s_t 和可行动作空间 $A(s_t)$ 后，当可行动作空间中动作的个数 $|A(s_t)|>1$ 时，有无穷多的策略。强化学习的目标是从这些无穷多的策略中选出一个最优的策略，以使得整个序贯决策最优。

我们用 $\pi(s_t)$ 来表示策略，那么如何说一个策略 $\pi_1(s_t)$ 比另外一个策略 $\pi_2(s_t)$ 更优呢？这就引出了值函数的定义。在相同的状态 s_t 下，我们比较两个策略的值函数 $\upsilon_\pi(s_t)$，值函数大的策略比值函数小的策略要好。

那么如何定义这样一个值函数呢？

强化学习的目标是找到使得整个序贯决策是最优的值函数，因此，这样一个值函数必须反映整个序贯决策。最常用的值函数的定义为折扣累计回报的期望：

$$\upsilon_\pi(s_t)=\mathbb{E}_\pi[G_t \mid s_t]=\mathbb{E}_\pi[\sum_{k=0}^{\infty}\gamma^k R_{t+k+1} \mid s_t] \tag{2.8}$$

其中折扣累计回报 $G(s_t)=\sum_{k=0}^{\infty}\gamma^k R_{t+k+1}$，其计算数据来自类似于式（2.7）的马尔

可夫决策数据。

折扣累计回报的定义反映了整个序贯决策，因为该计算用到了未来的回报。折扣累计回报容易理解，大家很困惑的是，这里为什么又多了个期望。

其实，这是跟随机策略有关的。在强化学习中，为了进行探索，最常用的不是确定性策略，而是随机策略。如前面式（2.3）、式（2.4）、式（2.5）提到的ε-greedy策略、玻尔兹曼策略和高斯策略都是随机策略。因为是随机策略，所以同样一个随机策略就会产生很多个不同的类似于式（2.7）的马尔可夫决策数据链。由此，对于相同的状态，根据马尔可夫决策数据链的不同，可以计算服从一定概率分布的折扣累计回报，我们将这些折扣累计回报求期望以此来衡量当前策略的好坏，即评估当前策略。

我们利用同样的方法可以定义行为值函数：

$$q_{\pi}(s,a)=\mathbb{E}_{\pi}[G_t \mid s_t=s,a_t=a]=\mathbb{E}_{\pi}[\sum_{k=0}^{\infty}\gamma^k R_{t+k+1} \mid s_t=s,a_t=a] \tag{2.9}$$

行为值函数$q_{\pi}(s,a)$与值函数$\upsilon_{\pi}(s_t)$的计算都依赖于策略π产生的马尔可夫决策序列数据，但行为值函数$q_{\pi}(s,a)$衡量的是在状态s处，采取动作a后转移到状态s'，并从状态s'开始执行策略π所得到的折扣累计回报的期望，而值函数$\upsilon_{\pi}(s_t)$衡量的是在状态s处便开始执行策略π所得到的折扣累计回报的期望。

因此，行为值函数可以评估在后继状态策略为π的情况下，当前状态处每个动作的好坏；而值函数评估的是在当前状态下直接采取策略π的好坏。

如果我们定义一个量为$A(s,a)=q_{\pi}(s,a)-\upsilon_{\pi}(s)$，那么它的物理含义是当智能体在状态$s$采取动作$a$所得到的折扣累计回报的期望比采取策略$\pi$所得到的折扣累计回报的期望高多少；如果这个差值为正，说明在该状态处采取动作a要比执行策略π好；如果这个差值为负，说明在该状态处采取动作a要比执行策略π差。因此这个量成为动作a的优势函数（Advantage Function）。该函数在后面的章节中会有很大的用处！

至此，我们给出了状态值函数和行为值函数的定义，那么我们再次回到上面的问题：如何从马尔可夫决策链数据中学习最优的策略？

其实，当我们给出了状态值函数和行为值函数的定义之后，这个问题也可以转化为如何从马尔可夫决策数据链中学习值函数最大的策略。

最优行为值函数的定义为：令$\upsilon^*(s)$为所有策略中值最大的状态值函数，即

$\upsilon^*(s)=\max\limits_{\pi}(\upsilon_\pi(s))$；最优值函数的定义为：令 $q^*(s,a)=\max\limits_{\pi}(q_\pi(s,a))$ 为所有策略中值最大的行为值函数，即 $q^*(s,a)=\max\limits_{\pi}(q_\pi(s,a))$ 。这两个定义是等价的。有了它们，我们就可以对强化学习的问题进行描述。

智能体决策系统可以利用马尔可夫决策过程 (S,A,P,R,γ) 来描述，智能体在策略 π 下产生的马尔可夫决策数据链表示为 $\tau=s_t,a_t,r_t,s_{t+1},a_{t+1},r_{t+1},\cdots$ ，对应的折扣累计回报为 $G(s_t)$ ，在随机策略 π 下，马尔可夫决策数据链 τ 产生的概率为 $p(\tau)$ 。强化学习是如何通过学习的方法找到最优的策略 π 并使得如下值函数最大的呢？

$$\max_{\pi}\int G(s_t)p(\tau)\mathrm{d}\tau \tag{2.10}$$

有了强化学习形式化的定义后，所有的强化学习算法都是为了解决这个问题。式（2.10）与最优控制理论中的控制目标函数是相同的，从这个意义上来讲，强化学习问题是广义的最优控制问题。只是最优控制理论中的最优控制问题大都假设模型解析已知，而强化学习的问题并不对模型做过多要求。

对于式（2.10）有很多种强化学习算法，最主要的分为两类：一类是利用值函数的方法，另外一类是利用直接策略搜索的方法，两者可以融合，形成表演家-评论家（AC）方法。

近年，强化学习算法及理论在快速发展，各类算法的提出都是为了解决在学习过程中所遇到的各种问题，其中典型的问题如下：

（1）状态表示问题。

如何表示状态直接关系到算法是不是有效。当面对实际问题时，往往很难轻易地表示系统的状态，因为对于一个复杂的系统，影响决策的变量可能是很抽象的，无法用人为抽象的特征来表述，这时候利用深度神经网络进行自动特征抽取是目前常采用的方法之一。

另外，如果实际的系统是部分可观马尔可夫决策过程，那么状态的表示就更加复杂，因为这个时候影响当前决策的不仅仅是当前的观测，还涉及历史观测。也就是说，当前的状态不止与当前的观测有关，还与历史观测有关。状态的表示要根据实际情况，具体问题具体分析，目前没有一套统一的理论。

（2）置信分配问题。

智能体通过一定的策略采集到序列数据τ，并在序列结束时得到了奖励回报r。这个奖励回报r到底是哪个动作导致的，也就是该如何分配回报r的问题，这对于强化学习其实是至关重要的。对于这个问题，目前已有一些相关的研究，如利用神经网络进行延迟回报分解的学习、Reward Shaping 等方法。

（3）探索与利用平衡问题。

智能体通过利用保持当前最优的策略，通过探索找到比当前策略更优的策略，如何平衡两者之间的关系从而使得强化学习智能体能够更快地找到最优策略依然是一个研究中的问题。

（4）策略梯度的方差与偏差平衡问题。

在直接策略搜索算法中，最常用的是策略梯度的方法。然而，由于无模型，策略的梯度只能从数据中通过估计得到，这便涉及策略梯度估计方法的偏差和方差问题。偏差和方差当然越小越好，然而有时候两者却是矛盾的。如何对这两者进行平衡也是研究的热点。

（5）on-policy 与 off-policy 问题。

on-policy 可以翻译为同策略，是指智能体从当前的策略产生的数据中进行学习。这种方法可以使得智能体的学习稳定，然而该方法的缺点是只向当前策略产生的数据进行学习，而并不向以前的数据进行学习，因此学习效率和数据样本利用率低。对于一个简单的任务，通常需要上百万次的采样。

off-policy 可以翻译为异策略，是指智能体从其他策略产生的数据中进行学习。这种方法可以向任何策略产生的数据进行学习，当然也可以向智能体过去已经产生的数据进行学习，因此学习效率和数据样本利用率高。然而，该方法的缺点是容易产生误差，学习不稳定。

这里只简单地列了 5 个问题，其实在强化学习算法中还有很多其他问题，这里就不再介绍了。针对这些问题，学者们已经提出了很多行之有效的方法，但是这些方法也并非对所有的问题都有效，强化学习算法需要更多的智慧。从第 3 章开始，我们会给出最基本的强化学习算法。在 2.2 节中，我们先用代码来实现一个马尔可夫决策过程。

2.2 马尔可夫决策过程代码实现

在本节中，我们要实现的是如图 2.5 所示的鸳鸯系统马尔可夫决策过程。其中左上角为雄鸟，右上角为雌鸟，中间有两道障碍物。如上文所述，我们将状态离散为 100 个状态，动作空间为东、南、西、北。下面为具体的代码解释和实现过程。

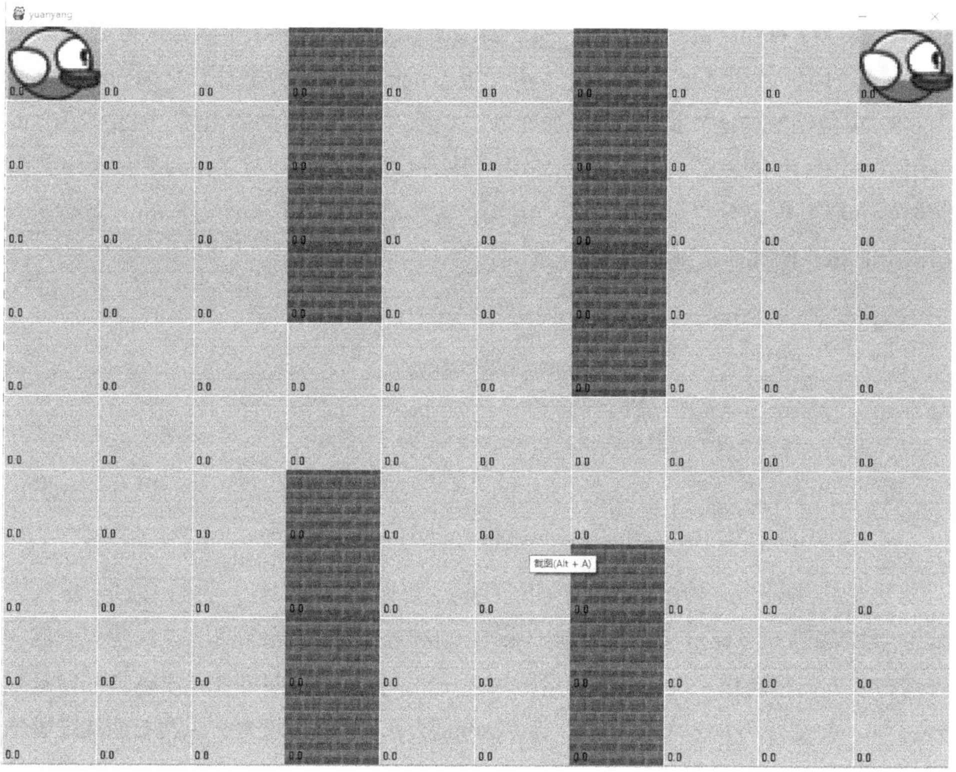

图 2.5 鸳鸯系统马尔可夫决策过程

为了渲染出如图 2.5 所示的图像，我们使用 pygame 包。因此，在程序的开头，我们加载pygame库。如果读者的计算机上没有安装 pygame，那么先利用命令 pip install pygame 来安装 pygame 库。加载 pygame 库后，引入 pygame 库中的函数，同时在程序中用到的包还有随机数产生包 random、数值计算包 numpy。

```
import pygame
from load import *
import random
import numpy as np
```

加载完必要的包之后，我们将声明一个鸳鸯类 YuanYangEnv 来构建鸳鸯环境。环境鸳鸯类包括以下几个成员函数：初始化子函数__init__、重置环境子函数 reset、状态转化为像素坐标子函数 state_to_position、像素坐标转化为状态子函数 position_to_state、状态转移子函数 transform、游戏结束控制子函数 gameover、游戏渲染子函数 render、雄鸟碰撞检测子函数 collide 和雄鸟是否找到雌鸟子函数 find。

鸳鸯类在初始化子函数__init__中定义马尔可夫决策过程的几个元素 (S,A,P,R,γ)。其中状态空间 S 由一个元组 states 来表示，元组中的元素为 $0,\cdots,99$，表示雄鸟的 100 个状态。动作空间 A 由元组 actions 组成，折扣因子为 gamma，可设为 0.8。由值函数的定义我们知道，每个状态处都有一个对应的值函数，因此值函数 υ 可用一个 10×10 的表格 value 来表示，由于刚开始的时候并不知道值函数的大小，因此初始值都为 0。马尔可夫决策过程中的状态转移概率 P 由子函数 transform 来描述，后面会具体介绍如何实现。

```
class YuanYangEnv:
    def __init__(self):
        self.states=[]
        for i in range(0,100):
            self.states.append(i)
        self.actions = ['e', 's', 'w', 'n']
        self.gamma = 0.8
        self.value = np.zeros((10, 10))
```

类 YuanYangEnv 初始化函数下面的代码主要设置渲染属性。我们用 viewer 来表示一个渲染窗口，screen_size 表示窗口大小，bird_position 表示雄鸟当前的位置坐标，雄鸟在 x 方向每动作一次行走的像素距离为 120，在 y 方向每动作一次行走的像素距离为 90；每个障碍物的大小为 120 像素 × 90 像素。在该环境中，一共有两堵障碍物墙，分别用 obstacle1 和 obstacle2 来表示，每堵障碍物墙由 8 个小的障碍物构成。雄鸟的初始位置 bird_male_init_position 和当前位置 bird_male_position 都为[0,0]，雌鸟的初始位置 bird_female_init_position 为[1080,0]。

```
        self.viewer = None
        self.FPSCLOCK = pygame.time.Clock()
        #屏幕大小
        self.screen_size=(1200,900)
        self.bird_position=(0,0)
        self.limit_distance_x=120
        self.limit_distance_y=90
        self.obstacle_size=[120,90]
        self.obstacle1_x = []
        self.obstacle1_y = []
```

```
        self.obstacle2_x = []
        self.obstacle2_y = []
        for i in range(8):
            #第 1 个障碍物
            self.obstacle1_x.append(360)
            if i <= 3:
                self.obstacle1_y.append(90 * i)
            else:
                self.obstacle1_y.append(90 * (i + 2))
            # 第 2 个障碍物
            self.obstacle2_x.append(720)
            if i <= 4:
                self.obstacle2_y.append(90 * i)
            else:
                self.obstacle2_y.append(90 * (i + 2))
        self.bird_male_init_position=[0.0,0.0]
        self.bird_male_position = [0, 0]
        self.bird_female_init_position=[1080,0]
```

介绍完初始化函数，我们再介绍 4 个经常调用的成员子函数：碰撞检测函数 collide()、找到判断函数 find()、状态和像素坐标之间的转换函数 state_to_position()和 position_to_state()。

首先，介绍碰撞检测函数，我们用标志 flag、flag1、flag2 分别表示是否与障碍物、障碍物墙 1、障碍物墙 2 发生碰撞。

```
    def collide(self,state_position):
        flag = 1
        flag1 = 1
        flag2 = 1
```

先检测雄鸟是否与第 1 堵障碍物墙发生碰撞，检测的算法为找到雄鸟与第 1 堵墙所有障碍物 x 方向和 y 方向最近的障碍物的坐标差，并判断最近的坐标差是否大于一个最小运动距离，如果大于等于，那么就不会发生碰撞。环境中有两堵障碍物墙，在检查完是否与第 1 堵墙碰撞后再检查是否与第 2 堵墙碰撞，最后判断雄鸟是否超出了边界，如果超出了边界，也判定为碰撞。最后返回碰撞标志位。

```
        # 判断第 1 个障碍物
        dx = []
        dy = []
        for i in range(8):
            dx1 = abs(self.obstacle1_x[i] - state_position[0])
            dx.append(dx1)
            dy1 = abs(self.obstacle1_y[i] - state_position[1])
```

```
                dy.append(dy1)
            mindx = min(dx)
            mindy = min(dy)
            if mindx >= self.limit_distance_x or mindy >=
self.limit_distance_y:
                flag1 = 0
            # 判断第 2 个障碍物
            second_dx = []
            second_dy = []
            for i in range(8):
                dx2 = abs(self.obstacle2_x[i] - state_position[0])
                second_dx.append(dx2)
                dy2 = abs(self.obstacle2_y[i] - state_position[1])
                second_dy.append(dy2)
            mindx = min(second_dx)
            mindy = min(second_dy)
            if mindx >= self.limit_distance_x or mindy >=
self.limit_distance_y:
                flag2 = 0
            if flag1 == 0 and flag2 == 0:
                flag = 0
            #判断是否与边界碰撞
            if state_position[0] > 1080 or state_position[0] < 0 or
state_position[1] > 810 or\ state_position[1] < 0:
                flag = 1
            return flag
```

然后，介绍雄鸟找到雌鸟的判断子函数 find()。设置标志 flag，找到雌鸟的判断算法很简单，即判断雄鸟当前位置和雌鸟位置的坐标差，当该差值小于最小运动距离时，判断为找到。

```
    def find(self,state_position):
        flag=0
        if abs(state_position[0]-self.bird_female_init_position[0])
        <self.limit_distance_x and
        abs(state_position[1]-self.bird_female_init_position[1])
        <self.limit_distance_y:
            flag=1
        return flag
```

碰撞检测子函数 collide()和判断是否找到的子函数 find()需要雄鸟的像素坐标，而在马尔可夫决策过程中用的是状态描述，因此需要一个从状态到像素坐标变换的函数 state_to_position()。

```
    def state_to_position(self,state):
```

```
        i=int(state/10)
        j=state%10
        position=[0,0]
        position[0]=120*j
        position[1]=90*i
        return position
```

同样，我们需要从像素坐标到状态的变换，我们利用子函数 position_to_state()来实现：

```
    def position_to_state(self,position):
        i=position[0]/120
        j=position[1]/90
        return int(i+10*j)
```

有了碰撞检测函数 collide()、判断是否找到的函数 find()、基本的状态和像素坐标之间的转换子函数 state_to_position()和 position_to_state()，我们就可以定义环境重置子函数 reset()了。在环境重置子函数中，我们随机产生一个合法的初始位置，该位置不能在障碍物处，也不能在雌鸟的位置，因此我们用一个 while 循环来产生符合这两个条件的初始位置。

```
    def reset(self):
        #随机产生初始状态
        flag1=1
        flag2=1
        while flag1 or flag2 ==1:
        #随机产生初始状态，0~99，randoom.random()产生一个 0~1 的随机数

        state=self.states[int(random.random()*len (self.states))]
            state_position = self.state_to_position(state)
            flag1 = self.collide(state_position)
            flag2 = self.find(state_position)
        return state
```

下面我们实现马尔可夫决策过程中的状态转移概率模型 P 和回报函数。在 transform()函数中，我们首先判断当前坐标是否与障碍物碰撞或者是否是终点。如果是，那么结束本次转换。如果当前状态没有与障碍物碰撞或没有在雌鸟位置，那么根据运动学进行像素位置坐标的转换。最后判断下一个状态是否与障碍物发生碰撞，以及是否找到雌鸟。回报函数的设置为如果没找到雌鸟，立即回报为 0；如果与障碍物发生碰撞，则立即回报为-1；如果找到雌鸟则立即回报为 1。

```
    def transform(self,state, action):
        #将当前状态转化为坐标
```

```
        current_position=self.state_to_position(state)
        next_position = [0,0]
        flag_collide=0
        flag_find=0
        #判断当前坐标是否与障碍物碰撞
        flag_collide=self.collide(current_position)
        #判断状态是否是终点
        flag_find=self.find(current_position)
        if flag_collide==1 or flag_find==1:
            return state, 0, True
        #状态转移
        if action=='e':
            next_position[0]=current_position[0]+120
            next_position[1]=current_position[1]
        if action=='s':
            next_position[0]=current_position[0]
            next_position[1]=current_position[1]+90
        if action=='w':
            next_position[0] = current_position[0] - 120
            next_position[1] = current_position[1]
        if action=='n':
            next_position[0] = current_position[0]
            next_position[1] = current_position[1] - 90
        #判断 next_state 是否与障碍物碰撞
        flag_collide = self.collide(next_position)
        #如果碰撞，那么回报为-1，并结束
        if flag_collide==1:
            return self.position_to_state(current_position),-1,True
        #判断是否是终点
        flag_find = self.find(next_position)
        if flag_find==1:
            return self.position_to_state(next_position),1,True
        return self.position_to_state(next_position), 0, False
```

至此，马尔可夫决策过程的 5 个元素都用代码实现了。为了将游戏很直观地呈现出来，我们调用 pygame 包对游戏进行控制，包括两个子函数 gameover()和 render()。其中 gameover()子函数用来结束游戏，render()子函数则用来实现游戏环境的渲染。

子函数 gameover()调用 pygame 中的事件获取函数判断是否要结束游戏，如果要结束游戏，则 pygame 会退出渲染。

```
    def gameover(self):
        for event in pygame.event.get():
            if event.type == QUIT:
                exit()
```

子函数 render()用来渲染游戏。首先判断环境中是否有一个游戏窗口，如果没有，则调用 pygame.display.set_mode 设置一个游戏窗口。调用 load_bird_male()、load_bird_female()、load_background()、load_obstacle()函数来下载游戏环境所需要的图片，这 4 个函数的实现在文件 load.py 中进行，我们在下面即将介绍。下载完图片后，利用 pygame 自带的 blit 函数将图片画到窗口上。

```
    def render(self):
        if self.viewer is None:
            pygame.init()
            #画一个窗口

self.viewer=pygame.display.set_mode(self.screen_size,0,32)
            pygame.display.set_caption("yuanyang")
            #下载图片
            self.bird_male = load_bird_male()
            self.bird_female = load_bird_female()
            self.background = load_background()
            self.obstacle = load_obstacle()
            #self.viewer.blit(self.bird_male,
self.bird_male_init_position)
            #在幕布上画图片
            self.viewer.blit(self.bird_female,
self.bird_female_init_position)
            self.viewer.blit(self.background, (0, 0))
            self.font = pygame.font.SysFont('times', 15)
```

如果在环境中已经有了一个游戏窗口，则依次将下面的元素画在幕布上：背景图片 background、11 条纵向直线、11 条横向直线、第 1 个障碍物墙、第 2 个障碍物墙、雄鸟、值函数。当画完这些元素后，调用 pygame.display.update 将这些元素更新到幕布中。调用子函数 gameover()来检查是否要结束游戏。

```
        self.viewer.blit(self.background,(0,0))
        #画直线
        for i in range(11):
            pygame.draw.lines(self.viewer, (255, 255, 255), True,
            ((120*i, 0), (120*i, 900)), 1)
            pygame.draw.lines(self.viewer, (255, 255, 255), True,
            ((0, 90* i), (1200, 90 * i)), 1)
        self.viewer.blit(self.bird_female, self.bird_female_init_
        position)
        #画障碍物
        for i in range(8):
            self.viewer.blit(self.obstacle, (self.obstacle1_x[i],
```

```
            self.obstacle1_y[i]))
            self.viewer.blit(self.obstacle, (self.obstacle2_x[i],
            self.obstacle2_y[i]))
        #画小鸟
        self.viewer.blit(self.bird_male,  self.bird_male_position)
        # 画值函数
        for i in range(10):
            for j in range(10):
                surface = self.font.render(str(round(float
                (self.value[i, j]), 3)), True, (0, 0, 0))
                self.viewer.blit(surface, (120 * i + 5, 90 * j + 70))
        pygame.display.update()
        self.gameover()
        self.FPSCLOCK.tick(30)
```

至此，我们已经将鸳鸯系统类 YuanYangEnv 介绍完了，下面我们就可以写一个很简单的主函数程序来测试一下鸳鸯类。首先，声明一个鸳鸯环境的实例 yy，然后调用渲染函数将鸳鸯系统绘制出来，最后调用循环语句检查是否要结束游戏渲染。

```
if __name__=="__main__":
    yy=YuanYangEnv()
    yy.render()
    while True:
        for event in pygame.event.get():
            if event.type == QUIT:
                exit()
```

有了仿真训练环境，我们会在下面的章节中介绍如何通过强化学习的方法使得雄鸟找到雌鸟。

Part One

第1篇

基于值函数的方法

本篇介绍基于值函数的方法。所谓基于值函数的方法是指在学习过程中不断更新值函数，策略的评估和策略的改进都需要依赖值函数。对于值函数的学习，可以分为表格型值函数的学习和函数逼近型强化学习。其中当值函数用深度神经网络来表示时，我们称之为深度强化学习。从学习方法上来分，值函数强化学习分为基于模型的动态规划方法、无模型的蒙特卡洛方法和时间差分方法。

3 基于动态规划的方法

本章介绍动态规划方法，动态规划方法有策略迭代方法和值迭代方法两种，这两种方法都是先对当前策略进行评估，得到评估后的值函数，再利用该评估的值函数进行策略改进，如此循环进行策略评估和策略改进。不同的是，策略迭代是对当前的策略进行充分的评估，即等到值函数收敛后再进行策略改进，而值迭代方法则对值函数进行一次评估后立即进行策略改进。

3.1 策略迭代与值迭代

在第 2 章中，我们已经介绍了值函数的定义，给定策略 π ，函数的定义公式为

$$\upsilon_{\pi}(s_t) = \mathbb{E}_{\pi}[G_t \mid s_t] = \mathbb{E}_{\pi}[\sum_{k=0}^{\infty} \gamma^k R_{t+k+1} \mid s_t] \tag{3.1}$$

值函数的物理意义是衡量策略的好坏。

强化学习算法最基本的思路是利用回报改善智能体的策略，而值函数正是回报的一种体现，基于值函数的强化学习算法的基本思路就是：计算策略 π 下的值函数，然后利用值函数改善策略 π ，得到更好的策略 π' 。

计算策略 π 下的值函数又称为策略评估，因此强化学习的基本算法是交叉迭代进行策略评估和策略改善，如图 3.1 所示。

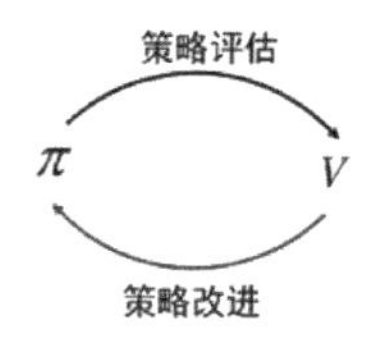

图 3.1　基于值函数的强化学习算法基本思路

3.1.1　策略迭代算法原理

策略迭代算法便是迭代地实现策略评估和策略改善。下面我们依次实现策略评估和策略改善。

1．策略评估

策略评估就是计算策略π下的值函数，如何计算值函数呢？看定义式：

$$\upsilon_\pi(s_t)=\mathbb{E}_\pi[G_t\mid s_t]=\mathbb{E}_\pi[\sum_{k=0}^{\infty}\gamma^k R_{t+k+1}\mid s_t]$$

该公式可以进一步简化为

$$\upsilon(s)=\sum_{a\in A}\pi(a\mid s)(R_s^a+\gamma\sum_{s'\in S}P_{ss'}^a\upsilon(s')) \tag{3.2}$$

从式（3.2）知道，当模型 $P_{ss'}^a$ 已知的时候，式（3.2）本身就是一个迭代算子，在数学上该算子常常被称为贝尔曼算子。

写成数值迭代的公式为

$$\upsilon_{k+1}(s)=\sum_{a\in A}\pi(a\mid s)(R_s^a+\gamma\sum_{s'\in S}P_{ss'}^a\upsilon_k(s')) \tag{3.3}$$

即第 k+1 次的迭代值可以由第 k 次的值和相应的回报计算得到。因此对于有限马尔可夫决策过程，并且模型已知的时候，式（3.3）给出了值函数评估的公式。有了值评估，下面我们看看如何根据评估的值函数进行策略改善。

2．策略改善

有了当前策略 π 的值函数 $\upsilon_\pi(s)$ 后，我们可以利用策略改善理论得到一个更好的策略。

所谓策略改善理论是指，如果存在一个策略 π'，使得在状态 s 时，采取策略 π'，而后继状态仍然采取策略 π 所得到的行为值函数要大于等于采取当前策略 π 在状态 s 处的状态值函数，那么该策略 π' 不比原来的策略 π 差，甚至比它还要好。

证明：

$$\begin{aligned}
&\upsilon_\pi(s) \le q_\pi(s,\pi'(s)) \\
&= \mathbb{E}[R_{t+1} + \gamma\upsilon_\pi(s_{t+1}) \mid s_t = s, a_t = \pi'(s)] \\
&= \mathbb{E}_{\pi'}[R_{t+1} + \gamma\upsilon_\pi(s_{t+1}) \mid s_t = s] \\
&\leqslant \mathbb{E}_{\pi'}[R_{t+1} + \gamma q_\pi(s_{t+1},\pi'(s_{t+1})) \mid s_t = s] \\
&= \mathbb{E}_{\pi'}[R_{t+1} + \gamma\mathbb{E}_{\pi'}[R_{t+2} + \gamma\upsilon_\pi(s_{t+2}) \mid s_{t+1}, a_{t+1} = \pi'(s_{t+2})] \mid s_t = s] \\
&\leqslant \mathbb{E}_{\pi'}[R_{t+1} + \gamma R_{t+2} + \gamma^2 R_{t+3} + \gamma^3\upsilon_\pi(s_{t+3})] \\
&\cdots \\
&\leqslant \mathbb{E}_{\pi'}[R_{t+1} + \gamma R_{t+2} + \gamma^2 R_{t+3} + \gamma^3 R_{t+4} + \cdots \mid s_t = s] \\
&= \upsilon_{\pi'}(s)
\end{aligned} \tag{3.4}$$

策略改善理论给我们一个启示：只要在状态 s 处找到一个策略 π'，使得该策略满足 $q_\pi(s,\pi') \ge \upsilon_\pi(s)$ 即可。那么，如何找到符合该条件的策略 π' 呢？

一个很显然的符合该条件的策略为 Greedy Policy，即贪婪策略。所谓贪婪策略是指：

$$\pi_{\text{greedy}}(s) = \arg\max_a q_\pi(s,a) \tag{3.5}$$

式（3.5）表示，当知道当前的策略 π 所对应的行为值函数时，贪婪策略是指该状态 s 处使得行为值函数最大的那个动作。

有了策略评估方法和策略改善方法，我们就可以总结策略迭代算法了。图 3.2 为策略迭代算法的伪代码，其中第 3 行实现策略 π_l 的策略评估，第 4 行为利用策略改善理论，即利用贪婪策略改善当前的策略，得到第 $l+1$ 次的策略 π_{l+1}。

1. 输入：状态转移概率 $P_{ss'}^a$ 回报函数 R_s^a，折扣因子 γ，初始化值函数 $V(s)=0$ 初始化策略 π
2. Repeat $l = 0,1,\cdots$
3. find V^{π_l}
4. $\pi_{l+1}(s) \in \arg\max_a q^{\pi_l}(s,a)$
5. Until $\pi_{l+1} = \pi_l$
6. 输出：$\pi^*=\pi_l$

图 3.2　策略迭代算法的伪代码

其中第 3 行的策略评估由如图 3.3 所示的策略评估算法的伪代码实现。

1. 输入需要评估的策略 π 状态转移概率 $P_{ss'}^a$ 回报函数 R_s^a，折扣因子 γ
2. 初始化值函数 $V(s)=0$
3. Repeat $k=0,1,\cdots$
4. 　　For every s do：
5. 　　　　$v_{k+1}(s)=\sum_{a\in A}\pi(a|s)\left(R_s^a+\gamma\sum_{s'\in S}P_{ss'}^a v_k(s')\right)$
6. Until $v_{k+1}=v_k$

图 3.3　策略评估算法的伪代码

由于模型已知，状态为有限个，因此在有限马尔可夫决策过程中，对策略进行评估的时候，需要对整个状态空间进行遍历，得到整个状态空间中每个状态处的值函数。

3.1.2　值迭代算法原理

值迭代与策略迭代的基本框架相同，都包括两个过程，即策略评估和策略改善。不同的是，策略迭代在策略评估子程序中要等到值函数收敛之后再进入策略改善。而值迭代不同，值迭代是在策略评估子函数中只要值函数一经改变就直接进入策略改善子程序，这是两者的区别。

单从名字上来看，策略迭代是指在算法的整个外循环中策略不断地发生变化，值迭代是指算法在整个外循环中值不断地发生变化。

如图 3.4 所示为值迭代算法伪代码，其中第 4 行完成了策略评估和策略改善。经过第 4 行后，第$l+1$次迭代的值函数υ_{l+1}得到了更新，同时π_{l+1}为

$$\pi_{l+1}=\arg\max_a(R_s^a+\gamma\sum_{s'\in S}P_{ss'}^a\upsilon_l(s'))\tag{3.6}$$

1. 输入状态转移概率 $P_{ss'}^a$，回报函数 R_s^a，折扣因子 γ，初始化值函数 $v(s)=0$，初始化策略 π_0
2. Repeat $l=0,1,\cdots$
3. 　　for every s do
4. 　　　$v_{l+1}(s)=\max_a R_s^a+\gamma\sum_{s'\in S}P_{ss'}^a v_l(s')$
5. 　Until $v_{l+1}=v_l$
5. 输出：$\pi(s)=\arg\max_a R_s^a+\gamma\sum_{s'\in S}P_{ss'}^a v_l(s')$

图 3.4　值迭代算法伪代码

在 3.2 节，我们会利用代码实现策略迭代和值迭代，并从代码的运行中总结一些基本的规律。

3.2 策略迭代和值迭代的代码实现

3.2.1 鸳鸯环境的修改

如图 3.5 所示，为了渲染值迭代和策略迭代算法训练出来的策略效果，我们在第 2 章介绍的鸳鸯环境类中加入路径渲染项，以便显示我们采用了学到的策略后雄性鸳鸯所走过的路径。

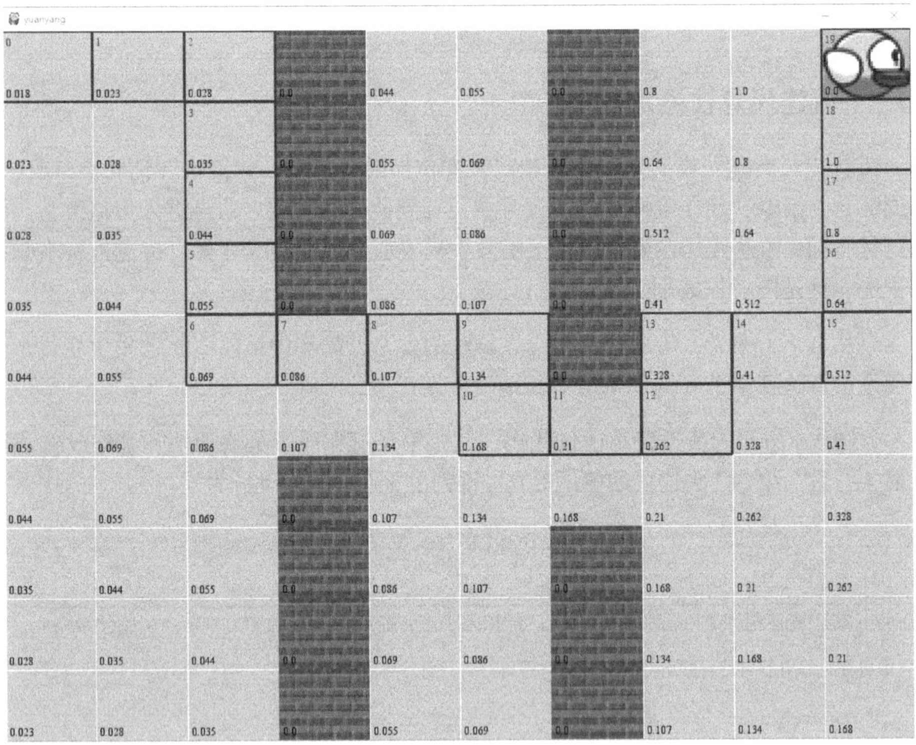

图 3.5 鸳鸯找“朋友”示意图

首先我们在鸳鸯环境类中的初始化子函数中声明路径 self.path=[]，然后在渲染子函数 render()中画出路径点，渲染的方法是利用矩形标识雄性鸳鸯所走过的路径，并在矩形框中标识出路径顺序。在 PyGame 中，我们用 pygame.draw.rect()来画矩形，用 font 来显示路径顺序。

```
class YuanYangEnv:
    ……
def render(self):
    ……
        # 画路径点
        for i in range(len(self.path)):
            rec_position = self.state_to_position(self.path[i])
            pygame.draw.rect(self.viewer, [255, 0, 0],
            [rec_position[0], rec_position[1], 120, 90], 3)
            surface = self.font.render(str(i), True, (255, 0, 0))
            self.viewer.blit(surface, (rec_position[0] + 5,
            rec_position[1] + 5))
```

3.2.2 策略迭代算法代码实现

如 3.1.1 节所述，策略迭代算法包括策略评估和策略改善。我们先声明一个名为 DP_Policy_Iter 的类，该类包括初始化子函数、策略评估子函数、策略改善子函数、策略迭代子函数。接下来我们对代码进行解释。

首先，导入 random 包和 time 包，以便生成随机数和调用时间延迟函数。将 YuanYangEnv 加载到当前文件中。声明动态规划的策略迭代类 DP_policy_Iter。在类的初始化函数中，yuanyang 为类的初始化参数，用于调用鸳鸯游戏系统，将鸳鸯游戏系统的状态空间和动作空间赋给当前类的状态和动作，利用 v 来表示值函数，声明一个数据结构为字典以便存储策略，利用随机函数初始化策略。

```
import random
import time
from yuanyang_env import YuanYangEnv
class DP_Policy_Iter:
    def __init__(self, yuanyang):
        self.states = yuanyang.states
        self.actions = yuanyang.actions
        self.v = [0.0 for i in range(len(self.states)+1)]
        self.pi = dict()
        self.yuanyang = yuanyang
        self.gamma = yuanyang.gamma
        #初始化策略
        for state in self.states:
            flag1=0
            flag2=0
            flag1=yuanyang.collide(yuanyang.state_to_position
            (state))
```

```
            flag2=yuanyang.find(yuanyang.state_to_position(state))
            if flag1==1 or flag2==1: continue
            self.pi[state] = self.actions[int(random.random()*len
            (self.actions))]
```

然后，我们就可以利用式（3.3）实现策略评估了。在策略评估中包括两个训练，内层循环遍历状态空间中的每个状态，利用贝尔曼算子更新每个状态处的值函数；外循环则迭代计算整个值函数。我们利用新旧值函数的累积和来控制策略评估是否结束，如果累积和小于 1e-6，那么说明值函数的值已经收敛，不再发生变化，此时便退出策略评估程序，具体代码如下：

```
    def policy_evaluate(self):
        #策略评估在计算值函数
        for i in range(100):
            delta = 0.0
            for state in self.states:
                flag1 = 0
                flag2 = 0
                flag1 = yuanyang.collide
                (yuanyang.state_to_position(state))
                flag2 = yuanyang.find
                (yuanyang.state_to_position(state))
                if flag1 == 1 or flag2 == 1: continue
                action = self.pi[state]
                s, r, t = yuanyang.transform(state, action)
                #更新值
                new_v = r + self.gamma * self.v[s]
                delta += abs(self.v[state] - new_v)
                #更新值替换原来的值函数
                self.v[state] = new_v
            if delta < 1e-6:
                print("策略评估迭代次数",i)
                break
```

有了值函数，我们就可以利用贪婪策略来对当前的策略进行改善。在进行策略改善时，需要对状态空间中的每个状态处的策略进行改善，因此外循环是一个状态遍历。在每个状态处，利用当前的值函数找到对应的使之最大的动作即为当前的贪婪策略。

```
    def policy_improve(self):
        #利用更新后的值函数进行策略改善
        for state in self.states:
            flag1 = 0
            flag2 = 0
            flag1 =
```

```
yuanyang.collide(yuanyang.state_to_position(state))
flag2 = yuanyang.find(yuanyang.state_to_position(state))
if flag1 == 1 or flag2 == 1: continue
a1 = self.actions[0]
s, r, t = yuanyang.transform(state, a1)
v1 = r + self.gamma * self.v[s]
#找状态 s 时，采用哪种动作，值函数最大
for action in self.actions:
    s, r, t = yuanyang.transform(state, action)
    if v1 < r + self.gamma * self.v[s]:
        a1 = action
        v1 = r + self.gamma * self.v[s]
#贪婪策略，进行更新
self.pi[state] = a1
```

最后，有了策略评估子函数和策略改善子函数，我们就可以写策略迭代算法了。策略迭代算法很简单，循环进行策略评估和策略改善。当策略不再发生变化时，结束策略迭代算法。

```
def policy_iterate(self):
    for i in range(100):
        #策略评估，变的是 v
        self.policy_evaluate()
        #策略改善
        pi_old = self.pi.copy()
        #变的是 pi
        self.policy_improve()
        if (self.pi == pi_old):
            print("策略改善次数",i)
            break
```

至此，我们就实现了整个策略迭代算法。下面我们可以写一个主函数，看看我们的策略迭代算法是不是有效。首先，实例化一个鸳鸯游戏 YuanYang；然后，将之作为参数传入策略迭代类中实例化一个策略迭代类 policy_value，利用该类调用策略迭代子函数 policy_iterate()完成对策略的学习。详细代码如下。

```
if __name__ == "__main__":
    yuanyang = YuanYangEnv()
    policy_value = DP_Policy_Iter(yuanyang)
policy_value.policy_iterate()
```

对学到的策略进行测试，初始状态为 s=0，当前的路径（path）还不存在。将策略迭代中学到的值函数给到游戏中的值函数，以便将值函数渲染出来。

```
flag=1
```

```
        s=0
        path = []
        #将 v 值打印出来
        for state in range(100):
            i = int(state/10)
            j = state % 10
            yuanyang.value[j,i]=policy_value.v[state]

    step_num=0
```

下面是智能体利用学到的策略 π 与游戏环境进行交互，并将交互结果渲染出来。在雄鸟移动的过程中，我们将移动的状态和动作都打印出来。

```
    #将最优路径打印出来
    while flag:
        # 渲染路径点
        path.append(s)
        yuanyang.path = path
        a=policy_value.pi[s]
        print('%d->%s\t'%(s, a))
        yuanyang.bird_male_position=yuanyang.state_to_position(s)
        yuanyang.render()
        time.sleep(0.2)
        step_num+=1
        s_,r,t=yuanyang.transform(s,a)
        if t==True or step_num>200:
            flag=0
        s=s_
    # 渲染最后的路径点
    yuanyang.bird_male_position = yuanyang.state_to_position(s)
    path.append(s)
    yuanyang.render()
    while True:
        yuanyang.render()
```

最后打印结果如下。我们可以看到，策略迭代一共进行了 10 次，便收敛到最优的策略。在每次迭代过程中，策略评估收敛的迭代次数也越来越少。初始策略的值函数评估用了 76 次迭代，第 2 个策略的评估用了 35 次，第 3 个策略的评估只用了 1 次，以此类推。我们可以看到，策略评估总的次数为 131 次。最后给出的是雄鸟移动的结果。大家可以下载并运行源代码，查看渲染的效果。

```
策略评估迭代次数 76
策略评估迭代次数 35
策略评估迭代次数 1
策略评估迭代次数 1
```

```
策略评估迭代次数 1
策略评估迭代次数 13
策略评估迭代次数 1
策略评估迭代次数 1
策略评估迭代次数 1
策略评估迭代次数 1
策略评估迭代次数 0
策略改善次数 10
0->e
1->e
2->s
12->s
22->s
32->s
42->e
43->e
44->e
45->s
55->e
56->e
57->e
58->e
59->n
49->n
39->n
29->n
19->n
```

3.2.3 值迭代算法代码实现

值迭代的实现更容易，同样导入 random 包和 time 包，加载 YuanYangEnv 鸳鸯游戏环境。跟策略迭代算法一样，在初始化子函数中初始化当前状态空间、动作空间、值函数和随机初始化一个策略。

```
import random
import time
from yuanyang_env import YuanYangEnv
class DP_Value_Iter:
    def __init__(self, yuanyang):
        self.states = yuanyang.states
        self.actions = yuanyang.actions
        self.v  = [ 0.0 for i in range(len(self.states) + 1)]
        self.pi = dict()
        self.yuanyang = yuanyang
```

```
        self.gamma = yuanyang.gamma
        for state in self.states:
            flag1 = 0
            flag2 = 0
            flag1 = yuanyang.collide
            (yuanyang.state_to_position(state))
            flag2 = yuanyang.find(yuanyang.state_to_position(state))
            if flag1 == 1 or flag2 == 1: continue
            self.pi[state] = self.actions[int(random.random() *
            len(self.actions))]
```

将值迭代算法策略评估和策略改善放在一起，首先进行策略评估，然后取贪婪策略。具体代码如下所示。

```
    def value_iteration(self):
        for i in range(1000):
            delta = 0.0
            for state in self.states:
                flag1 = 0
                flag2 = 0
                flag1 = yuanyang.collide
                (yuanyang.state_to_position(state))
                flag2 = yuanyang.find
                (yuanyang.state_to_position(state))
                if flag1 == 1 or flag2 == 1: continue
                a1= self.actions[int(random.random()*4)]
                s, r, t = yuanyang.transform( state, a1 )
                #策略评估
                v1 = r + self.gamma * self.v[s]
                #策略改善
                for action in self.actions:
                    s, r, t = yuanyang.transform( state, action )
                    if v1 < r + self.gamma * self.v[s]:
                        a1 = action
                        v1 = r + self.gamma * self.v[s]
                delta+= abs(v1 - self.v[state])
                self.pi[state] = a1
                self.v[state]  = v1
            if delta <  1e-6:
                print("迭代次数为",i)
                break
```

跟策略迭代方法一样，我们可以写一个主函数，看看我们的值迭代算法是不是有效。首先，实例化一个鸳鸯游戏 YuanYang；然后，将其作为参数传入策略迭代类中实例化一个策略迭代类 policy_value，利用该类调用策略迭代子函数 value_iteration()

完成对策略的学习。详细代码如下。

```
if __name__ == "__main__":
    yuanyang     = YuanYangEnv()
    policy_value = DP_Value_Iter(yuanyang)
policy_value.value_iteration()
```

对学到的策略进行测试，初始状态为 s=0，当前的路径还不存在。将策略迭代中学到的值函数赋给游戏中的值函数，即可将值函数渲染出来。

```
s = 0
path = []
 # 将 v 值打印出来
    for state in range(100):
        i = int(state / 10)
        j = state % 10
        yuanyang.value[j, i] = policy_value.v[state]
flag = 1
    step_num = 0
# 将最优路径打印出来
```

下面是智能体利用学到的策略 π 与游戏环境进行交互，并将交互结果渲染出来。在雄鸟移动的过程中，我们将移动的状态和动作都打印出来。

```
    while flag:
        #渲染路径点
        path.append(s)
        yuanyang.path = path
        a = policy_value.pi[s]
        print('%d->%s\t' % (s, a))
        yuanyang.bird_male_position = yuanyang.state_to_position(s)
        yuanyang.render()
        time.sleep(0.2)
        step_num += 1
        s_, r, t = yuanyang.transform(s, a)
        if t == True or step_num > 20:
            flag = 0
        s = s_
    #渲染最后的路径点
    yuanyang.bird_male_position = yuanyang.state_to_position(s)
    path.append(s)
    yuanyang.render()
    while True:
        yuanyang.render()
```

最后的打印结果如下。我们可以看到值迭代一共进行了 14 次，比策略迭代的总次数 10 次要多。但是，值函数只进行了 14 次策略评估，而策略迭代进行了 131 次策略评估。由此可见，值迭代的计算量比策略迭代的计算量要小很多，因此算法的效率更高。

```
迭代次数为 14
0->e
1->s
11->e
12->s
22->s
32->s
42->e
43->e
44->e
45->s
55->e
56->e
57->e
58->e
59->n
49->n
39->n
29->n
19->n
```

基于蒙特卡洛的方法

第 3 章给出了学习算法的基本思路：策略评估和策略改善。其中策略评估用到了如下迭代公式：

$$\upsilon_{k+1}^{\pi}(s)=\sum_{a\in A}\pi(a\mid s)q_{\pi}(s,a)=\sum_{a\in A}\pi(a\mid s)(R_s^a+\gamma\sum_{s'\in S}P_{ss'}^{a}\upsilon_k^{\pi}(s')) \tag{4.1}$$

策略改善则用了最简单的贪婪策略，即

$$\pi_{\text{greedy}}(s)=\arg\max_{a} q_{\pi}(s,a) \tag{4.2}$$

在正式进入蒙特卡洛算法原理的介绍之前，首先要了解为什么要用蒙特卡洛算法。我们可以先看式（4.1）和式（4.2），如果状态转移概率 $P_{ss'}^{a}$ 已知，那么利用式（4.1）和式（4.2）就可以得到最优策略。如果模型 $P_{ss'}^{a}$ 是未知的呢？

这时候，我们做如下分析：

- 当模型 $P_{ss'}^{a}$ 未知时，式（4.1）不能再用。
- 当模型 $P_{ss'}^{a}$ 未知时，式（4.2）式还可以用，因为式（4.2）与模型没有关系。
- 如果想要利用整个框架，我们必须找到一种方法替代式（4.1）来进行策略评估。

如何在模型 $P_{ss'}^{a}$ 未知的情况下，估计策略 π 的值函数呢？

答案是，可以使用本章介绍的蒙特卡洛方法和第 5 章介绍的时间差分方法。下面我们对蒙特卡洛算法的原理进行介绍。

4.1 蒙特卡洛算法原理

如前面所述，当模型 $P_{ss'}^{a}$ 未知时，即智能体在状态 s 时并不知道采取动作 a 时转移到下一个状态 s' 的概率。但是，智能体在状态 s 通过动作 a 与环境进行交互，环境会根据转移概率给出下一个时刻的状态，但环境不会直接给出状态转移的概率。也就是说，在模型未知的时候，我们只能通过一系列的动作，得到一系列的状态序列，即

$$s_0 \xrightarrow{a_1^{\pi}} (r_1, s_1) \xrightarrow{a_2^{\pi}} (r_2, s_2) \rightarrow \cdots \xrightarrow{a_T^{\pi}} (r_T, s_T)$$

其中$\boldsymbol{s_T}$为终止状态。

至此，我们已经拥有当前的策略，以及根据策略 π 得到的一连串的数据 $s_0 \xrightarrow{a_1^{\pi}} (r_1, s_1) \xrightarrow{a_2^{\pi}} (r_2, s_2) \rightarrow \cdots \xrightarrow{a_T^{\pi}} (r_T, s_T)$，缺少状态转移概率 $P_{ss'}^{a}$，而我们想要评估策略 π 的值函数，应该怎样做呢?

既然不能用式（4.1），那么我们回到值函数的定义式，即

$$\upsilon_{\pi}(s_t) = \mathbb{E}_{\pi}[G_t \mid s_t] = \mathbb{E}_{\pi}[\sum_{k=0}^{\infty}\gamma^k r_{t+k+1} \mid s_t] = \int p(\tau)G(\tau)\mathrm{d}\tau \tag{4.3}$$

式（4.3）是求期望的公式，其中 τ 表示一次实验数据，即 $\tau: s_0 \xrightarrow{a_1^{\pi}} (r_1, s_1) \xrightarrow{a_2^{\pi}} (r_2, s_2) \rightarrow \cdots \xrightarrow{a_T^{\pi}} (r_T, s_T)$，$G(\tau) = \sum_{k=0}^{\infty}\gamma^k r_{t+k+1} \mid s_t$，$p(\tau)$ 为产生轨迹 τ 的概率分布，我们不知道值函数的概率分布，所以不能用积分公式来求值函数。但是，我们有数据 $s_0 \xrightarrow{a_1^{\pi}} (r_1, s_1) \xrightarrow{a_2^{\pi}} (r_2, s_2) \rightarrow \cdots \xrightarrow{a_T^{\pi}} (r_T, s_T)$，有这些数据就可以算在策略 π 的作用下，经过一次实验 $\tau: s_0 \xrightarrow{a_1^{\pi}} (r_1, s_1) \xrightarrow{a_2^{\pi}} (r_2, s_2) \rightarrow \cdots \xrightarrow{a_T^{\pi}} (r_T, s_T)$ 后状态 s_t 处的折扣累计回报 $G(\tau) = \sum_{k=0}^{\infty}\gamma^k r_{t+k+1} \mid s_t$，其中折扣累计 $G(s_t)$ 为随机变量，蒙特卡洛的方法就是用策略 π 做很多次实验，从而得到状态 s_t 处的很多个折扣累计回报 $G(s_t)$，那么式（4.3）的积分公式，就可以利用代数平均来计算，即

$$\upsilon_{\pi}(s_t) = \frac{1}{m}\sum_{i=1}^{m}G_i(s_t) = \frac{1}{m}\sum_{i=1}^{m}\sum_{k=0}^{\infty}\gamma^k r_{t+k+1} \tag{4.4}$$

用蒙特卡洛方法计算值函数（4.4）来代替动态规划算法中的式（4.1）。

现在的问题是：有了式（4.4）和式（4.2），我们就可以进行策略评估和策略改善了吗？

还不行！这是因为利用式（4.2）时，我们需要知道每个状态处的行为-值函数 $q(s,a)$，而不是状态-值函数 $\upsilon_\pi(s)$。

行为值函数的定义为

$$q_\pi(s,a)=R_s^a+\gamma\sum_{s'\in S}P_{ss'}^a\upsilon_k^\pi(s') \tag{4.5}$$

当模型 $P_{ss'}^a$ 已知时，值函数可以由式（4.5）实时计算出来。当模型未知时怎么办呢？

还是需要行为-值函数的原始定义，如下：

$$q_\pi(s,a)=\mathbb{E}_\pi[G_t\mid s_t,a_t=a]=\mathbb{E}_\pi[\sum_{k=0}^{\infty}\gamma^k R_{t+k+1}\mid s_t=s,a_t=a] \tag{4.6}$$

式（4.6）的计算用前述的蒙特卡洛方法进行估计。即

$$q_\pi(s,a)=\frac{1}{m}[\sum_{i=1}^{m}\sum_{k=0}^{\infty}\gamma^k R_{t+k+1}\mid s_t=s,a_t=a] \tag{4.7}$$

对于无模型的强化学习算法，利用式（4.7）和式（4.2）就可以实现策略评估和策略改善。

1. 关于值函数和行为值函数

相信很多同学看到这里会被值函数和行为-值函数弄得晕头转向，两者到底有什么区别呢？其实定义已经说得很清楚了。

值函数的定义：$\upsilon_\pi(s_t)=\mathbb{E}_\pi[\sum_{k=0}^{\infty}\gamma^k r_{t+k+1}\mid s_t]$，即状态 s_t 之后折扣累计回报的期望。

行为-值函数的定义：$q(s,a)=\frac{1}{m}[\sum_{i=1}^{m}\sum_{k=0}^{\infty}\gamma^k r_{t+k+1}\mid s_t=s,a_t=a]$，即在状态 s_t，并采取了动作 a 之后折扣累计回报的期望。

举一个很简单的例子，利用策略 π 产生了如下两组数据：

$$s_0 \xrightarrow{a_1^\pi} (r_1, s_1) \xrightarrow{a_2^\pi} (r_2, s_T)$$
$$s_0 \xrightarrow{a_2^\pi} (r_3, s_3) \xrightarrow{a_1^\pi} (r_T, s_T)$$

那么状态值函数的计算公式为$\upsilon(s_0) = \frac{1}{2}((r_1 + \gamma r_2) + (r_2 + \gamma r_T))$

行为值函数可以分为两个：$q(s_0, a_1) = r_1 + \gamma r_2$；$q(s_0, a_2) = r_3 + \gamma r_T$

2. 关于值函数的定义

在经典强化学习算法中，值函数的定义为随机变量折扣累计回报$G(s_t)$的期望。近年来，Marc G.Bellemare 等人发现，直接利用折扣累计回报的分布能得到更好的结果，据此提出了在雅达利游戏中表现显著的 C51 算法。

除了利用折扣累计回报来定义值函数，还可以利用平均回报来定义值函数，即

$$q(s,a) = \lim_{H \to \infty} E\{\frac{1}{H}\sum_{h=0}^{H} r_h\}$$

为了方便编码，我们将式（4.7）写成增量式的方法，即

$$\begin{aligned} q_\pi(s,a) &= \frac{1}{k}\sum_{i=1}^{m} G_i(s,a) \\ &= \frac{1}{k}(G_k(s,a) + \sum_{i=1}^{m-1} G_i(s,a)) \\ &= \frac{1}{k}(G_k(s,a) + (k-1)q_{k-1}(s,a)) \\ &= q_{k-1}(s,a) + \frac{1}{k}(G_k(s,a) - q_{k-1}(s,a)) \end{aligned} \tag{4.8}$$

目前我们有了策略评估公式（4.8）和策略改善公式（4.2），那么是不是可以进行值迭代或者策略迭代了？

还不行，我们还需要讨论环境的探索问题。这是因为利用式（4.7）进行策略评估的假设前提是，每个状态都能被无限频次的访问。在模型已知的时候，我们对状态空间进行遍历，从而进行策略的评估。在模型未知的时候，我们不进行状态空间的遍历，而是采用探索的方法。这就涉及了探索和利用的平衡问题。

经常讨论的探索方法有两种：探索初始化和探索策略。

探索初始化是指在每次迭代的时候，随机初始化状态，从而保证每个状态都能被

无限频次地访问。

如果初始状态保持不变，为了保证策略可以访问到每个状态，那么必须要求该策略是温和的，即对所有的状态 s 和动作 a，策略需要满足 $\pi(a|s)>0$，最常用的温和策略为 $\varepsilon-$greedy 策略，即

$$\pi(a|s) \leftarrow \begin{cases} 1-\varepsilon+\dfrac{\varepsilon}{|A(s)|} & \text{if } a=\arg\max_a q(s,a) \\ \dfrac{\varepsilon}{|A(s)|} & \text{if } a \neq \arg\max_a q(s,a) \end{cases}$$

当有了探索初始化或者探索策略，我们就可以交叉进行策略评估和策略改善，实现基于蒙特卡洛的强化学习算法，具体代码见 4.2 节。

4.2 蒙特卡洛算法的代码实现

蒙特卡洛算法是一个无模型强化学习算法，在实现时需要先修改环境显示界面，再进行代码的实现。

4.2.1 环境类的修改和蒙特卡洛算法类的声明

前面已经讨论过，无模型的强化学习算法，需要评估的是行为-值函数，所以在渲染时，我们需要把行为值函数显示出来。形成如图 4.1 所示的蒙特卡洛方法显示画面，在该画面上，每个方格表示一个状态，每个状态的 4 个值分别对应着 4 个动作的行为-值函数。

为了得到如图 4.1 显示的画面，我们在原来环境的基础上做如下修改：

```
class YuanYangEnv:
    def __init__(self):
        ......
        self.gamma = 0.95
        self.action_value = np.zeros((100, 4))
```

其中 gamma 由原来的 0.8 设置为 0.95，即增加后继回报对当前的影响。这是因为蒙特卡洛的方法利用整条轨迹的数据进行评估策略，如果 γ 太小，后面回报的贡献会很快衰减。行为值函数声明为 100×4 的矩阵。

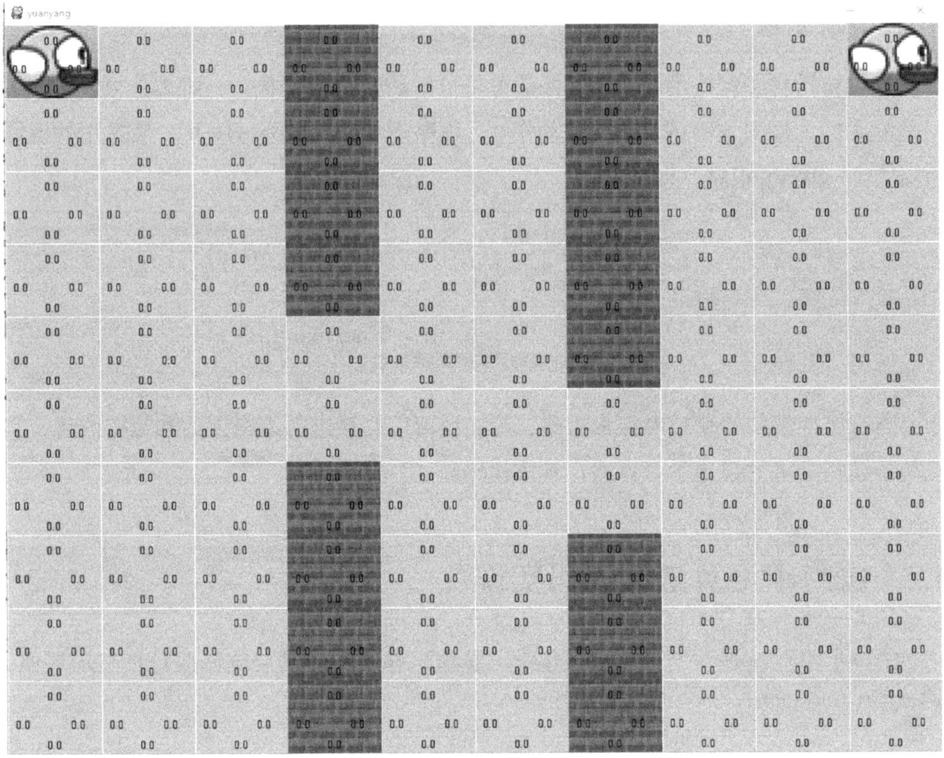

图 4.1　蒙特卡洛方法显示画面

为了得到显示画面，我们在渲染子函数中进行如下修改：

```
class YuanYangEnv:
    ......
def render(self):
    ......
        # 画动作-值函数
            for i in range(100):
          y = int(i / 10)
          x = i % 10
          #往东的值函数
          surface = self.font.render(str(round(float(self.action_
          value[i,0]), 2)), True,(0, 0, 0))
          self.viewer.blit(surface, (120 * x + 80, 90 * y + 45))
          #往南的值函数
          surface = self.font.render(str(round(float(self.action_
          value[i, 1]), 2)), True, (0, 0, 0))
          self.viewer.blit(surface, (120 * x + 50, 90 * y + 70))
          # 往西的值函数
          surface = self.font.render(str(round(float(self.action_
```

```
            value[i, 2]), 2)), True, (0, 0, 0))
            self.viewer.blit(surface, (120 * x + 10, 90 * y + 45))
            # 往北的值函数
            surface = self.font.render(str(round(float(self.action_
            value[i, 3]), 2)), True, (0, 0, 0))
            self.viewer.blit(surface, (120 * x + 50, 90 * y + 10))
```

除了对显示进行修改，我们对回报也进行了修改。这是因为原来的回报只在找到目标点和碰到障碍物的时候才有回报，也就是说这些回报是稀疏回报，蒙特卡洛方法对于稀疏回报问题的估计方差无穷大。为此，我们每一步都给出了回报，将稀疏回报问题变为稠密回报。代码修改如下：

```
class YuanYangEnv:
def transform(self,state, action):
    ……
    if flag_collide==1:
        return state, -10, True
    if flag_find == 1:
        return state, 10, True
    ……
   #如果碰撞，那么回报为-10，并结束
   if flag_collide==1:
      return self.position_to_state(current_position),-10,True
   #判断是否终点
   flag_find = self.find(next_position)
   if flag_find==1:
      return self.position_to_state(next_position),10,True
   return self.position_to_state(next_position), -2, False
```

设置回报的规则是：如果碰到障碍物回报为-10，找到目标点回报为+10，如既没碰到障碍物又没找到目标点，每走一步回报为-2。

修改完环境，我们创建一个名为 MC_RL.py 的文件，在该文件中实现蒙特卡洛方法。代码如下所示。首先，我们导入一些必要的库，然后命名为 MC_RL 的一个类，在初始化函数__init__中声明行为值函数，因为本例共 100 个状态，每个状态处有 4 个动作，因此行为值函数是一个 100×4 的表格。n 用来表示状态行为对被访问的次数。

```
import pygame
import time
import random
import numpy as np
import matplotlib.pyplot as plt
```

```
from yuanyang_env_mc import YuanYangEnv
class MC_RL:
def __init__(self, yuanyang):
    #行为值函数的初始化
    self.qvalue =
np.zeros((len(yuanyang.states),len(yuanyang.actions)))*0.1
    #次数初始化
    #n[s,a]=1,2,3?? 求经验平均时，q(s,a)=G(s,a)/n(s,a)
    self.n =
0.001*np.ones((len(yuanyang.states),len(yuanyang.actions)))
    self.actions = yuanyang.actions
    self.yuanyang = yuanyang
    self.gamma = yuanyang.gamma
#定义贪婪策略 greedy_policy
def greedy_policy(self, qfun, state):
    amax = qfun[state, :].argmax()
    return self.actions[amax]
```

定义 $\varepsilon-$greedy 策略，即 $\pi(a|s) \leftarrow \begin{cases} 1-\varepsilon+\dfrac{\varepsilon}{|A(s)|} & \text{if } a=\arg\max_a q(s,a) \\ \dfrac{\varepsilon}{|A(s)|} & \text{if } a \neq \arg\max_a q(s,a) \end{cases}$

```
def epsilon_greedy_policy(self, qfun, state, epsilon):
    amax = qfun[state, :].argmax()
    #概率部分
    if np.random.uniform() < 1- epsilon:
    #最优动作
        return self.actions[amax]
    else:
        return
self.actions[int(random.random()*len(self.actions))]
```

找到动作所对应的序号：

```
def find_anum(self, a):
    for i in range(len(self.actions)):
        if a == self.actions[i]:
            return i
```

4.2.2 探索初始化蒙特卡洛算法实现

如图 4.2 所示为探索初始化蒙特卡洛算法的伪代码，下面根据该伪代码进行实现。

1. 初始化所有

$s \in S, a \in A(s)$，$q(s,a) \leftarrow$ 随机初始化，$\pi(s) \leftarrow$ 随机初始化，Return(s,a) $\leftarrow$ emptylist

2. Repeat:

随机选择 $S_0 \in S$，$A_0 \in A(s_0)$ ，从 S_0、A_0 开始以策略生成一个实验（episode），对每个在实验中出现的状态和动作对 (s,a) 计算 $G_k(s,a)$

3. 利用增量式策略评估方法计算更新后的行为值函数

$$q_\pi(s,a) = q_{k-1}(s,a) + \frac{1}{k}(G_k(s,a) - q_{k-1}(s,a))$$

4. 对该实验中的每一个 s

$\pi(s) \leftarrow \arg\max_a q(s,a)$

图 4.2 探索初始化蒙特卡洛算法的伪代码

第 1 行：进行必要的初始化，包括初始化行为值函数及策略。

第 2 行：初始化状态和动作由均匀随机概率分布函数生成，从该随机的状态-行为对出发生成一组数据，对该组数据中每个状态-行为计算折扣累计回报。

第 3 行：利用蒙特卡洛增量式学习方法，根据上一步计算的折扣累计回报更新相应的行为-值函数。

第 4 行：利用更新后的行为值函数更新策略，这里用的策略为贪婪策略。

下面根据具体的代码进行详细介绍。

定义类子函数 mc_learning_ei 来实现探索初始化蒙特卡洛方法。首先初始化行为值函数为 0，初始化访问各状态-动作对的次数为 0。初始化完成后便进入正式的迭代学习阶段。声明存放状态样本、动作样本、回报样本的变量，并随机初始化状态 s 和动作 a。

```
def mc_learning_ei(self, num_iter):
    self.qvalue=np.zeros((len(yuanyang.states),
    len(yuanyang.actions)))
    self.n = 0.001 * np.ones((len(yuanyang.states),
    len(yuanyang.actions)))
     # 学习 num_iter 次
    for iter1 in range(num_iter):
        # 采集状态样本
        s_sample = []
```

```
        # 采集动作样本
        a_sample = []
        # 采集回报样本
        r_sample = []
        # 随机初始化状态
        s = self.yuanyang.reset()
        a = self.actions[int(random.random()*len(self.actions))]
        done = False
        step_num = 0
```

下面调用 mc_test()子函数，该子函数用来测试经过蒙特卡洛方法学习到的策略是否找到了目标。如果找到了，该子函数会返回 1，否则会返回 0。因此，如果返回 1 则结束蒙特卡洛学习，否则继续学习。当找到目标时，将蒙特卡洛迭代学习的次数打印出来。

```
        if self.mc_test() == 1:
            print("探索初始化第 1 次完成任务需要的次数：",iter1)
            break
        # 采集数据 s0-a1-s1-a2-s2...terminate state
```

下面的程序用当前贪婪策略进行一次实验，并保存相应的数据到 s_sample、r_sample 和 a_sample 中。

```
        while False == done and step_num < 30:
            # 与环境交互
            s_next, r, done = self.yuanyang.transform(s, a)
            a_num = self.find_anum(a)
```

下面的语句很关键。在实际的训练过程中，智能体可能会往回走，往回走其实是不合理的，所以在这里给回到当前实验中已经访问的状态的动作一个负的回报。

```
            # 往回走给予惩罚
            if s_next in s_sample:
                r = -2
            # 存储数据，采样数据
            s_sample.append(s)
            r_sample.append(r)
            a_sample.append(a_num)
            step_num += 1
            # 转移到下一个状态，继续试验，s0-s1-s2
            s = s_next
            a = self.greedy_policy(self.qvalue, s)
```

下面这段代码根据回报值计算折扣累计回报，先得到下一个状态处的值函数 $q(s',a)$，然后逆向求解前面状态-行为对的折扣累计回报，最后得到该次实验中第一个状态行为对的折扣累计回报。

```
        # 从样本中计算折扣累计回报,g(s_0) = r_0+gamma*r_1+… +v(sT)
    a = self.greedy_policy(self.qvalue, s)
    g = self.qvalue[s, self.find_anum(a)]
    # 计算该序列的第一状态的折扣累计回报
    for i in range(len(s_sample) - 1, -1, -1):
        g *= self.gamma
        g += r_sample[i]
```

下面从该次实验第 1 个状态开始，依次计算后继状态的折扣累计回报，并利用增量式的方法更新每个状态-行为对的值。

```
    # g=G(s1,a),开始算其他状态处的累计回报
    for i in range(len(s_sample)):
        # 计算状态-行为对（s,a)的次数，s,a1...s,a2
        self.n[s_sample[i], a_sample[i]] += 1.0
        # 利用增量式方法更新值函数
        self.qvalue[s_sample[i], a_sample[i]] =
         (self.qvalue[s_sample[i],
        a_sample[i]] * (self.n[s_sample[i], a_sample[i]] - 1) +
        g) / self.n[s_sample[i],
        a_sample[i]]
        g -= r_sample[i]
        g /= self.gamma
return self.qvalue
```

在上面的代码中，我们用到了测试子函数 mc_test()。该子函数中初始状态为 0，智能体通过贪婪策略与环境进行交互。如果结束时智能体找到了目标，则设置标志位为 1，否则设置标志位为 0。最后，返回标志位。

```
def mc_test(self):
    s = 0
    s_sample = []
    done = False
    flag = 0
    step_num = 0
    while False == done and step_num < 30:
        a = self.greedy_policy(self.qvalue, s)
        # 与环境交互
```

```
            s_next, r, done = self.yuanyang.transform(s, a)
            s_sample.append(s)
            s = s_next
            step_num += 1
        if s == 9:
            flag = 1
        return flag
```

如图 4.3 所示为探索初始化蒙特卡洛算法效果图。利用探索初始化方法第 1 次完成任务所需要的迭代次数为 1741 次。从图中我们看到，雄鸟最终能找到雌鸟，但走了一些弯路，共走了 23 步，路线不是最短的。读者可以自行尝试，由于初始化是随机的，所以当再次运行该程序从头学习的时候，学习的次数和最终的路线都会不同。

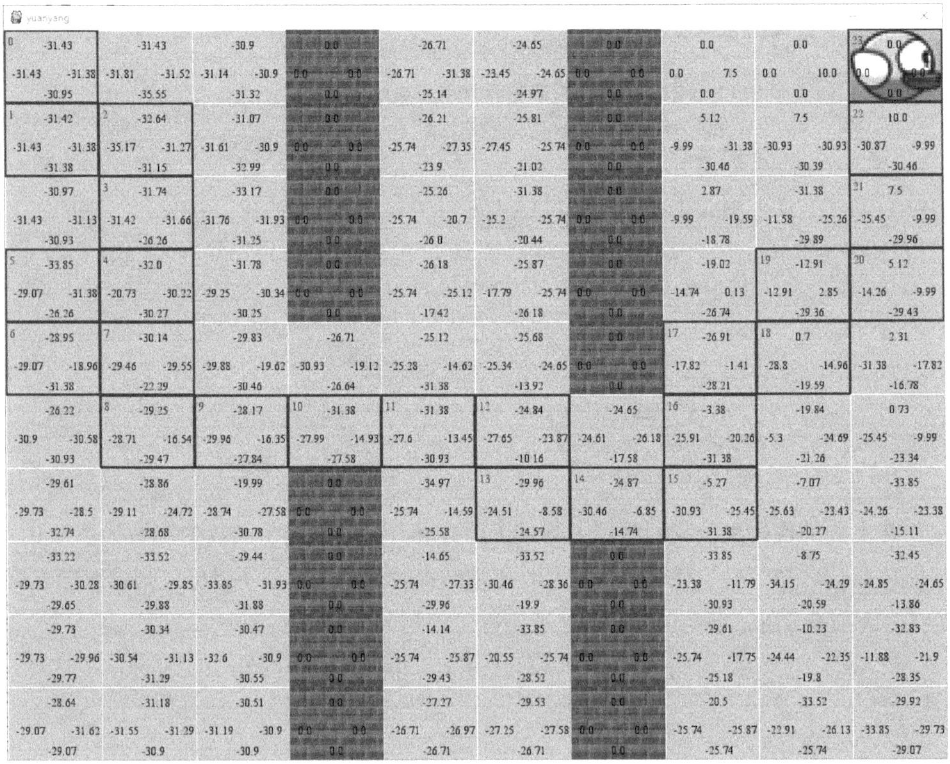

图 4.3　探索初始化蒙特卡洛算法效果图

4.2.3　同策略蒙特卡洛算法实现

如图 4.4 所示为同策略蒙特卡洛算法的伪代码。

1. 初始化所有

$s\in S,a\in A(s)$，$q(s,a)\leftarrow$ 随机初始化，$\pi(s)\leftarrow$ 随机初始化，$\text{Return}(s,a)\leftarrow$ emptylist

2. Repeat:

从 S_0 开始以策略 π 生成一个实验（episode），对每个在实验中出现的状态和动作对 (s,a) 计算 $G_k(s,a)$

3. 利用增量式策略评估方法计算更新后的行为值函数

$$q_\pi(s,a)=q_{k-1}(s,a)+\frac{1}{k}(G_k(s,a)-q_{k-1}(s,a))$$

4. 对该实验中的每一个 s

$$\pi(a\mid s)\leftarrow\begin{cases}1-\varepsilon+\dfrac{\varepsilon}{|A(s)|}, & \text{if } a=\arg\max_a q(s,a)\\ \dfrac{\varepsilon}{|A(s)|}, & \text{if } a\neq\arg\max_a q(s,a)\end{cases}$$

图 4.4　同策略蒙特卡洛算法的伪代码

下面简述该伪代码。

第 1 行：进行必要的初始化，包括初始化行为值函数，$\varepsilon-$greedy 策略等。

第 2 行：从初始状态 S_0 开始，利用 $\varepsilon-$greedy 策略生成一次实验数据，并对该次实验的每个状态-行为对计算折扣累计回报。

第 3 行：利用增量式蒙特卡洛学习方法更新行为值函数。

第 4 行：利用更新的行为值函数更新 $\varepsilon-$greedy 策略。

下面我们通过实际的代码对同策略蒙特卡洛算法进行详细的介绍

我们定义 mc_learning_on_policy 子函数为同策略蒙特卡洛学习算法。首先初始化行为值函数 qvalue 为零矩阵，各状态-行为对的次数为 0，进入迭代学习循环中。声明变量用于存储状态样本、动作样本、回报样本，固定初始状态 s=0，设置 $\varepsilon-$greedy 策略的探索率随迭代次数衰减。

```
    def mc_learning_on_policy(self, num_iter, epsilon):
        self.qvalue = np.zeros((len(yuanyang.states),
len(yuanyang.actions)))
        self.n = 0.001 * np.ones((len(yuanyang.states),
len(yuanyang.actions)))
        #学习 num_iter 次
```

```
for iter1 in range(num_iter):
    #采集状态样本
    s_sample = []
    #采集动作样本
    a_sample = []
    #采集回报样本
    r_sample = []
    #固定初始状态
    s = 0
    done = False
    step_num = 0
    epsilon = epsilon*np.exp(-iter1/1000)
```

设置好基本的变量，进入与环境的交互程序，根据当前策略不断采集数据。采集数据的过程为利用当前策略得到当前动作 a，智能体在状态 s 处采用动作 a 与环境交互，从环境中得到下一个状态 s_next，回报 r，以及是否结束的标志位 done。

```
    #采集数据 s0-a1-s1-a2-s2...terminate state
    while False == done and step_num < 30:
        a = self.epsilon_greedy_policy(self.qvalue, s,
        epsilon)
        #与环境交互
        s_next, r, done = self.yuanyang.transform(s, a)
        a_num = self.find_anum(a)
```

此处很关键，智能体在探索的时候可能会往回走到之前经历过的状态，对于这样的动作我们给予一个小的负回报。

```
        #往回走给予惩罚
        if s_next in s_sample:
            r= -2
        #存储数据，采样数据
        s_sample.append(s)
        r_sample.append(r)
        a_sample.append(a_num)
        step_num+=1
        #转移到下一个状态，继续实验，s0-s1-s2
        s = s_next
```

下面的代码用来检测当前蒙特卡洛学习算法的效果，判断是否已经完成任务，如果完成则结束学习。

```
    #任务完成结束条件
    if s == 9:
        print("同策略第 1 次完成任务需要的次数：", iter1)
        break
```

下面这段代码根据回报值计算折扣累计回报，先得到下一个状态处的值函数 $q(s',a)$，然后逆向求解前面状态-行为对的折扣累计回报，最后得到该次实验第 1 个状态行为对的折扣累计回报。

```
#从样本中计算折扣累计回报,g(s_0) =
r_0+gamma*r_1+gamma^3*r3+v(sT)
a = self.epsilon_greedy_policy(self.qvalue, s,epsilon)
g = self.qvalue[s,self.find_anum(a)]
#计算该序列的第 1 状态的折扣累计回报
for i in range(len(s_sample)-1, -1, -1):
    g *= self.gamma
    g += r_sample[i]
```

下面的代码是:从该次实验第 1 个状态开始,依次计算后继状态的折扣累计回报，并利用增量式的方法更新每个状态-行为对的值。

```
#g=G(s1,a),开始算其他状态处的折扣累计回报
for i in range(len(s_sample)):
    #计算状态-行为对 (s,a)的次数, s,a1...s,a2
    self.n[s_sample[i], a_sample[i]] += 1.0
    #利用增量式方法更新值函数
    self.qvalue[s_sample[i], a_sample[i]] =
    (self.qvalue[s_sample[i],
    a_sample[i]]*(self.n[s_sample[i],a_sample[i]]
    -1)+g)/ self.n[s_sample[i],
    a_sample[i]]
    g -= r_sample[i]
    g /= self.gamma
return self.qvalue
```

至此，同策略蒙特卡洛算法代码全部实现。我们写一个主函数，测试探索初始化蒙特卡洛算法和同策略蒙特卡洛算法。如下代码首先利用环境类 YuanYangEnv()实例化一个智体；然后，用蒙特卡洛算法类实例化一个学习算法 brain，调用探索初始化蒙特卡洛算法 mc_learning_ei；接着，调用同策略蒙特卡洛算法 mc_learning_on_policy，将学到的行为-值函数给环境，将其渲染出来；最后，对学习好的策略进行测试，并显示出路径。

```
if __name__=="__main__":
    yuanyang = YuanYangEnv()
    brain = MC_RL(yuanyang)
    # 探索初始化方法
    qvalue1 = brain.mc_learning_ei(num_iter=10000)
    #同策略方法
```

```
qvalue2=brain.mc_learning_on_policy(num_iter=10000,
epsilon=0.2)
print(qvalue2)
#将行为值函数渲染出来
yuanyang.action_value = qvalue2
###########################################
#测试学到的策略
flag = 1
s = 0
# print(policy_value.pi)
step_num = 0
path = []
# 将最优路径打印出来
while flag:
    #渲染路径点
    path.append(s)
    yuanyang.path = path
    a = brain.greedy_policy(qvalue2,s)
    print('%d->%s\t' % (s, a),qvalue2[s,0],
    qvalue2[s,1],qvalue2[s,2],qvalue2[s,3])
    yuanyang.bird_male_position = yuanyang.state_to_position(s)
    yuanyang.render()
    time.sleep(0.25)
    step_num += 1
    s_, r, t = yuanyang.transform(s, a)
    if t == True or step_num > 30:
        flag = 0
    s = s_
#渲染最后的路径点
yuanyang.bird_male_position = yuanyang.state_to_position(s)
path.append(s)
yuanyang.render()
while True:
    yuanyang.render()
```

在输出窗口我们可以看到，同策略蒙特卡洛算法完成任务需要 946 次实验，探索初始化蒙特卡洛算法完成任务需要 1510 次实验，最后同策略蒙特卡洛算法给出的路径如图 4.5 所示。

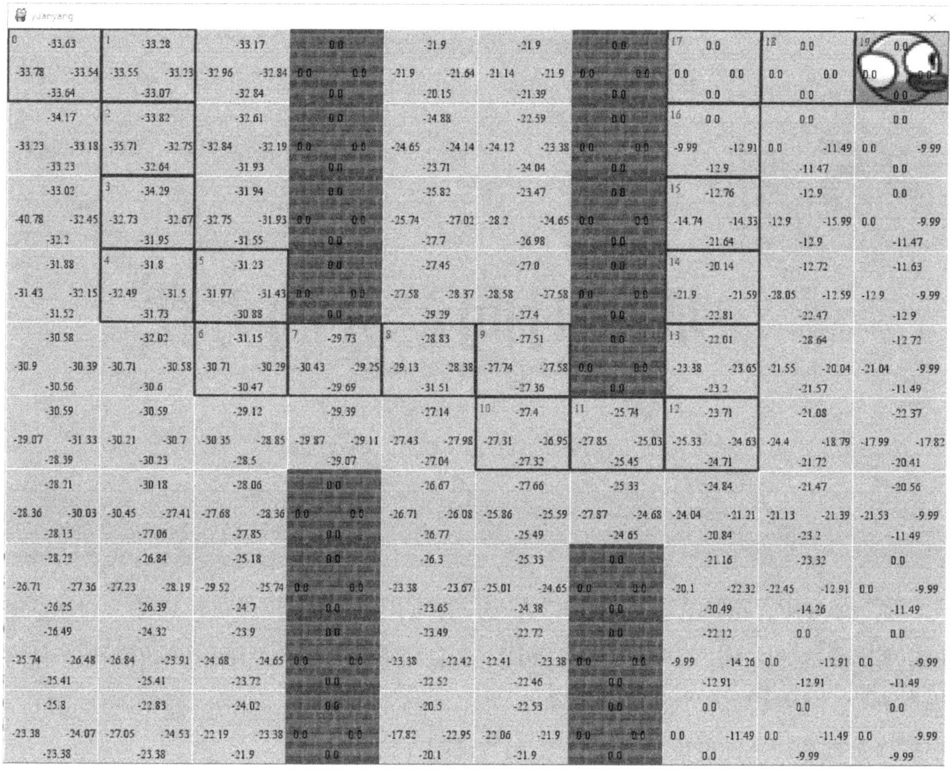

图 4.5 同策略蒙特卡洛算法路径图

5 基于时间差分的方法

在第 4 章中，我们已经讨论过，当模型未知时，由于状态转移概率 $P_{ss'}^a$ 未知，动态规划中值函数的评估方法不再适用，取而代之的是利用蒙特卡洛的方法评估值函数。具体的方法为，利用策略 π 产生 m 条轨迹 $s_0 \xrightarrow{a_1^\pi} (r_1, s_1) \xrightarrow{a_2^\pi} (r_2, s_2) \to \cdots \xrightarrow{a_T^\pi} (r_T, s_T)$，根据该数据利用下面的方法对行为-值函数进行评估：

$$q_\pi(s,a) = \frac{1}{m}[\sum_{i=1}^{m}\sum_{k=0}^{\infty}\gamma^k R_{t+k+1} \mid s_t = s, a_t = a] \tag{5.1}$$

在用蒙特卡洛方法评估值函数时，需要采样一整条轨迹，即需要从初始状态 s_0 到终止状态 s_T 的整个序列数据，然后根据整个序列数据的回报来估计行为-值函数。现在的问题是，有没有一种新的方法可以不用等到终止状态就可以对行为值函数进行评估呢？

答案是有，而且这种方法已经在动态规划算法中出现了。在 5.1 节，我们会重新回忆动态规划方法，进而引出强化学习算法中最重要的时间差分强化学习。5.2 节则给出相应的代码。

5.1 从动态规划到时间差分强化学习

在动态规划算法中，值函数评估的公式为

$$\upsilon_{k+1}(s) = \sum_{a\in A}\pi(a \mid s)(R_s^a + \gamma\sum_{s'\in S}P_{ss'}^a \upsilon_k(s')) \tag{5.2}$$

在无模型任务中，我们无法知道状态转移概率模型 $P_{ss'}^{a}$ ，式（5.2）不能直接应用。而且在无模型任务中，经常要评估的是行为-值函数，而不是值函数，所以我们再看看行为-值函数的公式：

$$q_{k+1}(s,a)=r_s^a+\gamma\sum_{s'\in S}P_{ss'}^a\sum_{a'\in A}\pi(a'\mid s')q_k(s',a') \tag{5.3}$$

与值函数的公式类似，动态规划算法中行为-值函数的计算也需要知道状态转移概率 $P_{ss'}^{a}$ ，所以该公式也无法直接应用于无模型的情况。

暂且不管如何处理未知的概率模型，我们先看看动态规划方法与蒙特卡洛方法在进行值函数评估时所用的数据的不同。

如式（5.1）所示，蒙特卡洛方法用到了整个轨迹的数据，而动态规划的方法只用到了相邻的两个状态的数据，即 r_s^a 、 $P_{ss'}^{a}$ 、 $\upsilon_k(s')$ ，如式（5.2）所示的更新方法称为“用自举的方式进行更新”。从字面意思来看，自举是用自己的手把自己举起来，在式（5.2）中是用状态 s 的后继状态 s' 处的值函数加上回报 r_s^a 估计状态 s 处的值函数。

有了这个观察，我们能不能将自举的方法应用到无模型的行为-值函数的估计呢？

可以，自举的行为-值函数的迭代公式如式（5.3）所示。接下来我们需要处理未知的状态转移概率 $P_{ss'}^{a}$ 。

大家可以想想，我们在蒙特卡洛算法中是如何处理未知的状态转移概率 $P_{ss'}^{a}$ 的？

在 4.2 节，我们没有直接计算 $P_{ss'}^{a}$ ，而是通过采样的方法，即智能体通过策略 π 直接与环境进行交互得到后继的状态 s' 。因此，我们利用同样的技巧，即用采样的方法直接得到后继状态 s' ，因此式（5.3）就近似变成了

$$q_{k+1}(s_t,a_t)\approx r_s^a+\gamma q_k(s_{t+1},\pi(s_{t+1})) \tag{5.4}$$

根据式（5.4），对于状态 s 处动作 a 的行为值函数的估计，可用以下公式来计算：

$$q_{k+1}(s_t,a_t)=q_k(s_t,a_t)+\alpha(r_{s_t}^a+\gamma q_k(s_{t+1},\pi(s_{k+1}))-q_k(s_t,a_t)) \tag{5.5}$$

在更新式（5.5）中，我们不需要等到轨迹结束，而仅仅等到下一时刻就可以形成学习目标，从而进行更新。更新目标与当前值只差一个时刻，因此该方法称为时间差分方法，记为 $Q^+(s_t,a_t)=r_{s_t}^a+\gamma q_k(s_{t+1},\pi(s_{t+1}))$ ，称 $Q^+(s_t,a_t)$ 为时间差分目标，记为 $\delta_t=r_{s_t}^a+\gamma q(s_{t+1},\pi(s_{t+1}))-q_k(s_t,a_t)$ ，称 δ_t 为时间差分误差。

为了从动态规划方法中的值迭代算法引出时间差分强化学习算法，我们先看看值

迭代算法的伪代码，如图 5.1 所示。

1. 输入状态转移概率 $P_{ss'}^a$，回报函数 R_s^a，折扣因子 γ，初始化值函数 $v(s)=0$，初始化策略 π_0
2. Repeat $l=0,1,\cdots$
3. for every s do
4. $v_{l+1}(s)=\max_a R_s^a+\gamma\sum_{s'\in S}P_{ss'}^a v_l(s')$
5. Until $v_{l+1}=v_l$
6. 输出：$\pi(s)=\arg\max_a R_s^a+\gamma\sum_{s'\in S}P_{ss'}^a v_l(s')$

图 5.1 值迭代算法的伪代码

在该伪代码中，策略评估涉及第 3 行和第 4 行。在利用时间差分的方法进行策略评估时，可以采用式（5.5）来代替第 4 行。现在剩下的问题就是时间差分方法如何处理值迭代中的第 3 行。在值迭代算法中，第 3 行是要求值评估在整个状态空间进行遍历，这是值迭代算法收敛的重要保证。时间差分方法属于无模型方法，不能对状态空间进行遍历，但是为了保证收敛性，时间差分方法必须能保证访问到每个状态。为了满足这个条件,在时间差分方法中引入了探索-利用平衡机制。就像在蒙特卡洛算法中，采样的策略必须是柔性的，即在每个状态处，采取每个动作的概率都大于 0，最简单的采样策略是 $\varepsilon-$greedy 策略。

根据采样策略和要评估的策略是否是同一个策略，我们将时间差分方法分为同策略强化学习算法和异策略强化学习算法。

（1）同策略强化学习算法：SARSA 算法。

当采样策略和要评估的策略是同一个策略时，称为同策略方法。比如当采样策略 μ 为 $\varepsilon-$greedy 策略，而要评估的策略 π 也是 $\varepsilon-$greedy 策略时，为同策略方法。在值函数的评估公式中时间差分目标的计算为

$$Q^+(s_t,a_t)=r_{s_t}^a+\gamma q_k(s_{t+1},\pi(s_{t+1}))=r_{s_t}^a+\gamma q_k(s_{t+1},\mu(s_{t+1})) \tag{5.6}$$

同策略时间差分强化学习算法在进行策略评估时只需要利用采样策略采集相邻的数据 $[s_t,a_t,r_s^a,s_{t+1},a_{t+1}]$ 即可，这些数据的字母拼接起来为 SARSA，因此同策略时间差分强化学习算法又称为 SARSA 算法。

（2）异策略强化学习算法：Q-Learning 算法。

当采样策略和要评估的策略不是同一个策略时，称为异策略方法。比如，采样策

略 μ 为 $\varepsilon-$greedy 策略，而要评估的策略 π 不为 $\varepsilon-$greedy 策略，此时因为采样策略和评估策略为两个策略，所以我们只能用采样策略采集到的状态样本，而不能利用采样策略在该状态样本处的动作，所以我们可以用到的数据格式为 $[s_t,a_t,r_s^a,s_{t+1}]$，如果我们对贪婪策略进行评估，则时间差分目标的计算为

$$Q^+(s_t,a_t)=r_{s_t}^a+\gamma q_k(s_{t+1},\pi(s_{t+1}))\geq r_{s_t}^a+\gamma q_k(s_{t+1},\mu(s_{t+1})) \tag{5.7}$$

跟 SARSA 算法相比，Q-Learning 方法不需要保存后继状态处的动作，而只需要保存后继状态。

注意： 异策略强化学习算法因为不需要存储后继状态处的动作，所以用异策略的方法进行值函数评估可以利用任意的策略产生的数据，而且数据可以被重复利用。因此，异策略的强化学习算法具有很好的数据样本效率。

截至目前，我们对应着值迭代将强化学习算法的所有要素引出来。再总结一下：

（1）我们利用采样的方法来求近似值迭代中的状态转移概率 $P_{ss'}^a$。

（2）我们利用探索-平衡策略来替代值迭代中的状态空间的遍历。

下面我们通过伪代码进一步比较动态规划算法与时间差分强化学习算法的联系和区别，如图 5.2 所示。

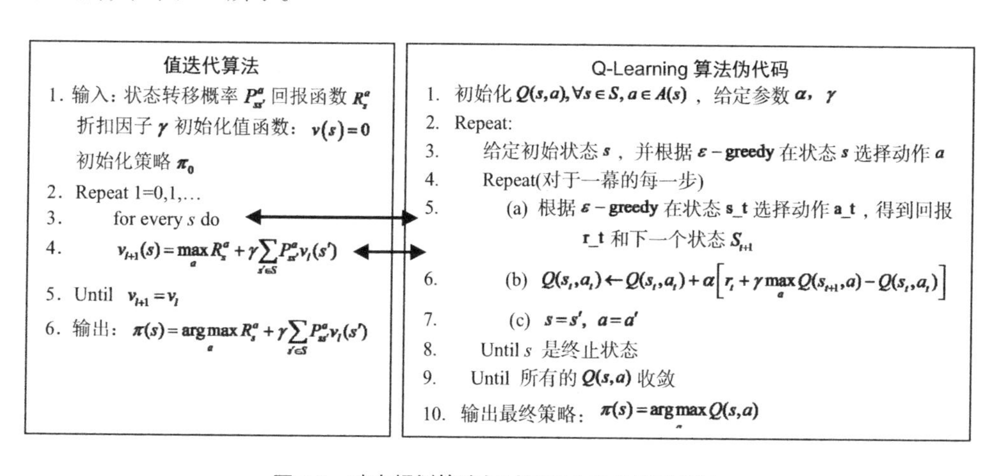

图 5.2 动态规划算法与时间差分强化学习算法

如图 5.2 所示的伪代码中，Q-Learning 算法伪代码中核心的部分是第 5 行和第 6 行，其中第 5 行利用探索-平衡策略来实现对每个状态的探索，第 6 行则利用采样的方法求近似状态转移概率。

注意： 强化学习算法可以看成是无模型下的动态规划算法。强化学习算法可以解决动态规划中遇到的维数灾难问题。这是因为当状态空间的维数增加时，状态的数目呈指数级增长，遍历状态空间变得不可能，而强化学习不需要遍历整个状态空间，只需要利用探索-平衡策略将计算力集中在那些对于最优解很有潜力的状态空间。当强化学习中的值函数利用函数逼近的方法进行表述的时候，强化学习算法又叫近似动态规划，由此可见强化学习算法与动态规划算法的渊源。为了学习时间差分强化学习算法，在 5.2 节我们分别给出 SARSA 算法和 Q-Learning 算法的伪代码和 Python 代码实现。

5.2 时间差分算法代码实现

时间差分算法的实现包括同策略的 SARSA 算法和异策略的 Q-Learning 算法。两者的代码实现差别不大，详见下文。

5.2.1 时间差分算法类的声明

本章所用的环境与第 4 章相同。只需要声明一个类 TD_RL，用来构建时间差分算法。为此，首先导入必要的包，从环境文件中导入环境类 YuanYangEnv。

```
import numpy as np
import random
import os
import pygame
import time
import matplotlib.pyplot as plt
from yuanyang_env_td import *
from yuanyang_env_td import YuanYangEnv
```

声明一个时间差分算法类 TD_RL，在初始化函数中，初始化行为-值函数 qvalue 为 100×4 的零矩阵。定义类的子函数贪婪策略 greedy_policy 和 $\varepsilon-$greedy 策略。定义动作对应的序号函数 find_anum 以便找到对应的动作。

```
class TD_RL:
    def __init__(self, yuanyang):
        self.gamma = yuanyang.gamma
        self.yuanyang = yuanyang
        #值函数的初始值
```

```
self.qvalue=np.zeros((len(self.yuanyang.states),len(self.yuanyang.ac
tions)))
        #定义贪婪策略
        def greedy_policy(self, qfun, state):
            amax=qfun[state,:].argmax()
            return self.yuanyang.actions[amax]
       #定义 epsilon 贪婪策略
        def epsilon_greedy_policy(self, qfun, state, epsilon):
            amax = qfun[state, :].argmax()
            # 概率部分
            if np.random.uniform() < 1 - epsilon:
                # 最优动作
                return self.yuanyang.actions[amax]
            else:
                return self.yuanyang.actions[int(random.random() *
    len(self.yuanyang.actions))]
        #找到动作所对应的序号
        def find_anum(self,a):
            for i in range(len(self.yuanyang.actions)):
                if a==self.yuanyang.actions[i]:
                    return i
```

5.2.2 SARSA 算法

如图 5.3 所示为 SARSA 算法的伪代码。

1. 初始化 $Q(s,a),\forall s\in S,a\in A(s)$ ，给定参数 α，γ
2. Repeat:
3. 给定初始状态 s ，并根据 $\varepsilon-$greedy 在状态 s 选择动作 a
4. Repeat(对于一幕的每一步)
5. (a) 根据 $\varepsilon-$greedy 在状态 s 选择动作 a ，得到回报和下一个状态 s' ，在状态 s' 处根据 $\varepsilon-$greedy 得到动作 a' 和 r
6. (b) $Q(s,a)\leftarrow Q(s,a)+\alpha\left[r+\gamma Q(s',a')-Q(s,a)\right]$
7. (c) $s=s'$，$a=a'$
8. Until s 是终止状态
9. Until 所有的 $Q(s,a)$ 收敛
10. 输出最终策略：$\pi(s)=\arg\max_a Q(s,a)$

图 5.3 SARSA 算法的伪代码

第 1 行：初始化行为值函数。

第 2~9 行：算法主体，其中 2(a)利用采样策略控制智能体与环境交互，得到交互数据；2(b)利用时间差分的方法估计当前状态 *s* 处采取动作 *a* 时的行为-值函数；2(c)智能体往前推进一步。

第 10 行：输出最终的最优贪婪策略。

下面根据该伪代码进行详细的源码解释。

我们定义时间差分算法类 TD_RL 的子函数 Sarsa 来实现同策略时间差分强化学习算法。该算法框架包括 2 个循环，在外循环实现多条轨迹循环，内循环则是智能体与环境交互产生一条轨迹。

```
def sarsa(self, num_iter, alpha, epsilon):
    iter_num = []
    self.qvalue = np.zeros((len(self.yuanyang.states), len
    (self.yuanyang.actions)))
    #第 1 个大循环，产生了多少次实验
    for iter in range(num_iter):
        #随机初始化状态
        epsilon = epsilon*0.99
        s_sample = []
        #初始状态 s0
        # s = self.yuanyang.reset()
```

初始状态设置为 0，也就是说每条轨迹从初始状态 0 处开始。接着调用算法类 TD_RL 的子函数 greedy_test 函数，该函数用来测试使用贪婪策略是否能找到目标点，如果第一次找到目标点，则打印出为了找到目标点，算法共迭代的次数，在找到目标点后继续学习，以便找到更优的路径。如果找到最短路径，则打印出找到最短路径所需要的迭代次数，并结束学习。

```
        s = 0
        flag = self.greedy_test()
        if flag == 1:
            iter_num.append(iter)
            if len(iter_num)<2:
                print("sarsa 第 1 次完成任务需要的迭代次数为",
                iter_num[0])
        if flag == 2:
            print("sarsa 第 1 次实现最短路径需要的迭代次数为", iter)
            break
        #利用 epsilon-greedy 策略选初始动作
```

```
            a = self.epsilon_greedy_policy(self.qvalue, s, epsilon)
            t = False
            count = 0
```

下面代码为第 2 个循环，即轨迹内循环。在该循环中，智能体通过当前策略与环境进行交互产生一条轨迹。

```
            #第 2 个循环，1 个实验，s0-s1-s2-s1-s2-s_terminate
            while False==t and count < 30:
                #与环境交互得到下一个状态
                s_next, r, t = self.yuanyang.transform(s, a)
                a_num = self.find_anum(a)
```

如果智能体回到本次轨迹中已有的状态，则给出一个负的回报。

```
                if s_next in s_sample:
                    r = -2
                s_sample.append(s)
                #判断是否是终止状态
                if t == True:
                    q_target = r
                else:
                    #下一个状态处的最大动作，此处体现同策略
                    a1 = self.epsilon_greedy_policy(self.qvalue,
                    s_next, epsilon)
                    a1_num = self.find_anum(a1)
                    # Q-Learning 的更新公式
                    q_target = r + self.gamma * self.qvalue[s_next,
                    a1_num]
                    # 利用 td 方法更新动作值函数 alpha
                self.qvalue[s, a_num] = self.qvalue[s, a_num] + alpha
                * (q_target - self.qvalue[s, a_num])
                #转到下一个状态
                s = s_next
                #行为策略
                a = self.epsilon_greedy_policy(self.qvalue, s,
                epsilon)
                count += 1
        return self.qvalue
```

为了完成 SARSA 算法，我们还需要事先定义贪婪策略的测试子函数 greedy_test。该子函数用于测试初始状态为 0 时，采用当前的贪婪策略是否能找到目标点，具体代码如下：

```
    def greedy_test(self):
        s = 0
```

```
        s_sample = []
        done = False
        flag = 0
        step_num = 0
        while False == done and step_num < 30:
            a = self.greedy_policy(self.qvalue, s)
            # 与环境交互
            s_next, r, done = self.yuanyang.transform(s, a)
            s_sample.append(s)
            s = s_next
            step_num += 1
```

如果找到目标点，flag 标志位为 1；如果找到目标点的步数小于 21，即最短路径，则标志位设置为 2。

```
        if s == 9:
            flag = 1
        if s == 9 and step_num<21:
            flag = 2
        return flag
```

5.2.3 Q-Learning 算法

Q-Learning 算法伪代码如图 5.4 所示。

1. 初始化 $Q(s,a), \forall s \in S, a \in A(s)$，给定参数 α，γ
2. Repeat:
3. 给定初始状态 s，并根据 $\varepsilon-$greedy 在状态 s 选择动作 a
4. Repeat(对于一幕的每一步)
5. (a) 根据 $\varepsilon-$greedy 在状态 s 选择动作 a，得到回报 r 和下一个状态 s'
6. (b) $Q(s,a) \leftarrow Q(s,a) + \alpha\left[r + \gamma \max_a Q(s',a') - Q(s,a)\right]$
7. (c) $s = s'$，$a = a'$
8. Until s 是终止状态
9. Until 所有的 $Q(s,a)$ 收敛
10. 输出最终策略：$\pi(s) = \arg\max_a Q(s,a)$

图 5.4 Q-Learning 算法伪代码

Q-Learning算法与SARSA算法几乎完全相同，唯一的区别是在值函数评估阶段，具体代码如下所示：

```
def qlearning(self,num_iter, alpha, epsilon):
    iter_num = []
    self.qvalue = np.zeros((len(self.yuanyang.states), len
    (self.yuanyang.actions)))
    #大循环
    for iter in range(num_iter):
        #随机初始化状态
        # s = yuanyang.reset()
        s=0
        flag = self.greedy_test()
        if flag == 1:
            iter_num.append(iter)
            if len(iter_num)<2:
                print("qlearning 第1次完成任务需要的迭代次数为",
                iter_num[0])
        if flag == 2:
            print("qlearning 第1次实现最短路径需要的迭代次数为",
            iter)
            break
        s_sample = []
        #随机选初始动作
        # a = self.actions[int(random.random()*len
        (self.actions))]
        a = self.epsilon_greedy_policy(self.qvalue,s,epsilon)
        t = False
        count = 0
        while False==t and count < 30:
            #与环境交互得到下一个状态
            s_next, r, t = yuanyang.transform(s, a)
            # print(s)
            # print(s_next)
            a_num = self.find_anum(a)
            if s_next in s_sample:
                r = -2
            s_sample.append(s)
            if t == True:
                q_target = r
            else:
                # 下一个状态处的最大动作 a1 用 greedy_policy 实现
                a1 = self.greedy_policy(self.qvalue, s_next)
                a1_num = self.find_anum(a1)
                # qlearning 的更新公式 TD(0)
```

```
                q_target = r + self.gamma * self.qvalue[s_next,
                a1_num]
                # 利用 td 方法更新动作值函数
            self.qvalue[s, a_num] = self.qvalue[s, a_num] + alpha
            * (q_target - self.qvalue[s, a_num])
            s = s_next
            #行为策略
            a = self.epsilon_greedy_policy(self.qvalue, s,
            epsilon)
            count += 1
    return self.qvalue
```

为了对 SARSA 算法和 Q-Learning 算法进行测试并显示运动轨迹，与蒙特卡洛方法相似,我们写一个主函数。首先实例化一个鸳鸯类 yuanyang 和时间差分算法类 brain，调用时间差分算法类的 SARSA 算法，将行为值函数赋予 qvalue1，调用时间差分算法类的 Q-Learning 算法，将行为值函数赋予 qvalue2，打印学到的行为值函数。

```
if __name__=="__main__":
    yuanyang = YuanYangEnv()
    brain = TD_RL(yuanyang)
    qvalue1 = brain.sarsa(num_iter =5000, alpha = 0.1, epsilon = 0.8)
    qvalue2=brain.qlearning(num_iter=5000, alpha=0.1, epsilon=0.1)
    #打印学到的值函数
    yuanyang.action_value = qvalue2
    ##########################################
    # 测试学到的策略
    flag = 1
    s = 0
    # print(policy_value.pi)
    step_num = 0
    path = []
    # 将最优路径打印出来
    while flag:
        # 渲染路径点
        path.append(s)
        yuanyang.path = path
        a = brain.greedy_policy(qvalue2, s)
        # a = agent.bolzman_policy(qvalue,s,0.1)
        print('%d->%s\t' % (s, a), qvalue2[s, 0], qvalue2[s, 1],
        qvalue2[s, 2], qvalue2[s, 3])
        yuanyang.bird_male_position = yuanyang.state_to_position(s)
        yuanyang.render()
        time.sleep(0.25)
        step_num += 1
        s_, r, t = yuanyang.transform(s, a)
```

```
        if t == True or step_num > 30:
            flag = 0
        s = s_
    # 渲染最后的路径点
    yuanyang.bird_male_position = yuanyang.state_to_position(s)
    path.append(s)
    yuanyang.render()
    while True:
        yuanyang.render()
```

经过运行，可以得到如图 5.5 所示的结果。

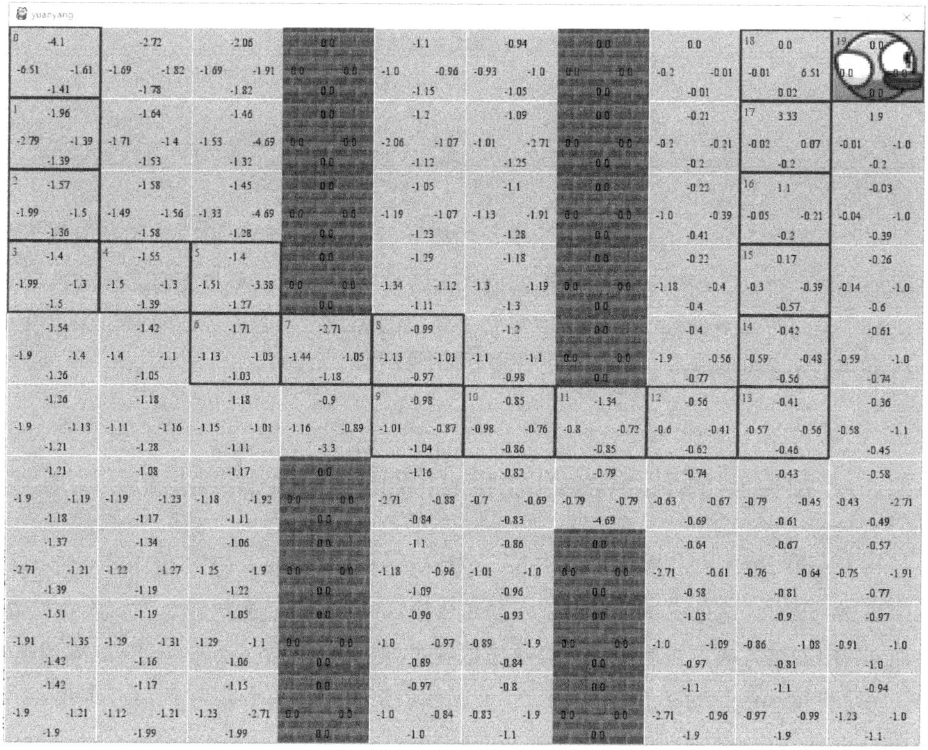

图 5.5 SARSA 算法和 Q-Learning 算法的测试结果

SARSA 算法第 1 次完成任务需要的迭代次数为 258，而 Q-Learning 算法为 192；SARSA 算法第 1 次实现最短路径需要的迭代次数为 312，而 Q-Learning 算法为 244。从最后的结果来看，SARSA 算法第 1 次完成任务和实现最短路径所需要的迭代次数都比 Q-Learning 算法多。回顾第 4 章中用到的蒙特卡洛算法，它往往需要 1000 次左右的迭代才能完成任务。由此可见，时间差分强化学习算法比蒙特卡洛算法效率更高。

6 基于函数逼近的方法

当要解决的问题的值函数可以用少量的离散值表示时，我们可以直接学习每个离散的值函数。可是，当要解决的问题的值函数需要用大量的甚至是无穷多的离散值来表示时，学习每个离散的值函数需要耗费大量的时间和存储空间，这时可以用函数逼近的方法来表示值函数。

6.1 从表格型强化学习到线性函数逼近强化学习

从本书第 2 章到第 5 章的内容中，一直默认值函数 $\upsilon(s)$ 或者行为-值函数 $Q(s,a)$ 由一个表格来表示。这种表示方法的优点是对于离散问题，表格能精确地表示该处的值。然而，利用表格来表示行为值函数存在维数灾难的问题。比如，状态空间 s 的维数是 n 维，每个维度离散化为 d 个数，则行为-值函数表格中元素的个数为 $d^n|A|$，其中 $|A|$ 为动作空间中动作的个数。为了解决维数灾难，我们用函数逼近的方法来表示行为-值函数。函数逼近最简单的方法是线性参数逼近，即

$$Q(s,a)=\phi(s,a)^T\Theta \tag{6.1}$$

其中 $\phi(s,a)$ 为特征函数，Θ 为参数。

6.1.1 表格特征表示

表格型值函数可以看成函数逼近方法的一种特殊形式，每个格点表示一个特征。

以鸳鸯系统为例，以表格的形式表示的行为-值函数共有 100×4 个元素，每个元素对应一个特征，则特征函数可以写为

$$\phi(s,a)=\left[\phi_{11},\phi_{12},\cdots,\phi_{1n_s},\phi_{21},\cdots,\phi_{2n_s},\phi_{31},\cdots,\phi_{3n_s},\phi_{41},\cdots,\phi_{4n_s}\right]^T \quad (6.2)$$

其中 $n_s=100$，即状态空间的个数，$\phi_{ij}=\begin{cases}1 & i=a,s=j\\ 0 & 其他\end{cases}$

当采取式（6.1）、式（6.2）来表示行为值函数的时候，Θ则等价于原表格中的行为-值函数。

6.1.2 固定稀疏表示

当采用表格特征表示行为-值函数的时候，每个状态-行为对都是一个特征，特征的维数和参数的个数都是 $|S|\times|A|$，状态空间往往随着状态的维数呈指数级增长，因此利用表格特征来表示行为-值函数会遇到维数灾难。

本小节介绍另外一种称为固定稀疏表示（Fixed Sparse Representation）的方法。假设状态空间的维数为 n 维，即 $s=[s_1,\cdots,s_n]$，每个维度离散化为 d 个数，则状态空间第 i 维共有 d 个数，记为 υ_i^j，其中 $j=1,\cdots,d$ 。用固定稀疏来表示状态的特征为

$$\phi(s)=\left[\phi_{11},\phi_{12},\cdots,\phi_{1d},\phi_{21},\cdots,\phi_{2d},\cdots,\phi_{n1},\cdots,\phi_{nd}\right]^T \quad (6.3)$$

其中：

$$\phi_{ij}=\begin{cases}1 & s_i=\upsilon_i^j\\ 0 & 其他\end{cases} \quad (6.4)$$

状态-行为值函数的特征可表示为

$$\phi(s,a)=[\phi^1(s),\cdots,\phi^{|A|}(s)] \quad (6.5)$$

其中：

$$\phi^i(s)=\begin{cases}\phi(s) & a=a_i\\ 0 & 其他\end{cases} \quad (6.6)$$

固定稀疏表示的特征的个数和参数的个数为 $d\times n\times|A|$，该表示特征的个数随维数线性增长而非指数增长。

6.1.3 参数的训练

为了训练参数Θ，构建损失函数：

$$\text{loss}=(Q^{+}(s,a)-\phi(s,a)\Theta)^{2} \tag{6.7}$$

其中Q^{+}为要学习的目标值函数，如果利用时间差分学习方法，则$Q^{+}(s,a)$为时间差分目标，即$Q^{+}(s_t,a_t)=r+\gamma Q(s_{t+1},\pi(s_{t+1}))$。

根据式（6.7），利用梯度下降的方法学习参数，则

$$\Theta_{\text{new}}=\Theta_{\text{old}}+\alpha(r+\gamma Q(s_{t+1},\pi(s_{t+1}))-\phi(s,a)\Theta)\phi(s,a) \tag{6.8}$$

当采用式（6.1）、式（6.2）的形式表示行为-值函数的时候，式（6.8）与5.1节中的式（5.5）等价。

6.2 基于线性函数逼近的Q-Learning算法实现

下面我们给出基于线性函数逼近的Q-Learning学习算法的伪代码（如图6.1所示），并基于该伪代码给出Python源码。算法中实现基于表格特征的学习和基于固定稀疏表示的学习。

```
1.  初始化Θ，给定参数α，γ
2.  Repeat:
3.     给定初始状态s，并根据ε-greedy在状态s选择动作a
4.        Repeat(对于一幕的每一步)
5.           (a) 根据ε-greedy在状态s选择动作a，得到回报r和下一个状态s'
6.           (b) 计算时间差分目标Q⁺(s,a) ← r + γ max_a' φ(s_{t+1},a')Θ
7.           (c) 更新参数Θ_new ← Θ_old + α(Q⁺ − φ(s,a)Θ)φ(s,a)
8.           (d) s = s', a = a'
9.        Until s 是终止状态
10.    Until 所有的Q(s,a)收敛
11. 输出最终策略：π(s) = argmax_a Q(s,a)
```

图6.1 基于线性函数逼近的Q-Learning算法的伪代码

本章所用环境与第5章相同，我们声明一个线性函数逼近算法类LFA_RL。如下面的源码所示，首先导入环境类，然后声明一个函数逼近算法类LFA_RL。在算法类的初始化子函数中初始化折扣因子gamma，环境YuanYang，表格特征表示所对应的

参数 theta_tr，固定稀疏表示所对应的参数 theta_fsr。下面我们先实现基于表格特征表示的 Q-Learning 算法。

```
from yuanyang_env_fa import *
from yuanyang_env_fa import YuanYangEnv
class LFA_RL:
    def __init__(self, yuanyang):
        self.gamma = yuanyang.gamma
        self.yuanyang = yuanyang
        self.theta_tr = np.zeros((400,1))*0.1
        self.theta_fsr = np.zeros((80,1))*0.1
```

定义成员子函数，实现动作与所对应的数字之间的转换，便于索引查找。

```
    def find_anum(self, a):
        for i in range(len(self.yuanyang.actions)):
            if a == self.yuanyang.actions[i]:
                return i
```

定义表格特征函数，该函数的输入为状态-动作对，输出为该状态-动作对所对应的特征。此处的特征为表格特征。

```
    def feature_tr(self,s,a):
        phi_s_a = np.zeros((1,400))
        phi_s_a[0, 100*a+s] = 1
        return phi_s_a
```

定义利用表格特征表示的行为-值函数对对应的贪婪策略,其中行为值函数定义为 $Q(s,a)=\phi(s,a)\Theta$ ，具体代码如下：

```
    #定义贪婪策略
    def greedy_policy_tr(self,state):
        qfun = np.array([0,0,0,0])*0.1
        #计算行为值函数 Q(s,a)=phi(s,a)*theta
        for i in range(4):
            qfun[i] = np.dot(self.feature_tr(state,i),self.theta_tr)
        amax=qfun.argmax()
        return self.yuanyang.actions[amax]
```

下面的代码定义基于表格特征的 $\varepsilon-$greedy 策略，输入为状态，输出为 $\varepsilon-$greedy 策略。

```
    #定义 epsilon 贪婪策略
    def epsilon_greedy_policy_tr(self, state, epsilon):
        qfun = np.array([0, 0, 0, 0])*0.1
        # 计算行为值函数 Q(s,a)=phi(s,a)*theta
```

```
        for i in range(4):
            qfun[i] = np.dot(self.feature_tr(state, i),
            self.theta_tr)
        amax = qfun.argmax()
        # 概率部分
        if np.random.uniform() < 1 - epsilon:
            # 最优动作
            return self.yuanyang.actions[amax]
        else:
            return self.yuanyang.actions[int(random.random() *
len(self.yuanyang.actions))]
```

下面定义基于表格特征的贪婪策略测试函数 greedy_test_tr。如果雄鸟以最短路径找到雌鸟则训练结束。

```
    def greedy_test_tr(self):
        s = 0
        s_sample = []
        done = False
        flag = 0
        step_num = 0
        while False == done and step_num < 30:
            a = self.greedy_policy_tr(s)
            # 与环境交互
            s_next, r, done = self.yuanyang.transform(s, a)
            s_sample.append(s)
            s = s_next
            step_num += 1
        if s == 9:
            flag = 1
        if s == 9 and step_num < 21:
            flag = 2
        return flag
```

定义基于表格特征的 Q-Learning 算法，在该算法中，首先初始化要学习的参数 theta_tr，然后进入大循环进行学习。

```
    def qlearning_lfa_tr(self,num_iter, alpha, epsilon):
        iter_num = []
        self.theta_tr = np.zeros((400, 1)) * 0.1
        #大循环
        for iter in range(num_iter):
            #随机初始化状态
            # s = yuanyang.reset()
            s=0
```

在学习之前，先调用贪婪策略测试函数，看看是否已经完成任务，如果能以最短路径完成任务则停止训练。

```
flag = self.greedy_test_tr()
if flag == 1:
    iter_num.append(iter)
    if len(iter_num)<2:
        print("qlearning_tr 第 1 次完成任务需要的迭代次数为",
        iter_num[0])
if flag == 2:
    print("qlearning_tr 第 1 次实现最短路径需要的迭代次数为",
    iter)
    break
s_sample = []
#随机选初始动作
# a = self.actions[int(random.random()*len
(self.actions))]
a = self.epsilon_greedy_policy_tr(s,epsilon)
t = False
count = 0
```

进入内循环，使得智能体与环境进行交互，从环境中获得回报，并根据回报进行学习。

```
while False==t and count < 30:
    #与环境交互得到下一个状态
    s_next, r, t = yuanyang.transform(s, a)
    # print(s)
    # print(s_next)
    a_num = self.find_anum(a)
    if s_next in s_sample:
        r = -2
    s_sample.append(s)
    if t == True:
        q_target = r
    else:
        # 下一个状态处的最大动作 a1 用 greedy_policy
        a1 = self.greedy_policy_tr(s_next)
        a1_num = self.find_anum(a1)
        # Q-Learning 得到时间差分目标
        q_target = r + self.gamma *
        np.dot(self.feature_tr(s_next,
        a1_num),self.theta_tr)
```

获得时间差分目标后，利用梯度下降的方法对参数进行更新。最后返回学到的参数 theta_tr，具体代码如下：

```
            # 利用梯度下降的方法对参数进行学习
            self.theta_tr= self.theta_tr + alpha * (q_target -
            np.dot(self.feature_tr(s,a_num),self.theta_tr))
            [0,0]*np.transpose(self.feature_tr(s,a_num))
            s = s_next
            #行为策略
            a = self.epsilon_greedy_policy_tr(s, epsilon)
            count += 1
        return self.theta_tr
```

下面我们实现基于固定稀疏表示的 Q-Learning 方法。首先定义特征函数，在这里我们将 x 方向离散为 10 个数，y 方向离散为 10 个数，动作个数为 4，则特征的维数为（10+10）×4=80。

```
    def feature_fsr(self,s,a):
        phi_s_a = np.zeros((1,80))
        y = int(s/10)
        x = s-10*y
        phi_s_a[0, 20*a+x] = 1
        phi_s_a[0,20*a+10+y]=1
        return phi_s_a
```

定义基于固定稀疏表示的贪婪策略 greedy_policy_fsr。

```
    def greedy_policy_fsr(self, state):
        qfun = np.array([0, 0, 0, 0]) * 0.1
        # 计算行为值函数 Q(s,a)=phi(s,a)*theta
        for i in range(4):
            qfun[i] = np.dot(self.feature_fsr(state, i),
            self.theta_fsr)
        amax = qfun.argmax()
        return self.yuanyang.actions[amax]
```

定义基于固定稀疏表示的 ε - greedy 策略，用于采样动作。

```
# 定义 epsilon 贪婪策略
    def epsilon_greedy_policy_fsr(self, state, epsilon):
        qfun = np.array([0, 0, 0, 0]) * 0.1
        # 计算行为值函数 Q(s,a)=phi(s,a)*theta
        for i in range(4):
            qfun[i] = np.dot(self.feature_fsr(state, i),
            self.theta_fsr)
        amax = qfun.argmax()
        # 概率部分
        if np.random.uniform() < 1 - epsilon:
            # 最优动作
```

```
            return self.yuanyang.actions[amax]
        else:
            return self.yuanyang.actions[int(random.random() *
            len(self.yuanyang.actions))]
```

定义基于固定稀疏表示的贪婪策略评估，如果智能体以贪婪策略完成目标，则返回标志位。

```
    def greedy_test_fsr(self):
        s = 0
        s_sample = []
        done = False
        flag = 0
        step_num = 0
        while False == done and step_num < 30:
            a = self.greedy_policy_fsr(s)
            # 与环境交互
            s_next, r, done = self.yuanyang.transform(s, a)
            s_sample.append(s)
            s = s_next
            step_num += 1
        if s == 9:
            flag = 1
        if s == 9 and step_num < 21:
            flag = 2
        return flag
```

定义基于固定稀疏表示的 Q-Learning 算法。首先初始化固定稀疏表示参数 theta_fsr，然后进入大循环学习。其学习过程与基于表格特征的算法学习过程类似。

```
    def qlearning_lfa_fsr(self, num_iter, alpha, epsilon):
        iter_num = []
        self.theta_fsr = np.zeros((80, 1)) * 0.1
        # 大循环
        for iter in range(num_iter):
            # 随机初始化状态
            # s = yuanyang.reset()
            s = 0
            flag = self.greedy_test_fsr()
            if flag == 1:
                iter_num.append(iter)
                if len(iter_num) < 2:
                    print("qlearning_fsr 第 1 次完成任务需要的迭代次数为",
iter_num[0])
            if flag == 2:
            print("qlearning_fsr 第 1 次实现最短路径需要的迭代次数为", iter)
```

```
                break
            s_sample = []
            # 随机选初始动作
            # a = self.actions[int(random.random()*len
            (self.actions))]
            a = self.epsilon_greedy_policy_fsr(s, epsilon)
            t = False
            count = 0
            while False == t and count < 30:
                # 与环境交互得到下一个状态
                s_next, r, t = yuanyang.transform(s, a)
                # print(s)
                # print(s_next)
                a_num = self.find_anum(a)
                if s_next in s_sample:
                    r = -2
                s_sample.append(s)
                if t == True:
                    q_target = r
                else:
                    # 下一个状态处的最大动作 a1 用 greedy_policy
                    a1 = self.greedy_policy_fsr(s_next)
                    a1_num = self.find_anum(a1)
                    # 得到时间差分目标
                    q_target = r + self.gamma * np.dot(self.feature_fsr
                    (s_next, a1_num),
                    self.theta_fsr)
                    # 利用时间差分目标，基于策略梯度方法更新值函数参数
                self.theta_fsr = self.theta_fsr + alpha * (q_target -
                np.dot(self.feature_fsr(s, a_num), self.theta_fsr))[
                    0, 0] * np.transpose(self.feature_fsr(s, a_num))
                s = s_next
                # 行为策略
                a = self.epsilon_greedy_policy_fsr(s, epsilon)
                count += 1
        return self.theta_fsr
```

最后，我们创建主函数来测试两种算法的性能。

```
if __name__=="__main__":
    yuanyang = YuanYangEnv()
    brain = LFA_RL(yuanyang)
    brain.qlearning_lfa_fsr(num_iter=5000,alpha=0.1,epsilon=0.1)
    brain.qlearning_lfa_tr(num_iter=5000, alpha=0.1, epsilon=0.1)
    #打印学到的值函数
    qvalue2 =  np.zeros((100,4))
```

```
qvalue1 = np.zeros((100,4))
for i in range(400):
    y = int(i/100)
    x = i-100*y
    qvalue2[x,y] = np.dot(brain.feature_tr(x,y),brain.theta_tr)
    qvalue1[x,y] = np.dot(brain.feature_fsr(x,y),brain.
    theta_fsr)
yuanyang.action_value = qvalue2
###########################################
# 测试学到的策略
flag = 1
s = 0
# print(policy_value.pi)
step_num = 0
path = []
# 将最优路径打印出来
while flag:
    # 渲染路径点
    path.append(s)
    yuanyang.path = path
    # a = brain.greedy_policy_tr(s)
    a = brain.greedy_policy_fsr(s)
    print('%d->%s\t' % (s, a), qvalue1[s, 0], qvalue1[s, 1],
    qvalue1[s, 2], qvalue1[s, 3])
    yuanyang.bird_male_position = yuanyang.state_to_position(s)
    yuanyang.render()
    time.sleep(0.25)
    step_num += 1
    s_, r, t = yuanyang.transform(s, a)
    if t == True or step_num > 30:
        flag = 0
    s = s_
# 渲染最后的路径点
yuanyang.bird_male_position = yuanyang.state_to_position(s)
path.append(s)
yuanyang.render()
while True:
    yuanyang.render()
```

最终 qlearning_fsr 第 1 次完成任务需要的迭代次数为 268，qlearning_tr 的次数为 176；qlearning_fsr 第 1 次实现最短路径需要的迭代次数为 289，qlearning_tr 的次数为 206。

如图 6.2 所示为基于表格特征的 Q-Learning 算法行为-值函数图。它与第 5 章中使用 Q-Learning 算法得到的图 5.5 类似，障碍物处都是 0。因为每个网格点都是一个特征，参数的值与每个格点的行为值函数一一对应。

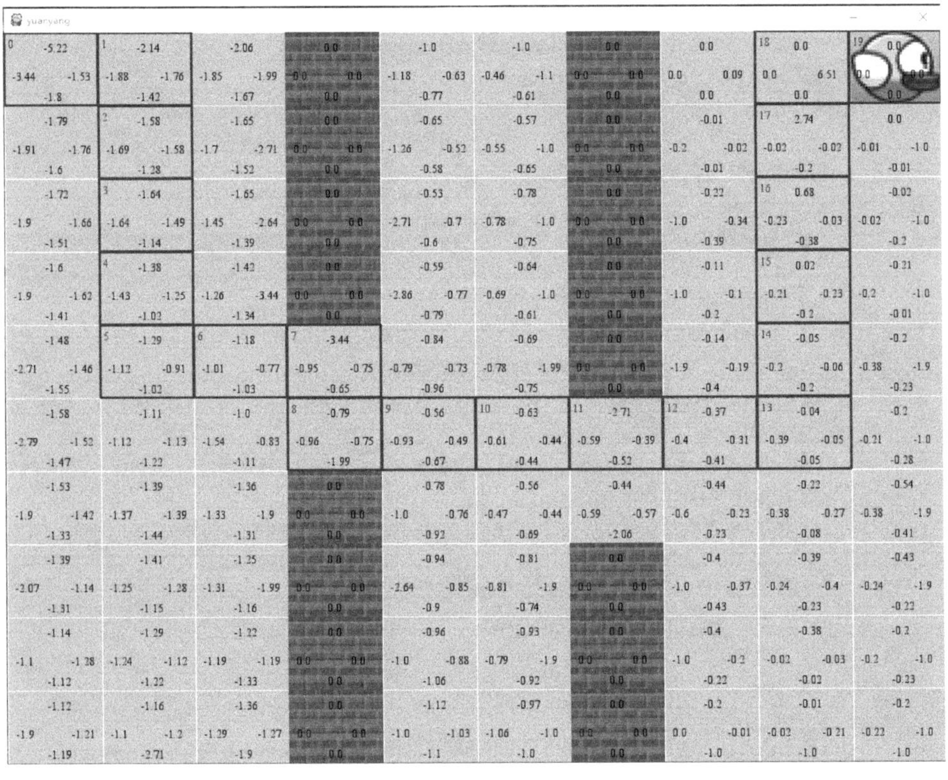

图 6.2　基于表格特征的 Q-Learning 算法行为-值函数图

如图 6.3 所示为基于固定稀疏表示的 Q-Learning 算法行为-值函数图。每个特征可以被多个状态-行为对激活，因此参数所对应的值不能与每个格点的行为-值函数进行一一对应，这导致从来没有学习和更新过的障碍物处也有非零值。

yuanyang

0 -9.79 -9.47 -6.1 -5.49	-8.08 -7.54 -6.21 -6.93	-8.03 -7.95 -6.0 -7.18	-5.7 -5.57 -4.65 -6.05	-6.21 -6.54 -5.1 -6.16	-5.91 -6.21 -5.7 -6.21	-4.31 -4.3 -5.74 -4.42	-5.88 -5.54 -5.91 -5.89	-6.38 -5.76 -4.55 -6.21	19 1.88 -5.35 [illegible] -5.42
1 -5.37 -9.47 -5.67 -4.8	-3.66 -7.54 -5.78 -6.24	-3.61 -7.95 -5.57 -6.5	-1.28 -5.57 -4.12 -5.37	-1.79 -6.54 -4.67 -5.48	-1.49 -6.22 -5.27 -5.52	0.11 -4.3 -5.31 -3.73	-1.46 -5.54 -5.48 -5.21	-1.96 -5.76 -4.12 -5.52	18 6.31 -5.36 -5.87 -4.74
2 -7.86 -9.37 -5.99 -4.85	-6.15 -7.45 -6.1 -6.29	-6.1 -7.85 -5.9 -6.55	-3.77 -5.47 -4.54 -5.42	-4.28 -6.44 -4.99 -5.53	-3.98 -6.12 -5.59 -5.57	-3.58 -4.21 -5.63 -3.73	-3.95 -5.44 -5.8 -5.25	-4.45 -5.66 -4.44 -5.57	17 3.81 -5.26 -6.19 -4.79
3 -8.95 -9.08 -6.61 -4.97	-7.23 -7.15 -6.72 -6.41	-7.18 -7.55 -6.52 -6.67	-4.85 -5.17 -5.16 -5.54	-5.36 -6.15 -5.61 -5.65	-5.07 -5.82 -6.21 -5.69	-3.46 -3.91 -6.25 -3.9	-5.03 -5.15 -6.42 -5.38	-5.54 -5.37 -5.06 -5.69	16 2.73 -4.96 -6.81 -4.91
4 -9.17 -8.92 -7.19 -4.74	-7.46 -6.99 -7.3 -6.19	-7.4 -7.4 -7.1 -6.44	-5.07 -5.02 -5.74 -5.31	-5.58 -5.99 -6.19 -5.42	-5.29 -5.67 -6.79 -5.47	-3.69 -3.75 -6.83 -3.68	-5.26 -4.99 -7.0 -5.15	-5.76 -5.21 -5.64 -5.47	15 2.51 -4.81 -7.39 -4.68
5 -9.02 -9.96 -2.7 -5.34	6 -7.3 -8.04 -2.81 -6.78	7 -7.25 -8.44 -2.6 -7.03	8 -4.92 -6.06 -1.25 -5.91	9 -5.43 -7.03 -1.7 -6.01	10 -5.13 -6.71 -2.29 -6.06	11 -3.53 -4.8 -2.34 -4.27	12 -5.1 -6.03 -2.51 -5.74	13 -5.61 -6.25 -1.15 -6.06	14 2.66 -5.85 -2.9 -5.28
-9.52 -9.69 -6.84 -5.76	-7.8 -7.76 -6.95 -7.2	-7.75 -8.17 -6.75 -7.45	-5.43 -5.79 -5.39 -6.33	-5.93 -6.76 -5.84 -6.43	-5.63 -6.44 -6.44 -6.48	-4.03 -4.52 -6.49 -4.69	-5.6 -5.76 -6.65 -6.16	-6.11 -5.98 -5.29 -6.48	2.16 -5.58 -7.04 -5.7
-9.07 -8.74 -6.19 -5.31	-7.36 -6.81 -6.3 -6.75	-7.3 -7.22 -6.09 -7.01	-4.97 -4.84 -4.74 -5.88	-5.48 -5.81 -5.19 -5.99	-5.19 -5.49 -5.78 -6.03	-3.59 -3.67 -5.23 -4.24	-5.15 -4.81 -6.0 -5.71	-5.66 -5.03 -4.64 -6.03	2.61 -4.63 -6.39 -5.25
-8.8 -9.11 -5.92 -5.55	-7.09 -7.18 -6.03 -6.99	-7.04 -7.59 -5.82 -7.24	-4.71 -5.21 -4.47 -6.12	-5.22 -6.18 -4.92 -6.22	-4.92 -5.86 -5.51 -6.27	-3.32 -3.94 -5.30 -4.48	-4.89 -5.18 -5.73 -5.95	-5.39 -5.4 -4.37 -6.27	2.87 -5.0 -6.11 -5.49
-8.11 -8.36 -5.89 -6.74	-6.39 -6.44 -6.0 -8.18	-6.34 -6.84 -5.8 -8.44	-4.01 -4.45 -4.44 -7.31	-4.52 -5.43 -4.89 -7.42	-4.23 -5.11 -5.49 -7.46	-2.62 -3.2 -5.53 -5.67	-4.19 -4.43 -5.7 -7.14	-4.7 -4.65 -4.34 -7.46	3.57 -4.25 -6.09 -6.68

图 6.3　基于固定稀疏表示的 Q-Learning 算法行为-值函数图

6.3　非线性函数逼近 DQN 算法代码实现

利用线性函数对行为-值函数进行逼近，收敛性和单调性都比较好，但是线性函数的表示能力有限，无法满足实际需要。相反，非线性函数的逼近能力很强，尤其是神经网络。随着深度学习技术的发展和计算机计算能力的提升，利用深度网络来逼近行为值函数成为当下研究的热点和主流。将深度网络的表示能力和强化学习的决策能力结合而形成的深度强化学习在很多领域取得突破性进展，如视频游戏、围棋等。

第 1 个成功的深度强化学习算法是 DeepMind 于 2015 年在 *Nature* 上发表的用于玩雅达利游戏的 DQN 算法。雅达利游戏的规则是玩家根据电脑画面控制 17 个游戏键盘，以赢得尽可能多的分数。

从强化学习的角度来看，DQN 算法并不是全新的算法。它只是用深度卷积神经网络来表示值函数，算法的整个学习框架则为 Q-Learning。其实在 20 世纪 90 年代，已经有人用神经网络来表示行为-值函数了，但在当时并没有取得如此轰动的效果。除了计算力本身的问题，DQN 算法还做了以下几个创新：

（1）用卷积神经网络来表示行为-值函数。

（2）利用了经验回放的技术，从经验池中随机抽取数据，从而消除了相邻数据之间的相关性。

（3）设置了独立的目标网络，使得学习更加稳定。

深度行为-值函数网络结构如图 6.4 所示。

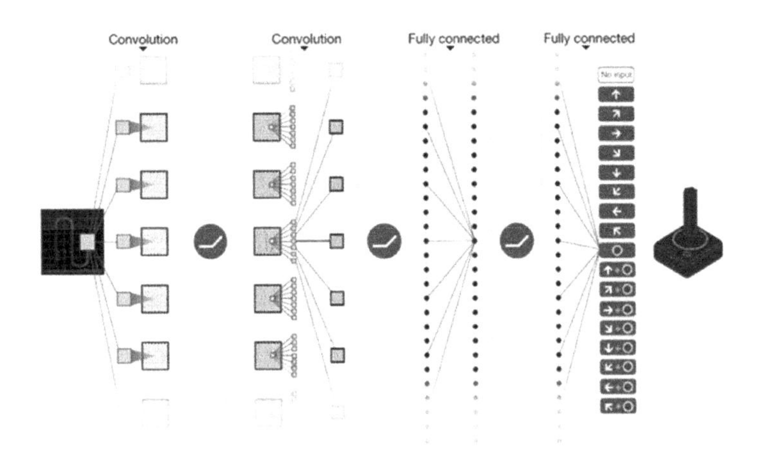

图 6.4　深度行为-值函数网络结构

Q-Learning 算法和 DQN 算法的伪代码如图 6.5 所示。

1. 初始化 $Q(s,a),\forall s\in S,a\in A(s)$，给定参数 α，γ
2. Repeat:
3. 　给定初始状态 s，并根据 $\varepsilon-$greedy 策略在状态 s 选择动作 a
4. 　　Repeat(对于一幕的每一步)
5. 　　　(a) 根据 $\varepsilon-$greedy 策略在状态 s 选择动作 a，得到回报 r 和下一个状态 s'
6. 　　　(b) $Q(s,a)\leftarrow Q(s,a)+\alpha\left[r+\gamma\max_{a}Q(s',a')-Q(s,a)\right]$
7. 　　　(c) $s=s'$，$a=a'$
8. 　　Until s 是终止状态
9. 　Until 所有的 $Q(s,a)$ 收敛
10. 输出最终策略：$\pi(s)=\arg\max_{a}Q(s,a)$

图 6.5（a）　Q-Learning 算法的伪代码

1. 初始化经验回访缓存器 D 容量为 N
2. 利用随机权重 θ 来初始化动作-值函数网 Q
3. 初始化目标动作-值函数网络 $\hat{Q}$ 的权重为 $\theta^{-}=\theta$
4. For episode=1,M do
5. 初始化序列 $s_1=\{x_1\}$，预处理序列 $\phi_1=\phi(s_1)$
6. For t=1,T do:
7. 以概率 ε 随机选择动作 a_t
8. 否则选择动作 $a_t=\arg\max_a Q(\phi(s_t),a;\theta)$
9. 在模拟器中执行动作 a_t，观测回报 r_t，下一个观测图像 x_{t+1}
10. 设置 $s_{t+1}=s_t$，a_t，x_{t+1}，预处理 $\phi_{t+1}=\phi(s_{t+1})$
11. 将交互数据 $(\phi_t,a_t,r_t,\phi_{t+1})$ 存储在经验回访缓存器 D 中
12. 从经验回访缓存器 D 中随机采样 mini 批交互数据 $(\phi_j,a_j,r_j,\phi_{j+1})$
13. 设置目标 $y_j=\begin{cases} r_j & \text{if episode在第}j+1\text{步结束} \\ r_j+\gamma\max_{a'}\hat{Q}(\phi_{j+1},a_j;\theta) \end{cases}$
14. 对目标函数 $(y_j-Q(\phi_j,a_j;\theta))^2$ 实施梯度下降法从而更新参数 θ
15. 每隔 C 步重新设置 $\hat{Q}=Q$
16. End For
17. End For

图 6.5（b） DQN 算法的伪代码

（1）Q-Learning 算法伪代码的第 1 行初始化行为-值函数表格为 0；因为行为-值函数是用卷积神经网络表示的，所以 DQN 算法伪代码第 1 行到第 3 行进行初始化神经网络，同时 DQN 算法利用经验回放数据进行学习，所以就初始化了一个经验池；另外，DQN 算法设置了独立的目标网络，所以也初始化了该目标网络。目标网络初始值与值函数网络的初始值相同。

（2）Q-Learning 算法伪代码的第 5 行利用探索-平衡策略 $\varepsilon-$greedy 策略进行采样；DQN 算法伪代码的第 7 行和第 8 行也利用了探索-平衡策略 $\varepsilon-$greedy 策略进行采样。

（3）Q-Learning 算法伪代码的第 6 行利用异策略的时间差分方法对表格值函数进行评估；DQN 算法的第 9 行到第 14 行跟 Q-Learning 算法类似，都是利用异策略的时

间差分方法对值函数进行更新。不同的是，DQN 利用经验池中的数据进行学习，而 Q-Learning 利用在线数据进行学习。所以，DQN 算法需要先将与环境交互得到的数据进行处理，然后存放到经验池中，伪代码的第 9 行完成与环境的交互而得到数据，第 10 行处理数据，第 11 行将数据存储到经验池中，第 12 行从经验池中采样数据，第 13 行利用采样数据得到时间差分目标，第 14 行利用时间差分目标对神经网络进行训练。第 16 行更新目标网络的参数。

本书在前面的章节中一直利用鸳鸯系统作为例子来说明算法，本节我们利用愤怒的小鸟来编写程序。该程序来源于开源算法，为了对该算法进行更清楚的表述，我们进行了如下修改：

（1）定义两个类，一个类为经验池类，该类用于经验数据的存储和训练数据的采集。另一个类为深度 q 学习类，在该类中定义 DQN 学习算法，对小鸟进行训练。

（2）我们加入了独立的目标网络。原代码没有设置独立的目标网络，这跟 DeepMind 原 DQN 算法不符。另外，本代码更新目标网络的方式是 soft 的，而非每隔 C 步替换一次目标网络。为了对该代码有更清晰的认识，接下来我们先简单地介绍愤怒的小鸟这款游戏，然后详细介绍源代码。愤怒的小鸟游戏界面如图 6.6 所示。

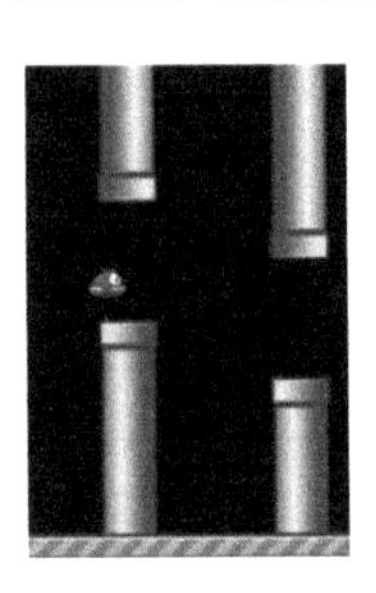

图 6.6　愤怒的小鸟游戏界面

在该游戏中，玩家通过控制小鸟上下运动来躲避不断到来的柱子，有两个动作可以选择：一个是飞，另一个是不进行任何操作。当玩家采用飞这个动作时，小鸟会往上运动，当玩家不操作时，小鸟会往下掉。当小鸟飞行一步而没有碰到柱子时立即回报为 0.1；当小鸟撞到柱子时立即回报为−1；当小鸟躲过一个柱子时立即回报为 1。玩家的目的就是控制小鸟躲过尽量多的柱子，得到尽量多的分数。下面我们对源代码进行详细的介绍。

将下面的代码导入必要的库，包括深度学习框架 TensorFlow、数值计算库 NumPy、图像处理库 cv2、系统控制库 sys，以及游戏模块 wrapped_flappy_bird。

```
from __future__ import print_function
import tensorflow as tf
import numpy as np
import cv2
import sys
sys.path.append("game/")
import game.wrapped_flappy_bird as game
import random
```

用下面的代码设置与本算法相关的超参数。游戏的名字为 flappy bird；有效动作的数目 ACTIONS 为 2，即“飞行”和“什么都不做”；折扣因子 GAMMA 设置为 0.99；训练前观察数目 OBSERVE，在这段时间内探索率保持不变，以得到各种情况；EXPLORE 探索步长设置为 3000 000，即从初始探索率衰减到最终探索率的时间设置为 30 万步，在这段时间内探索率线性减小；最终探索率 FINAL_EPSILON 设置为 0.0001；初始探索率设置为 0.1；经验池的大小 REPLAY_MEMORY 设置为 50 000，即经验池中有 50 000 个可以用于采样学习的数据；批的大小 BATCH 为 32，即在实际学习训练的时候，从经验池中随机采集 32 个数据进行训练；跳帧 FRAME_PER_ACTION 这里取 1。

```
GAME = 'flappy bird'   #游戏名
ACTIONS = 2          #有效动作数目
GAMMA = 0.99         #折扣因子
OBSERVE = 10000.      #训练前观察的步长
EXPLORE = 3.0e6    #随机探索的时间
FINAL_EPSILON = 1.0e-4 #最终的探索率
INITIAL_EPSILON = 0.1   #初始探索率
REPLAY_MEMORY = 50000  #经验池的大小
BATCH = 32         #mini-batch 的大小
FRAME_PER_ACTION = 1   #跳帧
```

用下面的代码定义一个经验回报类，在该类中定义两个类成员子函数 add_experience 和 sample，分别完成向经验池中添加一条经验数据和采集训练数据样本的功能。具体代码如下，在类初始化函数中定义一个空的经验池及经验池的最大容量。在经验添加子函数 add_experience 中，先判断经验池是否已经满了，如果满了，则将最顶端的数据清空，换成最新的经验数据。在采样子函数中，随机采样 mini-batch 的数据，然后将数据进行整理，返回训练时所需要的数据格式。

```
#定义经验回报类，完成数据的存储和采样
class Experience_Buffer():
    def __init__(self,buffer_size = REPLAY_MEMORY):
        self.buffer = []
        self.buffer_size = buffer_size
```

```
    def add_experience(self, experience):
    if len(self.buffer)+len(experience) >= self.buffer_size:
    self.buffer[0:len(self.buffer)+len(experience)-self.
    buffer_size]=[]
    self.buffer.extend(experience)
    def sample(self,samples_num):
        sample_data = random.sample(self.buffer, samples_num)
        train_s = [d[0] for d in sample_data ]
        train_a = [d[1] for d in sample_data]
        train_r = [d[2] for d in sample_data]
        train_s_=[d[3] for d in sample_data]
        train_terminal = [d[4] for d in sample_data]
        return train_s, train_a, train_r, train_s_, train_terminal
```

下面的代码定义 DQN 算法类 Deep_Q_N,在该类中包括以下几个类成员子函数:

（1）初始类成员函数__init__，在该函数内我们调用 TensorFlow，声明一个图，定义输入层，调用类成员子函数创建行为-值网络、目标值网络，定义目标值网络的更新方式，定义损失函数，构建优化器，初始化图中变量，保存声明。

（2）模型存储子函数 save_model，用于存储模型参数。

（3）模型恢复子函数 restore_model，用于恢复模型参数。

（4）深度 q 网络构建子函数 build_q_net，其输入参数为观测、变量命名空间 scope 和变量性质 trainable。该子函数在初始化成员函数中被调用，由于预测用的行为值函数和用于目标的行为值函数是两套参数，所以可以通过使用不同的命名空间 scope 来区分两组参数。

（5）用于采样动作的利用探索-平衡策略子函数 epsilon_greedy，该算法输入为当前状态和探索率，输出为当前状态所对应的探索策略，用于与环境进行交互。

（6）网络训练子函数 train_Network，该子函数基于 Q-Learning 的框架，基于神经网络表示的行为值函数对智能体进行训练。

源代码如下：

```
#定义值函数网络，完成神经网络的创建和训练
class Deep_Q_N():
    def __init__(self, lr=1.0e-6, model_file=None):
        self.gamma = GAMMA
        self.tau = 0.01
        #tf 工程
        self.sess = tf.Session()
        self.learning_rate = lr
```

```
        #1.输入层
        self.obs = tf.placeholder(tf.float32,shape=[None, 80,80,4])
        self.obs_=tf.placeholder(tf.float32, shape=[None, 80,80,4])
        self.action = tf.placeholder(tf.float32,
        shape=[None,ACTIONS])
        self.action_=tf.placeholder(tf.float32, shape=[None,
        ACTIONS])
        #2.1 创建深度 q 网络
        self.Q = self.build_q_net(self.obs,
        scope='eval',trainable=True)
        #2.2 创建目标网络
        self.Q_=self.build_q_net(self.obs_, scope='target',
        trainable=False)
        #2.3 整理两套网络参数
        self.qe_params = tf.get_collection(tf.GraphKeys.
        GLOBAL_VARIABLES, \scope='eval')
        self.qt_params =
        tf.get_collection(tf.GraphKeys.GLOBAL_VARIABLES,
        scope='target')
        #2.4 定义新旧参数的替换操作
        self.update_oldq_op=[oldq.assign((1-self.tau)*
        oldq+self.tau*p) for p, oldq in \
        zip(self.qe_params, self.qt_params)]
        #3.构建损失函数
        #td 目标
        self.Q_target =tf.placeholder(tf.float32, [None])
        readout_q = tf.reduce_sum(tf.multiply(self.Q, self.action),
        reduction_indices=1)
        self.q_loss = tf.losses.mean_squared_error
        (labels=self.Q_target,\
        predictions=readout_q)
        #4.定义优化器
        self.q_train_op = tf.train.AdamOptimizer(lr).minimize
        (self.q_loss,var_list=self.qe_params)
        #5.初始化图中的变量
        self.sess.run(tf.global_variables_initializer())
        #6.定义保存和恢复模型
        self.saver = tf.train.Saver()
        if model_file is not None:
            self.restore_model(model_file)
    #定义存储模型函数
    def save_model(self, model_path,global_step):
        self.saver.save(self.sess, model_path,global_step=
        global_step)
    #定义恢复模型函数
    def restore_model(self, model_path):
```

```
        self.saver.restore(self.sess, model_path)
```

下面的代码用来创建深度 q 网络，该深度网络由 3 个卷积层、1 个池化层、2 个全连接层构成。其中第 1 个卷积层的卷积核为 $8\times8\times4\times32$，步长为 4，后面连接一个池化层，池化层特征为 2×2，步长为 2。第 2 个卷积层的卷积核大小为 $4\times4\times32\times64$，步长为 2，后面连 1 个卷积层。第 3 个卷积层的卷积核大小为 $3\times3\times64\times64$，步长为 1，将第 3 个卷积层的输出展开成维数为 1600 的 1 维向量，后面接 2 个全连接层，第 1 个全连接层为 1600×512，激活函数为 ReLU。第 2 个全连接层为 512×2，没有激活函数，即线性输出。

```
    def build_q_net(self, obs, scope, trainable):
        with tf.variable_scope(scope):
            h_conv1 = tf.layers.conv2d(inputs=obs, filters=32,
            kernel_size=[8,8],
            strides=4,padding="same",activation=tf.nn.relu,kernel_
            initializer=tf.random_
            normal_initializer(mean=0,stddev=0.1),
            bias_initializer=tf.constant_initializer(0.1),
            trainable=trainable)
            h_pool1 = tf.layers.max_pooling2d(h_conv1,
            pool_size=[2,2],strides=2, padding="SAME")
            h_conv2 = tf.layers.conv2d(inputs=h_pool1,filters=64,
            kernel_size=[4,4],
            strides=2,padding="same",activation=tf.nn.relu,kernel_
            initializer=tf.random_normal_initializer(mean=0,
            stddev=0.1),
            bias_initializer=tf.constant_initializer(0.1),
            trainable=trainable)
            h_conv3 = tf.layers.conv2d(inputs=h_conv2,filters=64,
            kernel_size=[3,3],strides=1,padding="same",activation=
            tf.nn.relu, kernel_initializer=tf.random_normal_
            initializer(mean=0,stddev=0.1),\bias_initializer=
            tf.constant_initializer(0.1),trainable=trainable)
            h_conv3_flat = tf.reshape(h_conv3,[-1,1600])
            #第 1 个全连接层
            h_fc1 = tf.layers.dense(inputs=h_conv3_flat,units=512,
            activation=tf.nn.relu,
            kernel_initializer=tf.random_normal_initializer
            (0,stddev=0.1),\bias_initializer=tf.constant_
            initializer(0.1),trainable=trainable)
            #读出层，没有激活函数
            qout = tf.layers.dense(inputs=h_fc1, units=ACTIONS,
            kernel_initializer=tf.random_normal_initializer
            (0,stddev=0.1),\bias_initializer=tf.constant_
```

```
        initializer(0.1),trainable=trainable)
        return qout
```

下面的代码用来定义探索策略，跟表格型 Q-Learning 不同的是，这里调用神经网络来确定哪个是最优动作。

```
    def epsilon_greedy(self,s_t,epsilon):
        a_t = np.zeros([ACTIONS])
        amax = np.argmax(self.sess.run(self.Q,{self.obs:[s_t]})[0])
        # 概率部分
        if np.random.uniform() < 1 - epsilon:
            # 最优动作
            a_t[amax] = 1
        else:
            a_t[random.randrange(ACTIONS)]=1
        return a_t
```

下面的代码用来实现对深度值函数网络的训练。基本的过程为与环境交互，将数据存入经验池中，从经验池中采集数据对神经网络进行训练。

```
    def train_Network(self,experience_buffer):
        #打开游戏状态与模拟器进行通信
        game_state = game.GameState()
        #获得第 1 个状态并将图像进行预处理
        do_nothing = np.zeros(ACTIONS)
        do_nothing[0]=1
        #与游戏交互 1 次
        x_t, r_0, terminal = game_state.frame_step(do_nothing)
        x_t = cv2.cvtColor(cv2.resize(x_t,
        (80,80)),cv2.COLOR_BGR2GRAY)
        ret, x_t = cv2.threshold(x_t,1,255,cv2.THRESH_BINARY)
        s_t = np.stack((x_t, x_t, x_t, x_t),axis=2)
        #开始训练
        epsilon = INITIAL_EPSILON
        t= 0
        while "flappy bird"!="angry bird":
            a_t = self.epsilon_greedy(s_t,epsilon=epsilon)
            #epsilon 递减
            if epsilon > FINAL_EPSILON and t>OBSERVE:
                epsilon -= (INITIAL_EPSILON-FINAL_EPSILON)/EXPLORE
            #运动动作，与游戏环境交互 1 次
            x_t1_colored, r_t,terminal = game_state.frame_step(a_t)
            x_t1 = cv2.cvtColor(cv2.resize(x_t1_colored, (80, 80)),\
            cv2.COLOR_BGR2GRAY)
            ret, x_t1 = cv2.threshold(x_t1, 1, 255, cv2.THRESH_BINARY)
            x_t1 =np.reshape(x_t1,(80,80,1))
```

```
            s_t1 = np.append(x_t1, s_t[:,:,:3],axis=2)
            #将数据存储到经验池中
            experience = np.reshape(np.array([s_t,a_t,r_t,s_t1,
            terminal]),[1,5])
            experience_buffer.add_experience(experience)
            #在观察结束后进行训练
            if t>OBSERVE:
                #采集样本
                train_s, train_a, train_r,train_s_,\
                train_terminal = experience_buffer.sample(BATCH)
                target_q=[]
                read_target_Q = self.sess.run
                (self.Q_,{self.obs_:train_s_})
                for i in range(len(train_r)):
                    if train_terminal[i]:
                        target_q.append(train_r[i])
                    else:
                        target_q.append(train_r[i]+GAMMA*
                np.max(read_target_Q[i]))
                #训练 1 次
                self.sess.run(self.q_train_op,
                feed_dict={self.obs:train_s, \
                self.action:train_a, self.Q_target:target_q})
                #更新旧的目标网络
                self.sess.run(self.update_oldq_op)
            #往前推进 1 步
            s_t = s_t1
            t+=1
            #每 10000 次迭代保存 1 次
            if t%10000 == 0:
                self.save_model('saved_networks/',global_step=t)
            if t<=OBSERVE:
                print("OBSERVE",t)
            else:
                if t%1 == 0:
                    print("train, steps",t,"/epsilon",
                    epsilon,"/action_index",a_t, "/reward",r_t)
```

最后，我们写 1 个主函数，对 DQN 进行训练。首先实例化 1 个经验池类 buffer，声明一个深度值网络类 brain，调用 brain 类的训练子函数对深度值网络进行训练。

```
if __name__=="__main__":
    buffer = Experience_Buffer()
    brain= Deep_Q_N()
    brain.train_Network(buffer)
```

Part Two

第 2 篇

直接策略搜索的方法

本篇为第 2 篇，讲述第 2 大类学习方法，即直接策略搜索的方法。第 1 篇基于值函数的方法的核心是学习值函数，策略是从值函数重构出来的。本篇则侧重于学习策略本身，即对策略进行参数化，并通过与环境交互直接学习策略的参数。本篇包括策略梯度方法和 Actor-Critic 方法（AC 方法）。两者的差别是，AC 方法通过学习值函数帮助我们更快地学习策略的参数。

7 策略梯度方法

策略梯度理论为随机策略的优化提供了理论基础。该方法的基本思路是对策略进行参数化，然后直接根据回报利用梯度回传的方法优化得到新的策略。

7.1 算法基本原理及代码架构

尽管这是一本编程书，但是介绍算法的基本原理还是非常有必要的。因为读者如果不明白原理，那么看代码就是一头雾水，所以本节还是以原理介绍为主。我会以非常通俗的语言来介绍策略梯度的原理。

用 τ 表示一个状态-行为序列，即

$$\tau : s_0 \xrightarrow[r_0]{a_0} s_1 \xrightarrow[r_1]{a_1} s_2 \xrightarrow[r_2]{a_2} \cdots s_T$$

在强化学习中，这样一个状态-行为序列是最基本的数据单元，其中 $a_0, a_1, \cdots$ 为智能体的序列动作， $r_0, r_1, \cdots, r_T$ 为环境返给智能体的回报。强化学习的目标是选择序列动作 $a_0, a_1, \cdots$ ，使得该序列的累计回报为最大。

我们该如何去选择每一步的动作呢?

为了将这个问题变成一个可解的问题，学者们提出两种思路。一种思路是求状态-行为值函数，然后根据状态-行为值函数得到每个状态处的动作，如 Q-Learning 的方法等，也就是前面几个章节的解法；另外一种思路则是直接对策略进行搜索，这类算法

被称为直接策略搜索的方法。

所谓直接策略搜索的方法，就是直接寻找使得累积回报最大的策略。学者们提出了很多种直接策略搜索的方法，大体可以分为以下 4 种：

将策略进行参数化，利用梯度的方法找到最优的参数，从而得到最优的策略。

（1）基于 EM 的方法。

（2）基于路径积分的方法。

（3）基于模型的方法。

（4）基于粒子滤波的方法。

本节介绍的是策略梯度的方法。该方法首先要将策略进行参数化，然后利用梯度来更新参数，最后找到最优的参数，也就找到了最优的策略。可以说策略搜索的过程，其实就是利用梯度不断寻找参数 θ 的过程。该方法的第 1 步就是将策略进行参数化。那么如何将策略进行参数化呢？说得更专业和学术一点，就是策略的表示问题。

下面我们来了解一下策略的表示问题。

7.1.1 策略的表示问题

一般会将策略表示成为状态的函数，即 $a=f(s;\theta)$，其中 s 为状态，θ 为参数。根据策略的表示 $a=f(s;\theta)$ 是确定性的还是随机的（不懂没关系，下面会很直白地解释），策略梯度的方法可以分为随机策略梯度算法（如策略梯度理论、AC 算法、PPO 算法）和确定性随机梯度算法（如 DDPG 算法）。

确定性策略的表示很容易理解，即策略是状态 s 的函数。但是随机策略就比较难理解了。

$a=f(s;\theta)$ 是随机的到底是什么意思？又该如何表示一个随机策略呢？

其实，说函数 $a=f(s;\theta)$ 是随机的并不严格，更严格的表示是 $p(a|s;\theta)$，即当给定 s 时，动作 a 应该服从分布 $p(a|s;\theta)$，随机策略的参数化就是参数化这个分布。

这样解释好像还不直观，我们举例来说明。在连续系统中，最常用的随机策略是高斯策略，即用高斯分布来表示策略。典型的高斯分布的数学符号为 $\mathcal{N}(\mu,\sigma^2)$，其中 μ 为均值，σ^2 为方差。均值和方差完全携带了高斯分布的所有信息，因此想要参数化一个高斯策略只要参数化它的均值和方差即可。当然，我们也可以选择只参数化高斯分布的均值，而假设高斯分布的方差为常数，如 $\mu=\mu(s;\theta)$ 。

如果用 $\pi(a|s)$ 来表示随机策略，那么随机高斯策略的参数化表示为

$$\pi(a|s)\sim N(\mu(s;\theta_1),(\sigma(s;\theta_2))^2)$$

其中 θ_1 ， θ_2 为参数。

在强化学习算法中，随机策略得到广泛应用。因为随机策略在任意状态下可以随机采样动作，所以会产生多样化的数据。这些多样化的数据有好的也有不好的，强化学习算法从好的数据中学到改善当前策略的知识，从坏的数据中学到抑制不好策略的知识。用专业语言来描述，就是随机策略集成了探索和利用。

有了策略表示，接下来就是求出该策略参数下所对应的梯度，以此来更新当前的参数。

7.1.2 随机策略梯度的推导

所谓梯度，就是目标函数对参数的偏导数。因此求解梯度的第 1 步是将目标函数表示出来。强化学习的目标函数是折扣累积回报的期望。

对于序列 τ 来说，设其折扣累计回报为 $R(\tau)$，则折扣累计回报的期望可以表示为

$$U(\theta)=\sum_{\tau}P(\tau;\theta)R(\tau)$$

即期望等于累计回报的概率和。

有了目标函数 $U(\theta)$ ，我们便可以直接对参数 θ 求梯度了：

$$\nabla_\theta U(\theta)=\nabla_\theta\sum_{\tau}P(\tau;\theta)R(\tau)=\sum_{\tau}\nabla_\theta P(\tau;\theta)R(\tau) \tag{7.1}$$

在强化学习算法中，我们所拥有的只有数条轨迹 τ 的数据，所以上述的梯度我们只能通过数据估计出来。为了将上述的梯度估计出来，我们需要将上述求梯度的公式变成一个求期望的公式（因为用数据求期望等价于求均值），为此我们可以对上式进行如下变换：

$$\nabla_\theta U(\theta)=\sum_{\tau}P(\tau;\theta)\frac{\nabla_\theta P(\tau;\theta)R(\tau)}{P(\tau;\theta)} \tag{7.2}$$

根据对数导数的运算法则，可以将上式的分母写入求导公式中，即

$$\nabla_\theta U(\theta) = \sum_\tau P(\tau;\theta) \nabla_\theta \log P(\tau;\theta) R(\tau)$$

有了上述求导公式，我们就可以利用数据对当前的策略梯度进行估计了。假设利用当前策略采样了 m 条轨迹，那么当前策略的梯度可用这 m 条轨迹的经验值平均来计算，即

$$\nabla_\theta U(\theta) \approx \hat{g} = \frac{1}{m} \sum_{i=1}^{m} \nabla_\theta \log P(\tau;\theta) R(\tau) \tag{7.3}$$

用上述公式其实算不出策略梯度，因为其中的 $P(\tau;\theta)$ 还是未知的。$P(\tau;\theta)$ 是指在参数为 θ 的策略下，轨迹 τ 发生的概率，即状态-行为序列 $\tau : s_0 \xrightarrow[r_0]{a_0} s_1 \xrightarrow[r_1]{a_1} s_2 \xrightarrow[r_2]{a_2} \cdots s_T$ 发生的概率。那么该序列的概率如何表示呢？

首先我们注意到，这是一个序列的概率。一个序列的概率可由序列中的每个变量的联合概率给出，即

$$\begin{aligned} P(\tau;\theta) &= P(a_0 \mid s_0;\theta) \cdot P(s_1 \mid s_0, a_0) \cdot P(s_2 \mid s_1, a_1) \cdots \\ &= \prod_{t=0}^{T} P(a_t \mid s_t;\theta) \cdot P(s_{t+1} \mid a_t, s_t) \end{aligned} \tag{7.4}$$

在 7.1.1 节中，我们已经讨论了随机策略的表示，如高斯策略 $\pi(a \mid s;\theta) \sim N(\mu(s;\theta_1),(\sigma(s;\theta_2))^2)$。也就是说，当状态 s 给定时，动作 a 的概率 $P(a_t \mid s_t;\theta)$ 由当前策略参数给出，而状态转移概率 $P(s_{t+1} \mid a_t, s_t)$ 由系统给出，与当前策略参数没有关系。因此将上述公式带入策略梯度的计算中，可以将状态转移概率项消掉。最终随机策略梯度的公式可以表示为

$$\nabla_\theta U(\theta) \approx \hat{g} = \frac{1}{m} \sum_{i=1}^{m} \sum_{t=0}^{H} \nabla_\theta \log \pi(a_t^{(i)} \mid s_t^{(i)}) \ \mathrm{R}(\tau^i) \tag{7.5}$$

7.1.3 折扣累积回报

前面已经基本推导出了策略梯度的公式（7.5），但式中轨迹的折扣累积回报 $R(\tau)$ 还没有讨论。从定义上来看 $R(\tau)$ 是指整条轨迹 τ 的折扣累积回报，即

$$R(\tau) = \sum_{t=0}^{T} \gamma^t r_t \tag{7.6}$$

然而利用该折扣累积回报对策略的梯度进行估计，方差很大。方差很大就意味着估计值落在真实值附近区间的概率很小。也就是说估计出来的梯度不是很准，用不准的梯度来更新参数，算法收敛性很差。

学者们对该问题进行了深入研究。他们发现通过改变策略梯度公式（7.5）中的累积回报项 $R(\tau)$ 可以减小方差。但是必须保证在减小方差的同时，均值不能改变。也就是说（7.5）式必须仍然是一个无偏估计。一般来说，有两种思路：

（1）在折扣累积回报 $R(\tau)$ 项减去一个常数项 b，使得方差减小。

我们首先验证，当在累积回报项中加入常数 b 时，策略梯度依然是无偏估计。

我们从式（7.1）开始进行证明，将常数项 b 加入式（7.1），我们有

$$\sum_{\tau}\nabla_{\theta}P(\tau;\theta)(R(\tau)-b)=\sum_{\tau}\nabla_{\theta}P(\tau;\theta)R(\tau)-\sum_{\tau}\nabla_{\theta}P(\tau;\theta)b \tag{7.7}$$

由于求导与求和可以交换，因此第 2 项变为

$$\sum_{\tau}\nabla_{\theta}P(\tau;\theta)b=\nabla\left(\sum_{\tau}P(\tau;\theta)b\right)$$

概率 $P(\tau;\theta)$ 对变量 τ 求和为 1，因此上式变为

$$\sum_{\tau}\nabla_{\theta}P(\tau;\theta)b=\nabla_{\theta}\left(1\cdot b\right)$$

常数 b 对参数 θ 的导数为 0，因此式（7.7）变为

$$\sum_{\tau}\nabla_{\theta}P(\tau;\theta)(R(\tau)-b)=\sum_{\tau}\nabla_{\theta}P(\tau;\theta)R(\tau)$$

即在累积回报中增加常数项不会改变策略梯度估计的无偏性。接下来的问题是，常数 b 应该取什么值才能使得方差变小呢？

我们回到方差的定义式。

令 $X=\nabla_{\theta}\log P(\tau;\theta)(R(\tau)-b)$，则方差可表示为

$$\mathrm{Var}(X)=E(X-\bar{X})^2=EX^2-E\bar{X}^2$$

将方差 $\mathrm{Var}(X)$ 视为常数 b 的函数，使得方差最小的 b 应该满足以下条件：

$$\frac{\partial \mathrm{Var}(X)}{\partial b}=E\left(X\frac{\partial X}{\partial b}\right)=0$$

将 X 代入得到可以减小方差的常数 b 的计算公式为

$$b=\frac{\sum_{i=1}^{m}\left[\left(\sum_{t=0}^{H}\nabla_\theta \log\pi\left(a_t^{(i)}|s_t^{(i)}\right)\right)^2 R(\tau)\right]}{\sum_{i=1}^{m}\left[\left(\sum_{t=0}^{H}\nabla_\theta \log\pi\left(a_t^{(i)}|s_t^{(i)}\right)\right)^2\right]}$$

在强化学习中，该常数 b 又称为基线。

（2）对折扣累积回报 $R(\tau)$ 的计算公式（7.6）进行修改。在随机策略梯度公式中，每个动作相关项 $\nabla_\theta \log\pi(a_t^{(i)}\mid s_t^{(i)})$ 都需要乘以 $R(\tau)$，即乘以 $\sum_{t=0}^{T}\gamma^t r_t$，然而当前的动作其实与过去的回报是没有关系的，即

$$E_p[\partial_\theta \log\pi_\theta(a_t\mid s_t,t)r_j]=0 \quad \text{for} \quad j<t$$

因此每个动作相关项 $\nabla_\theta \log\pi(a_t^{(i)}\mid s_t^{(i)})$ 只需要乘以从该状态之后的折扣累计回报即可，即

$$\nabla_\theta \log\pi(a_t^{(i)}\mid s_t^{(i)})\left(\sum_{k=t}^{T}R(s_k^{(i)})\right)$$

最终的随机策略梯度可写为

$$\nabla_\theta U(\theta)\approx\frac{1}{m}\sum_{i=1}^{m}\sum_{t=0}^{T}\nabla_\theta \log\pi(a_t^{(i)}\mid s_t^{(i)})\left(\sum_{k=t}^{T}R(s_k^{(i)}\right) \tag{7.8}$$

7.1.4 代码架构

策略梯度的理论部分暂时介绍到这里，下面我们基于策略梯度理论编写代码。在进行具体的代码编写之前，先弄明白代码的框架。

我们还是看看强化学习经典教科书[2]中基于 Reinforce 的伪代码。为了便于理解，笔者将英文翻译成中文：

1. 输入：一个可微的参数化策略 $\pi(a|s,\theta)$
2. 算法参数：步长 $\alpha>0$
3. 初始化策略参数：$\theta\in R^{d'}$
4. 循环：
5. 　　利用当前策略 $\pi(a|s;\theta)$ 产生 1 条轨迹 $s_0,a_0,r_1,\cdots,s_{T-1},a_{T-1},R_T$
6. 　　对于轨迹中的每个时间步骤，进行如下计算：
7. 　　$G\leftarrow\sum_{k=t+1}^{T}R_k$
8. 　　$\theta\leftarrow\theta+\alpha G\nabla\log\pi(a_t|s_t;\theta)$

图 7.1　基于 Reinforce 的伪代码

在经典的 Reinforce 强化学习算法中，策略参数在每个状态处都进行更新。使用这种方法，策略梯度的估计不稳定，容易震荡。为了使策略的估计更稳定，我们采用批的方法。所谓批的方法是指利用当前策略采集 N 条轨迹，每条轨迹包含 T 个状态-行为对，利用这 $N\times T$ 个数据点进行梯度的估计。参考 Reinforce 的伪代码，批策略梯度的方法的伪代码如图 7.2 所示。

1. 输入：1 个可微的参数化策略 $\pi(a|s,\theta)$
2. 算法参数：步长 $\alpha>0$
3. 初始化策略参数：$\theta\in R^{d'}$
4. 循环：
5. 　　利用当前策略 $\pi(a|s;\theta)$ 采样 N 条轨迹 $s_0^{(i)},a_0^{(i)},r_0^{(i)},\cdots,s_{(T-1)}^{(i)},a_{(T-1)}^{(i)},R_T^{(i)}$
6. 　　对于轨迹中的每个时间步骤，进行如下计算：$R_t^i\leftarrow\sum_{t'=t}^{T}\gamma^{t'-t}r_{t'}^i$
7. 　　$\theta\leftarrow\theta+\alpha\frac{1}{NT}\sum_{i=1}^{N}\sum_{t=0}^{T}\nabla_\theta\log\pi(a_t|s_t;\theta)R_t^i$

图 7.2　批策略梯度方法的伪代码

7.2 节和 7.3 节以图 7.2 所示的伪代码进行编程。在正式编程之前，还需要说明两个问题：

（1）为什么叫基于蒙特卡洛的 Reinforce 批强化学习算法，蒙特卡洛是什么意思？

如果大家还记得，在前面基于值函数的方法中对于值函数的估计讲了两种方法：基于蒙特卡洛的值函数估计和基于时间差分的值函数估计。这里对折扣累积回报采用的是蒙特卡洛的方法进行计算的，所以叫基于蒙特卡洛的 Reinforce 批强化学习算法。第 8 章，我们会看到基于 TD 估计的梯度算法。

（2）在批强化学习算法中只需要做两件事：批采样和参数更新。所以在我们的代码中，只需要创建两个类，采样类和策略训练类。批强化学习的过程可以简化为如图 7.3 所示的循环迭代过程。

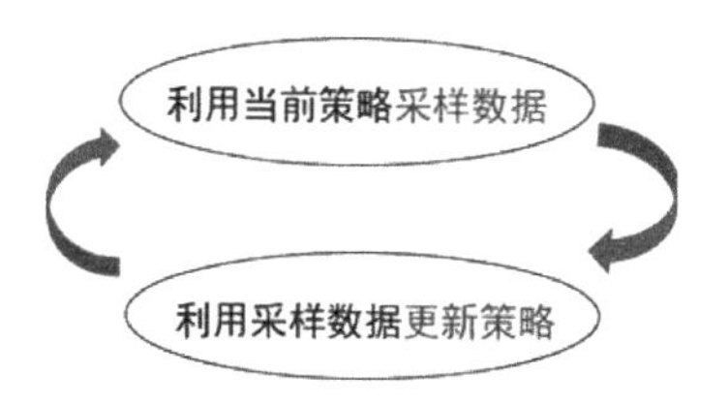

图 7.3　批强化学习的循环迭代过程

7.2　离散动作：CartPole 实例解析及编程实战

本节介绍离散动作的策略表示和训练方法。离散动作的策略网络可以利用分类神经网络来表示，训练方法则采用策略梯度的方法。

7.2.1　CartPole 简介

如图 7.4 所示为 CartPole（小车倒立摆系统），该系统包括一辆小车（图 7.4 中用黑色方框表示）和一个与小车相连的可绕着小车中心自由旋转的杆（图 7.4 中浅色矩形）。该系统只能对小车进行控制，即只能对小车施加一个向右的作用力 F 或者一个向左的作用力 $-F$。

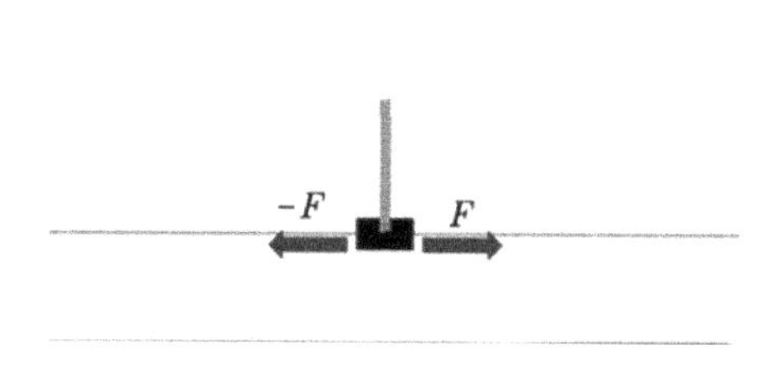

图 7.4　Cartpole（小车倒立摆系统）

我们的目标是：任意给 CartPole 一个初始状态，也就是任意设定小车的位置、速度、摆的初始角度、角速度为在给定范围内的任意值，通过控制施加到小车上的力，来使得摆杆保持竖直状态而不至于倾倒。

7.2.2 问题分析及 MDP 模型

如图 7.5 所示为 CartPole 的模型图。CartPole 可用状态量 $s=(x,\dot{x},\theta,\dot{\theta})$ 来描述，其中 x 为小车的横坐标，即表示小车的位置；$\dot{x}$ 为小车水平方向的速度，向右为正，向左为负；θ 为摆杆偏离竖直方向的角度，逆时针为正，顺时针为负；$\dot{\theta}$ 为角速度。4 个量 $x,\dot{x},\theta,\dot{\theta}$ 完全描述了 CartPole。

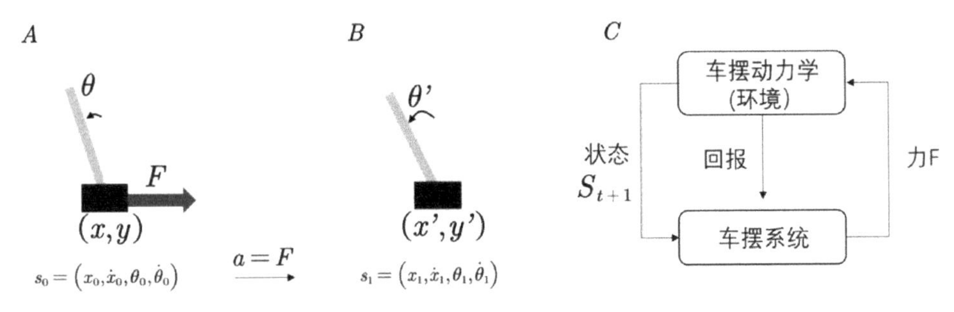

图 7.5　CartPole 的模型图

如图 7.5 所示，当对小车施加作用力 F 一段时间后，系统从状态 s_0 转移到 s_1，同时环境会返回给系统一个回报 r，这个回报 r 可以人为指定，如摆杆没有倾倒（即摆角或小车位置都在指定范围内）指定回报为 1，摆杆倾倒（即摆角或小车位置超出指定范围）指定回报为 0，并结束本次试验。控制的目标是在状态 s_t 处施加作用力 F，使得摆杆保持竖直而不至于倾倒。该目标可转化为使得累积回报最大。因此，小车倒立摆的控制问题可以用马尔可夫决策过程来描述，如图 7.5-C 所示。

由上述分析，我们构建马尔可夫决策过程如下：

状态输入为 $s=[x,\dot{x},\theta,\dot{\theta}]$，维数为 4。

动作输出为 $a=\{[1,0],[0,1]\}$，注意，动作 $a=[1,0]$ 表示对小车施加往右的作用力 F；动作 $a=[0,1]$ 表示对小车施加往左的作用力 $-F$。

回报函数：$r=\begin{cases}1 & \text{if } s\in\Omega\\ 0 & \text{if } s\notin\Omega\end{cases}$，其中 Ω 为安全范围。

状态转移概率：小车倒立摆的动力学方程，由模拟器提供。

7.2.3 采样类的 Python 源码实现

对于 Cartpole，我们采用策略梯度的方法来解决。伪代码在图 7.1 中已经给出。算法主要包括根据当前策略采集数据和根据当前数据更新策略。我们在本节先实现数据采样。

首先，我们要创建一个类，在 Python 中创建类的语法为 class 类名():。在这里我们创建一个采样类，语法实现为 class Sample():。接着，我们要对类进行初始化，类初始化的参数为仿真环境 env 和当前的策略网络 policy_net.在初始化函数中定义折扣因子，具体代码如下。

```
class Sample():
def __init__(self,env, policy_net):
    self.env = env
    self.policy_net=policy_net
    self.gamma = 0.98
```

接着，我们为 Sample 类创建一个采样函数。采样函数的参数为所要采集的轨迹的数目。一个采样过程如下：

（1）初始化环境，直接调用 env.reset()。

（2）根据当前状态，调用当前策略产生动作（action）。

（3）将策略产生的动作发送给模拟器，模拟器则根据当前状态和动作给出下一个状态、回报及是否终止。

（4）如果终止则进入（5），否则把下一个状态给到当前状态，进入（2）。

（5）一条轨迹结束，计算折扣累积回报，对折扣累积回报进行归一化处理，并将数据存入批数据集中。转至（1）采集下一条轨迹。

具体源代码如下所示：

```
def sample_episodes(self, num_episodes):
    #产生 num_episodes 条轨迹
    batch_obs=[]
    batch_actions=[]
    batch_rs =[]
    for i in range(num_episodes):
        observation = self.env.reset()
        #将一个 episode 的回报存储起来
        reward_episode = []
```

```
        while True:
            if RENDER:self.env.render()
            #根据策略网络产生一个动作
            state = np.reshape(observation,[1,4])
            action = self.policy_net.choose_action(state)
            observation_, reward, done, info = self.env.step(action)
            batch_obs.append(observation)
            batch_actions.append(action)
            reward_episode.append(reward)
            #一个 episode 结束
            if done:
                #处理回报函数
                reward_sum = 0
                discounted_sum_reward = np.zeros_like(reward_episode)
                for t in reversed(range(0, len(reward_episode))):
                    reward_sum = reward_sum*self.gamma +
                    reward_episode[t]
                    discounted_sum_reward[t] = reward_sum
                #归一化处理
                discounted_sum_reward -=
                np.mean(discounted_sum_reward)
                discounted_sum_reward/= np.std(discounted_sum_reward)
                #将归一化的数据存储到批回报中
                for t in range(len(reward_episode)):
                    batch_rs.append(discounted_sum_reward[t])
                break
            #智能体往前推进一步
            observation = observation_
    #存储观测和回报
    batch_obs = np.reshape(batch_obs, [len(batch_obs),
    self.policy_net.n_features])
    batch_actions = np.reshape(batch_actions, [len(batch_actions),])
    batch_rs = np.reshape(batch_rs, [len(batch_rs),])
    return batch_obs, batch_actions, batch_rs
```

7.2.4 策略网络模型分析

我们设计一个 Softmax（前向神经网络）策略，如图 7.6 所示。

该 Softmax 策略的输入层是小车倒立摆的状态，由 7.2.3 节分析知道 $s=[x,\dot{x},\theta,\dot{\theta}]$，因此维数为 4，前向神经网络的输入层的神经元个数为 4；动作输出为[0,1]或[1,0]，为策略网络的最后一层，该层是 Softmax 层，维数为 2。中间为隐藏层，这个设置隐藏层神经元的个数为 10（当然，你可以设置其他数）。有机器学习基础的同学都很清楚，

Softmax 常常作为多分类器的最后一层。那么，何为 Softmax 层？

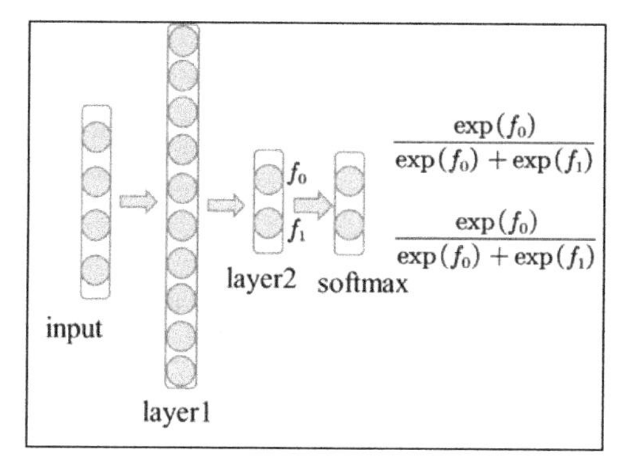

图 7.6 Softmax 策略

如图 7.6 所示，设 layer2 的输出为 z，所谓 Softmax 层是指对 z 作用一个 Softmax 函数。即

$$\sigma(z)_j = \frac{e^{z_j}}{\sum_{k=1}^{K} e^{z_k}}, \text{ for } j = 1,\cdots,K$$

对于 Softmax 策略，在策略梯度理论中的随机策略为

$$\pi_\theta(a|s) = \frac{e^{f_a}}{\sum_{k=1}^{K} e^{f_k}} \tag{7.9}$$

如图 7.6 所示，f_k 对应着 layer2 的输出。e^{f_a} 表示动作 a 所对应的 Softmax 输出。在这里，我们不是利用 Softmax 层进行分类，而是利用 Softmax 层表示随机策略。Softmax 层给出了智能体在状态 s 处采用动作 a 的概率，即在状态 s 时，采用 a 的概率为 $\frac{e^{f_a}}{\sum_{k=1}^{K} e^{f_k}}$。该式是关于 θ 的函数，可直接对其求对数，然后求导带入策略梯度公式，利用策略梯度的理论更新参数。

由策略梯度公式（7.8），我们知道，策略梯度 $\nabla_\theta U(\pi_\theta)$ 是对 $\nabla_\theta \log \pi_\theta(a|s)R(s,a)$ 求期望，该项由 $\nabla_\theta \log \pi_\theta(a|s)$ 和 $R(s,a)$ 相乘得到。由于 $R(s,a)$ 并不含有参数 θ，因此策略梯度法相当于对函数 $-\mathrm{E}_{s\sim\rho^\pi,a\sim\pi_\theta}\left[\log \pi_\theta(a|s)R(s,a)\right]$ 求梯度。因此，我们构造损失函数为

$$\text{loss} = -\mathrm{E}_{s\sim\rho^{\pi},a\sim\pi_{\theta}}\left[\log\pi_{\theta}(a|s)R(s,a)\right] \tag{7.10}$$

损失函数式（7.10）可写为

$$L = -\mathrm{E}_{s\sim\rho^{\pi},a\sim\pi_{\theta}}\left[\log\pi_{\theta}(a|s)R(s,a)\right] = -\int p_{\pi_{\theta_{\text{old}}}}\log q_{\pi_{\theta}}R(s,a)$$

其中 $-\int p_{\pi_{\theta_{\text{old}}}}\log q_{\pi_{\theta}}$ 为交叉熵。

在实际计算中，$p_{\pi_{\theta_{\text{old}}}}$ 由未更新的参数策略网络进行采样，$\log q_{\pi_{\theta}}$ 则是将状态直接带入，是参数 θ 的一个函数。

比如，当前动作由采样网络 $\pi_{\theta_{\text{old}}}(s)$ 产生为 a=1；则 $p=[0,1]$，

$$q=\left[\frac{\exp(f_0)}{\exp(f_0)+\exp(f_1)},\ \frac{\exp(f_1)}{\exp(f_0)+\exp(f_1)}\right], \text{则 } p_{\pi_{\theta_{\text{old}}}}\log q_{\pi_{\theta}} = \log\frac{\exp(f_1)}{\exp(f_0)+\exp(f_1)}$$

这是从信息论中交叉熵的角度来理解 Softmax 层。

7.2.5 策略网络类的 Python 源码实现

经过 7.2.4 节的分析，我们了解了网络结构，以及如何构建损失函数。在本节中，我们创建一个名称为 Policy_Net 的类，在该类的初始化函数中完成网络模型的创建。对于 TensorFlow，一个模型的创建一般包括以下几个步骤：

（1）根据神经网络的结构创建输入层、隐含层和输出层。

（2）根据输出层构建损失函数。

（3）根据损失函数构建优化器。

（4）声明默认图。

（5）初始化图中的变量。

（6）创建保存和恢复模型。

因此，在策略网络类的初始化中，我们依次实现该 6 步。策略网络类还应该包括一些基本的成员函数，以便完成基本的操作。这些成员函数包括：

- 贪婪动作函数（greedy_action）：根据当前网络权值计算得到的概率最大的那个动作，一般在测试网络效果时用。

- 采样动作函数（choose_action）：因为当前策略为随机策略，采样动作函数是指根据当前动作概率分布采样一个动作。该函数在智能体与环境的交互进行交互时采用，即智能体根据该函数采样动作从而与环境进行交互。
- 训练函数（train_step）：该函数根据采样数据，利用梯度下降法对策略网络进行训练。具体的策略网络源代码实现如下。

```
#定义策略网络
class Policy_Net():
    def __init__(self, env, model_file=None):
        self.learning_rate = 0.01
        #输入特征的维数
        self.n_features = env.observation_space.shape[0]
        #输出动作空间的维数
        self.n_actions = env.action_space.n
        #1.1 输入层
        self.obs = tf.placeholder(tf.float32, shape=[None,
        self.n_features])
        #1.2 第 1 层隐含层
        self.f1 = tf.layers.dense(inputs=self.obs, units=20,
        activation=tf.nn.relu,
    kernel_initializer=tf.random_normal_initializer(mean=0,stddev=0.1),\

        bias_initializer=tf.constant_initializer(0.1))
        #1.3 第 2 层隐含层
        self.all_act = tf.layers.dense(inputs=self.f1,
        units=self.n_actions,
        activation=None,
        kernel_initializer=tf.random_normal_initializer(mean=0,
        stddev=0.1),\

        bias_initializer=tf.constant_initializer(0.1))
        #1.4 最后一层 Softmax 层
        self.all_act_prob = tf.nn.Softmax(self.all_act)
        #1.5 监督标签
        self.current_act = tf.placeholder(tf.int32, [None,])
        self.current_reward = tf.placeholder(tf.float32, [None,])
        #2. 构建损失函数
        neg_log_prob =
        tf.nn.sparse_Softmax_cross_entropy_with_logits(logits=self.
        all_act, labels=self.current_act)
        self.loss = tf.reduce_mean(neg_log_prob*self.current_reward)
        #3. 定义 1 个优化器
        self.train_op =
        tf.train.AdamOptimizer(self.learning_rate).minimize(self.loss)
```

```
        #4. tf工程
        self.sess = tf.Session()
        #5. 初始化图中的变量
        self.sess.run(tf.global_variables_initializer())
        #6.定义保存和恢复模型
        self.saver = tf.train.Saver()
        if model_file is not None:
            self.restore_model(model_file)
    #定义贪婪策略
    def greedy_action(self, state):
        prob_weights = self.sess.run(self.all_act_prob,
        feed_dict={self.obs:state})
        action = np.argmax(prob_weights,1)
        # print("greedy action",action)
        return action[0]
    #定义训练
    def train_step(self, state_batch, label_batch, reward_batch):
        loss, _ =self.sess.run([self.loss, self.train_op],
    feed_dict={self.obs:state_batch,
    self.current_act:label_batch, self.current_reward:reward_batch})
        return loss
    #定义存储模型函数
    def save_model(self, model_path):
        self.saver.save(self.sess, model_path)
    #定义恢复模型函数
    def restore_model(self, model_path):
        self.saver.restore(self.sess, model_path)
    #依概率选择动作
    def choose_action(self, state):
        prob_weights = self.sess.run(self.all_act_prob,
        feed_dict={self.obs:state})
     #按照给定的概率采样
        action =
        np.random.choice(range(prob_weights.shape[1]),
        p=prob_weights.ravel())
        # print("action",action)
        return action
```

7.2.6 策略网络的训练与测试

策略的训练函数 policy_train()很简单，迭代调用采样类中的采样函数 sample_episodes()和策略网络类中的 train_step()。

策略的测试函数 policy_test()也比较简单。直接用策略网络的贪婪动作与环境进行交互即可。两个函数的 Python 源码如下所示。

```
    def policy_train(env, brain, sample, training_num):
    reward_sum = 0
    reward_sum_line = []
    training_time = []
    for i in range(training_num):
        temp = 0
        training_time.append(i)
        # 采样 10 个 episodes
        train_obs, train_actions, train_rs = sample.sample_episodes(10)
        # 利用采样的数据进行梯度学习
        loss = brain.train_step(train_obs, train_actions, train_rs)
        # print("current loss is %f"%loss)
        if i == 0:
            reward_sum = policy_test(env, brain,False,1)
        else:
            reward_sum = 0.9 * reward_sum + 0.1 * policy_test(env,
            brain,False, 1)
        # print(policy_test(env, brain,False,1))
        reward_sum_line.append(reward_sum)
        print("training episodes is %d,trained reward_sum is %f" %
       (i, reward_sum))
        if reward_sum > 199:
            break
    brain.save_model('./current_bset_pg_cartpole')
    plt.plot(training_time, reward_sum_line)
    plt.xlabel("training number")
        plt.ylabel("score")
        plt.show()
def policy_test(env, policy, render, test_num):
    for i in range(test_num):
        observation = env.reset()
        reward_sum = 0
        # 将 1 个 episode 的回报存储起来
        while True:
            if render: env.render()
            # 根据策略网络产生 1 个动作
            state = np.reshape(observation, [1, 4])
            action = policy.greedy_action(state)
            observation_, reward, done, info = env.step(action)
            reward_sum += reward
            if done:
                break
            observation = observation_
    return reward_sum
```

7.2.7 用策略梯度法求解 Cartpole 的主函数

```
if __name__=='__main__':
#声明环境名称
env_name = 'CartPole-v0'
#调用 Gym 环境
env = gym.make(env_name)
env.unwrapped
env.seed(1)
#下载当前最好的模型
# brain = Policy_Net(env,'./current_bset_pg_cartpole')
#实例化策略网络
brain = Policy_Net(env)
#实例化采样函数
sampler = Sample(env,brain)
#训练次数
training_num = 150
#训练策略网络
policy_train(env, brain, sampler, training_num)
#测试策略网络，随机生成 10 个初始状态进行测试
reward_sum = policy_test(env, brain, True, 10)
```

至此，我们差不多已经将 CartPole 的源代码介绍清楚了，来看看效果吧。如图 7.7 所示为每采样 10 条轨迹时 CartPole 分值与训练次数的关系。

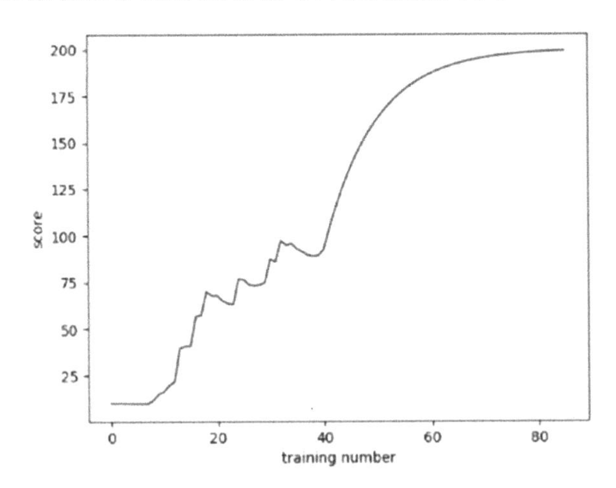

图 7.7 每采样 10 个轨迹时 CartPole 分值与训练次数的关系

Gym 中已经设置 T=200，这个值可以通过修改 CartPole 的注册文件里的最大次数来修改。该实验经过 80 多次迭代便收敛了，可见策略梯度算法在该问题中的应用效果不错。

7.2.8 CartPole 仿真环境开发

前面，我们基于 Gym 利用策略梯度的方法解决了 CartPole 问题。Gym 提供了 CartPole 的仿真环境。也许你想摆脱 Gym 的束缚，自己创建 CartPole 的仿真环境。如何实现呢？下面，我们就跟着大家一步一步去创建 CartPole 仿真环境。

一个仿真环境，一般包括 3 个最重要的函数，即 reset()、step()和 render()。其中 reset()实现环境的随机初始化，以便开始新的试验。Step()提供智能体与环境的交互，render()渲染和显示环境。

CartPole 仿真环境的实现代码如下：

```
import pygame
import numpy as np
from load import *
from pygame.locals import *
import math
import time

class CartPoleEnv:
    def __init__(self):
        self.actions = [0,1]
        self.state =np.random.uniform(-0.05, 0.05,size=(4,) )
        self.steps_beyond_done = 0
        self.viewer = None
        #设置帧率
        self.FPSCLOCK = pygame.time.Clock()
        self.screen_size = [400, 300]
        self.cart_x=200
        self.cart_y=200
        self.theta =-1.5
        self.gravity = 9.8
        self.mass_cart = 1.0
        self.mass_pole = 0.1
        self.total_mass =(self.mass_cart+self.mass_pole)
        self.length = 0.5
        self.pole_mass_length = (self.mass_pole * self.length)
        self.force_mag = 10.0
        self.tau = 0.02
        #角度阈值
        self.theta_threshold_radians = 12*2*math.pi/360
        #x 方向阈值
        self.x_threhold =2.4
    def reset(self):
```

```
        n = np.random.randint(1,1000,1)
        np.random.seed(n)
        self.state = np.random.uniform(-0.05, 0.05,size=(4,) )
        self.steps_beyond_done = 0
        # print(self.state)
        return np.array(self.state)
    def step(self,action):
        state = self.state
        x, x_dot, theta, theta_dot = state
        force = self.force_mag if action ==1 else -self.force_mag
        costheta = math.cos(theta)
        sintheta = math.sin(theta)
        #动力学方程
        temp = (force+self.pole_mass_length * theta_dot *theta_dot*
        sintheta)/self.total_mass
        thetaacc = (self.gravity * sintheta - costheta *
        temp)/(self.length *
        (4.0/3.0-self.mass_pole * costheta * costheta/self.total_mass))
        xacc = temp - self.pole_mass_length * thetaacc * costheta
        /self.total_mass
        #积分得到状态量
        x = x+self.tau * x_dot
        x_dot = x_dot +self.tau * xacc
        theta = theta +self.tau * theta_dot
        theta_dot = theta_dot + self.tau * thetaacc
        self.state = (x, x_dot, theta, theta_dot)
        #根据更新的状态判断是否结束
        done = x < -self.x_threhold or x > self.x_threhold or theta < -
        self.theta_threshold_radians or theta >
        self.theta_threshold_radians
        done = bool(done)
        #设置回报
        if not done:
            reward = 1.0
            self.steps_beyond_done = self.steps_beyond_done+1
        else:
            reward = 0.0
        return np.array(self.state), reward, done

    def gameover(self):
        for event in pygame.event.get():
            if event.type == QUIT:
                exit()
    def render(self):
        screen_width = self.screen_size[0]
        screen_height = self.screen_size[1]
```

```
    world_width = self.x_threhold * 2
    scale = screen_width/world_width
    state = self.state
    self.cart_x = 200+scale * state[0]
    self.cart_y = 200
    self.theta = state[2]
    if self.viewer is None:
        pygame.init()
        self.viewer = pygame.display.set_mode
        (self.screen_size,0,32)
        self.background = load_background()
        self.pole = load_pole()
        #画背景
        self.viewer.blit(self.background,(0,0))
        self.viewer.blit(self.pole,(195,80))
        pygame.display.update()
    #循环绘图
    self.viewer.blit(self.background,(0,0))
    #画线
    pygame.draw.line(self.viewer, (0,0,0),(0,200),(400,200))
    #画圆
    # pygame.draw.circle(self.viewer,(250,0,0),(200,200),1)
    #画矩形
    pygame.draw.rect(self.viewer,
    (250,0,0),(self.cart_x-20,self.cart_y-15,40,30))
    # cart1=pygame.Rect(self.cart_x-20,self.cart_y-15,40,30)
    pole1=pygame.transform.rotate(self.pole,
    -self.theta*180/math.pi)
    if self.theta > 0:
        pole1_x = self.cart_x-5*math.cos(self.theta)
       pole1_y = self.cart_y-80*math.cos(self.theta)-5*math.sin
       (self.theta)
    else:
        pole1_x =
        self.cart_x+80*math.sin(self.theta)-5*math.cos(self.theta)
        pole1_y =
        self.cart_y-80*math.cos(self.theta)+5*math.sin(self.theta)

    self.viewer.blit(pole1, (pole1_x, pole1_y))
    pygame.display.update()
    self.gameover()
    self.FPSCLOCK.tick(30)
```

对于这段代码，有以下知识点：

（1）在 step()函数中如何得到 CartPole 系统的动力学方程。

如图 7.8 所示为 CartPole 系统的数学建模。在前面的章节中，我们也分析了该系统。该系统的动力学方程由拉格朗日方程得到。

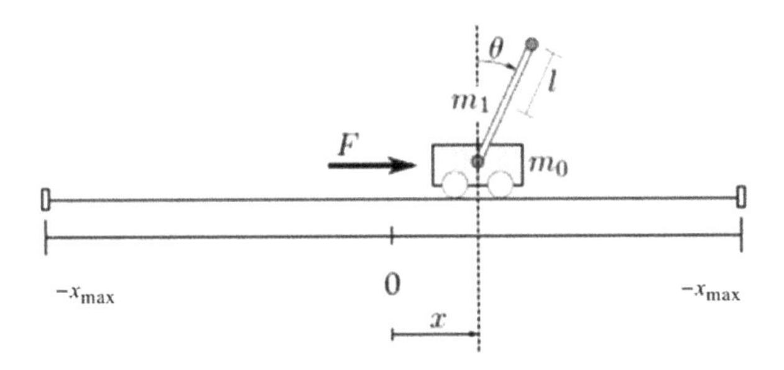

图 7.8　CartPole 系统的数学建模

创建拉格朗日方程的第 1 步是写出系统的拉格朗日函数。

$$L = K - V$$

其中 L 为拉格朗日函数，K 为系统的动能，V 为系统的势能。

动能 K 为

$$\begin{aligned}K &= \frac{1}{2}m_0\dot{x}^2 + \frac{1}{2}m_1(\dot{x} + l\dot{\theta}\cos\theta)^2 + \frac{1}{2}m_1(l\dot{\theta}\sin\theta)^2 + \frac{1}{2}\times\frac{m_1}{12}(2l)^2\dot{\theta}^2 \\ &= \frac{1}{2}\left(m_0 + m_1\right)\dot{x}^2 + m_1 l\dot{x}\dot{\theta}\cos\theta + \frac{1}{2}\times\frac{4}{3}m_1 l^2\dot{\theta}^2\end{aligned}$$

势能为

$$V = m_1 g l\cos\theta$$

将拉格朗日函数带入到拉格朗日方程中：

$$\frac{\mathrm{d}}{\mathrm{d}t}\left(\frac{\partial L}{\partial \dot{x}}\right) - \frac{\partial L}{\partial x} = F$$

$$\frac{\mathrm{d}}{\mathrm{d}t}\left(\frac{\partial L}{\partial \dot{\theta}}\right) - \frac{\partial L}{\partial \theta} = 0$$

最后得到 CartPole 系统的动力学方程为

$$F = m_1 l\cos\theta\ddot{\theta} - m_1 l\sin\theta\dot{\theta} + (m_0 + m_1)\ddot{x}$$

$$0 = m_1 l\cos\theta\ddot{x} + \frac{4}{3}m_1 l^2\ddot{\theta} - m_1 g l\sin\theta$$

由此得到角加速度和线加速度。

（2）如何实现 render()函数中的绘图函数。

render()函数的绘图函数利用了 2 维图形库 PyGame。PyGame 最常用的两个模块是 pygame.display 和 pygame.draw。

pygame.display 模块中最常用的函数如下：

①绘制窗口幕布函数 display.set_mode()，调用格式为 viewer=pygame.display.set_mode(self.screen_size,0,32)。其中，第 1 个参数为窗口的分辨率，如（400,300），第 2 个参数为窗口的性质，第 3 个参数为色深，返回值为窗口 viewer。

②在幕布上画图片，用 blit 函数，调用格式为 Viewer.blit(picturename, (x, y))。Blit 函数有 2 个参数，第 1 个参数为要画的图片的名字，第 2 个为图片的左上角坐标。

③幕布更新函数 Pygame.display.update()。该函数在将图片画到幕布上后调用，否则要画的图片不会显示到幕布上。

Pygame.draw 模块最常调用的函数如下：

①直线绘制函数 pygame.draw.line，调用格式为 pygame.draw.line(viewer, color,($x0$,$y0$),($x1$,$y1$))。其中第 1 个参数为幕布；第 2 个参数为直线的颜色，如（0,0,0）；第 3 个参数为直线的起始点坐标；第 4 个参数为直线的结束点坐标。

②圆绘制函数 pygame.draw.circle，调用格式为 pygame.draw.circle (viewer,color,($x0$,$y0$),r)。第 1 个参数为幕布；第 2 个参数为颜色，如（250,0,0）；第 3 个参数为圆心坐标；第 4 个参数为圆的半径。

③矩形绘制函数 pygame.draw、rect，调用格式为 pygame.draw.rect(viewer, color,(x,y,length,width))。第 1 个参数为幕布，第 2 个参数为矩形的颜色，第 3 个参数为矩形的最左侧 x 坐标和最右侧 y 坐标，矩形的长度 length，矩形的宽度 width。

④图像旋转函数 pygame.transform.rotate。调用格式为 pygame.transform.rotate (picture, theta)，其中第 1 个参数为要旋转的图像，第 2 个参数为图像要旋转的角度。

7.3 连续动作 Pendulum 实例解析及编程实战

本节介绍动作空间为连续动作的策略表示方法。为了实现集成探索，策略表示常常用高斯策略，并且用神经网络参数化高斯分布的均值和方差。

7.3.1 Pendulum 简介

如图 7.9 所示为 Pendulum（单摆系统）。该系统只包含一个摆杆，其中摆杆可以绕着一端的轴线摆动，在轴线上施加力矩τ来控制摆杆的摆动。Pendulum 的目标是：从任意状态出发，施加一系列的力矩，使得摆杆可以竖直向上。该目标可以通过强化学习方法来实现。

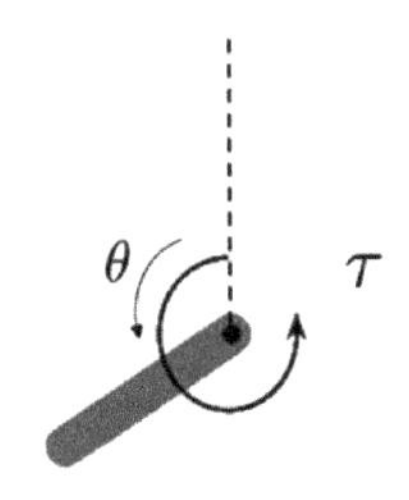

图 7.9　Pendulum（单摆系统）

Pendulum 的 MDP 模型为：设摆杆与竖直方向的夹角为θ，则 Pendulum 的状态可由夹角θ和其角速度$\dot{\theta}$来描述。即状态输入为$s=\left[\theta,\dot{\theta}\right]$，动作空间为$\tau\in\left[-2,2\right]$，跟 7.2.8 节介绍的 CartPole 不同的是，Pendulum 的动作空间为连续空间，即力矩可以在 −2 到 2 之间连续取值。

在 Gym 的 Pendulum 模拟环境中，回报函数设置为$r=-\theta^2-0.1\dot{\theta}^2-0.001\tau^2$，其中$\theta\in\left[-\pi,\pi\right]$，状态转移概率 Pendulum 的动力学方程由 Gym 模拟器提供。

7.3.2 采样类的 Python 源代码实现

采样类的实现与 CartPole 类似（参看 7.2.3 节），在此不再重复解释，Python 源码如下。

```
    #利用当前策略进行采样，产生数据
class Sample():
    def __init__(self,env, policy_net):
        self.env = env
        self.policy_net=policy_net
        self.gamma = 0.90
    def sample_episodes(self, num_episodes):
        #产生 num_episodes 条轨迹
        batch_obs=[]
        batch_actions=[]
        batch_rs =[]
```

```
 for i in range(num_episodes):
    observation = self.env.reset()
    #将一个 episode 的回报存储起来
    reward_episode = []
    while True:
        # if RENDER:self.env.render()
        #根据策略网络产生一个动作
        state = np.reshape(observation,[1,3])
        action = self.policy_net.choose_action(state)
        observation_, reward, done, info = self.env.step(action)
        batch_obs.append(np.reshape(observation,[1,3])[0,:])
        # print('observation',
        np.reshape(observation,[1,3])[0,:])
        batch_actions.append(action)
        reward_episode.append((reward+8)/8)
        #一个 episode 结束
        if done:
            #处理回报函数
            reward_sum = 0
            discounted_sum_reward = np.zeros_like(reward_episode)
            for t in reversed(range(0, len(reward_episode))):
                reward_sum = reward_sum*self.gamma +
                                reward_episode[t]
                discounted_sum_reward[t] = reward_sum
            #归一化处理
            discounted_sum_reward -=
            np.mean(discounted_sum_reward)
            discounted_sum_reward/= np.std(discounted_sum_reward)
            #将归一化的数据存储到批回报中
            for t in range(len(reward_episode)):
                batch_rs.append(discounted_sum_reward[t])
                # print(discounted_sum_reward[t])
            break
        #智能体往前推进一步
        observation = observation_
#reshape 观测和回报
batch_obs = np.reshape(batch_obs, [len(batch_obs),
self.policy_net.n_features])
batch_actions =
np.reshape(batch_actions,[len(batch_actions),1])
batch_rs = np.reshape(batch_rs,[len(batch_rs),1])
return batch_obs, batch_actions,batch_rs
```

7.3.3 策略网络模型分析

跟 7.3.2 节介绍的 CartPole 系统不同，Pendulum 的输出是连续型变量，所以策略网络应该是回归网络。在 7.3.1 节已经讨论过策略的表示问题。对于连续型输出，常用的策略为随机高斯策略。对于随机高斯策略，参数化的方法为参数化高斯分布的均值和标准差（或方差）。因此策略的网络模型可采用如图 7.10 所示的结构形式。

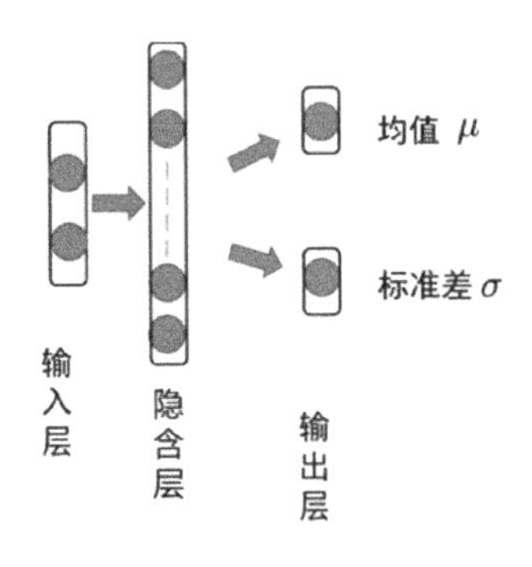

图 7.10　策略的网络模型

从 Pendulum 的 MDP 模型中我们知道，Pendulum 的状态空间维数为 2 维，因此输入层为 2。中间的隐含层可以随意设置，在本文中隐含层取 200 个神经元、动作空间为 1 维的连续输出，因此均值和标准差都可以用一个神经元来表示。

需要注意的是力矩的范围为$\left[-2,2\right]$，所以均值也应该限制在$\left[-2,2\right]$范围内。具体实现的方法为利用激活函数 tanh，然后再乘以 2。

损失函数的构建：根据策略梯度理论，损失函数为（7.10），即

$$\mathrm{loss}=-\mathrm{E}_{s\sim\rho^{\pi},a\sim\pi_{\theta}}[\log\pi_{\theta}(a|s)R(s,a)]$$

对于高斯分布，我们给出损失函数中 $\log\pi_{\theta}(a|s)$ 的计算公式。

典型的正态分布公式为

$$\pi(a|s)\sim\frac{1}{\sqrt{2\pi}}\exp(-\frac{(a-\mu)^2}{\sigma^2})\qquad(7.11)$$

高斯分布的对数为

$$\log\pi(a|s)=\log\left[\frac{1}{\sqrt{2\pi}\sigma}\exp(-\frac{(a-\mu)^2}{2\sigma^2})\right]$$
$$=-0.5\times\left(\frac{a-\mu}{\sigma}\right)^2-\left(0.5\times\log\left(2\pi\right)+\log\left(\sigma\right)\right) \tag{7.12}$$

为了鼓励探索，一般可以在损失函数中加入熵，即

$$\text{loss}=-\text{E}_{s\sim\rho^{\pi},a\sim\pi_{\theta}}\left[\log\pi_{\theta}(a|s)R(s,a)\right]-H(\pi_{\theta}(a|s)) \tag{7.13}$$

下面我们求一个正态分布的熵。从熵的定义出发：

$$H\left(q\right)=-\int q\log q$$

将正态分布的公式（7.12）代入定义式

$$H(q)=-\int q\left[-0.5\times\frac{\left(x-\mu\right)^2}{\sigma^2}-(0.5\times\log(2\pi)+\log(\sigma))\right]$$
$$=\int q\left[0.5\times\frac{\left(x-\mu\right)^2}{\sigma^2}\right]+\int q\left[(0.5\times\log(2\pi)+\log(\sigma))\right]$$
$$=0.5+0.5\log(2\pi)+\log(\sigma)$$
$$=0.5\log(2\pi e)+\log(\sigma) \tag{7.14}$$

其中式（7.14）中第 3 个等号，用到了高斯积分的基本公式，即

$$\int p(x)\text{d}x=1$$
$$\int xp(x)\text{d}x=\mu$$
$$\int p(x)(x-\mu)^2\text{d}x=\sigma^2 \tag{7.15}$$

7.3.4 策略网络类的 Python 源码实现

在策略网络类的构建中需要用到正态分布，可以直接调用 TensorFlow 的 contrib.distributions 模块中的 Norm 类。为了对 TensorFlow 中的正态分布进行全面了解，我们对 TensorFlow 中的 Norm 类进行详细介绍。Norm 类在 tensorflow.Python.ops. distributions.normal.py 文件中定义。下面我们看一下在代码中常用到的成员函数。

1．初始化函数

```
def __init__(self, loc, scale, validate_args=False,
allow_nan_stats=True)
```

我们可以看到，初始化函数中需要传入的参数为 loc 和 scale，其中 loc 为均值μ，scale 为标准差σ。

2．分布的对数_log_prob(self, x)

```
def _log_prob(self, x):
return self._log_unnormalize_prob(x)-self._log_normalization
```

该源码通过调用该类的成员函数_log_unnormalize_prob(x)和_log_normalization()来实现。我们追根溯源，看一下这两个成员函数的定义。

（1）第 1 个成员函数_log_unnormalize_prob(x)。

```
def _log_unnormalized_prob(self, x):
return -0.5*math_ops.square(self._z(x))
```

其中 self._z(x)的定义为该类的另一个成员函数

```
def _z(self, x):
with ops.name_scope("standardize", values=[x])
      return (x-self.loc)/self.scale
```

如果用数学式子来描述这两段代码，第 1 个成员函数其实就是在计算$-0.5\left(\frac{x-\mu}{\sigma}\right)^2$，相当于式（7.12）的第 1 项。

（2）第 2 个成员函数_log_normalization()。

```
def _log_normalization(self):
return 0.5*math.log(2*math.pi) + math_ops.log(self.scale)
```

该段代码对应的数学公式为$0.5\log(2\pi)+\log(\sigma)$，相当于（7.12）式的第 2 项。

3．采样函数_sample()

该成员函数在文件 tensorflow.Python.ops.distributions.normal.py 中并不能找到，这是因为 Norm 类继承了 distribution.Distribution 基类，成员函数_sample()在基类中已经定义了。我们继续顺藤摸瓜、追根溯源。基类 Distrubution 在 tensorflow.Python.ops.distributions.distribution.py 文件中，在该基类中可以找到成员函数 sample，其定义如下：

```
def sample(self, sample_shape=(), seed=None, name=" sample" ):
return self._call_sample_n(sample_shape, seed, name)
```

从该函数的定义中我们看到，Sample采样函数需要调用_call_sample_n()成员函数，而_call_sample_n()成员函数需要调用_sample_n(self,n,seed=None)函数。

Norm类的_sample_n函数的定义在tensorflow.Python.ops.distributions.normal.py文件中，定义如下：

```
def _sample_n(self, n, seed=None):
shape = array_ops.concat([[n], self.batch_shape_tensor()], 0)
sampled = random_ops.random_normal(shape=shape, mean=0., stddev=1.0,
dtype=self.loc.dtype, seed=seed)
return sampled*scale + self.loc
```

该函数调用标准正态分布生成样本，然后根据均值和标准差生成当前分布的样本。

4．正态分布的熵函数_entropy()

```
def _entropy(self):
scale = self.scale*array_ops.ones_like(self.loc)
return 0.5*math.log(2.*math.pi*math.e) + math_ops.log(scale)
```

该函数对应的数学式子为$0.5\log(2\pi e)+\log(\sigma)$，这与我们推导出的熵公式（7.14）相吻合。

在策略网络的构建过程中，我们调用tf.contrib.distributions.Normal()来构建正态分布；调用self.normal_dist.sample(1)来构建采样动作；调用self.normal_dist.log_prob(self.current_act)来实现分布的对数；调用tf.reduce_mean(log_prob*self.current_reward+0.01*self.normal_dist.entropy())实现回报函数的构建。其中第2项0.01*self.normal_dist_entropy()是为了鼓励探索，即防止标准差收敛到零，失去探索能力。

策略网络类相应的成员函数有：

初始化函数：构建网络结构，定义损失函数，构建优化器，定义保存和恢复模型。

采样动作函数（choose_action）：因为当前策略为随机策略，采样动作函数是指根据当前动作概率分布采样一个动作，此处为正态分布。该函数在智能体与环境的交互进行交互时采用，即智能体根据该函数采样动作从而与环境进行交互。

训练函数（train_step）：该函数根据采样数据，利用梯度下降法对策略网络进行训练。具体的策略网络源代码实现如下：

```
class Policy_Net():
```

```
def __init__(self, env, action_bound, lr = 0.0001,
model_file=None):
    self.learning_rate = lr
    #输入特征的维数
    self.n_features = env.observation_space.shape[0]
    #输出动作空间的维数
    self.n_actions = 1
    #1.1 输入层
    self.obs = tf.placeholder(tf.float32, shape=[None,
    self.n_features])
    #1.2.第1层隐含层
    self.f1 = tf.layers.dense(inputs=self.obs, units=200,
    activation=tf.nn.relu,
    kernel_initializer=tf.random_normal_initializer(mean=0,
    stddev=0.1),\

    bias_initializer=tf.constant_initializer(0.1))
    #1.3 第2层，均值，需要注意的是激活函数为tanh，使得输出在-1~+1
    mu = tf.layers.dense(inputs=self.f1, units=self.n_actions,
    activation=tf.nn.tanh,
    kernel_initializer=tf.random_normal_initializer
    (mean=0, stddev=0.1),\

    bias_initializer=tf.constant_initializer(0.1))
    #1.3 第2层，标准差
    sigma = tf.layers.dense(inputs=self.f1,
    units=self.n_actions, activation=tf.nn.softplus,
    kernel_initializer=tf.random_normal_initializer(mean=0,
    stddev=0.1),\

    bias_initializer=tf.constant_initializer(0.1))
    #均值乘以2，使得均值取值范围在(-2,2)
    self.mu = 2*mu
    self.sigma =sigma
    # 定义带参数的正态分布
    self.normal_dist = tf.contrib.distributions.Normal(self.mu,
    self.sigma)
    #根据正态分布采样一个动作
    self.action = tf.clip_by_value(self.normal_dist.sample(1),
    action_bound[0],action_bound[1])
    #1.5 当前动作
    self.current_act = tf.placeholder(tf.float32, [None,1])
    self.current_reward = tf.placeholder(tf.float32, [None,1])
    #2. 构建损失函数
    log_prob = self.normal_dist.log_prob(self.current_act)
    self.loss = tf.reduce_mean(log_prob*self.current_reward
```

```
        +0.01*self.normal_dist.entropy())
        #3. 定义一个优化器
        self.train_op = tf.train.AdamOptimizer(self.learning_rate).
        minimize(-self.loss)
        #4. tf 工程
        self.sess = tf.Session()
        #5. 初始化图中的变量
        self.sess.run(tf.global_variables_initializer())
        #6.定义保存和恢复模型
        self.saver = tf.train.Saver()
        if model_file is not None:
            self.restore_model(model_file)
    #依概率选择动作
    def choose_action(self, state):
        action = self.sess.run(self.action, {self.obs:state})
        return action[0]
    #定义训练
    def train_step(self, state_batch, label_batch, reward_batch):
        loss, _ =self.sess.run([self.loss, self.train_op],
        feed_dict={self.obs:state_batch,
        self.current_act:label_batch, self.current_reward:
        reward_batch})
        return loss
    #定义存储模型函数
    def save_model(self, model_path):
        self.saver.save(self.sess, model_path)
    #定义恢复模型函数
    def restore_model(self, model_path):
        self.saver.restore(self.sess, model_path)
```

7.3.5 策略网络的训练与测试

策略的训练函数 policy_train()很简单，迭代调用采样类中的采样函数 sample_episodes()和策略网络类中的 train_step()。

策略的测试函数 policy_test()也比较简单，直接用策略网络采样动作与环境进行交互即可。两个函数的 Python 源码如下所示：

```
def policy_train(env, brain, training_num):
    reward_sum = 0
    reward_sum_line = []
    training_time = []
    brain = brain
    env = env
```

```
    for i in range(training_num):
        temp = 0
        sampler = Sample(env, brain)
        # 采样 1 个 episode
        train_obs, train_actions, train_rs =
        sampler.sample_episodes(1)
        brain.train_step(train_obs, train_actions, train_rs)
        if i == 0:
            reward_sum = policy_test(env, brain,RENDER,1)
        else:
            reward_sum = 0.95 * reward_sum + 0.05 * policy_test(env,
            brain,RENDER,1)
        # print(policy_test(env, brain))
        reward_sum_line.append(reward_sum)
        training_time.append(i)
        print("training episodes is %d,trained reward_sum is %f" % (i,
        reward_sum))
        if reward_sum > -900:
            break
    brain.save_model('./current_bset_pg_pendulum')
plt.plot(training_time, reward_sum_line)
plt.xlabel("training number")
plt.ylabel("score")
plt.show()
def policy_test(env, policy,RENDER,test_number):
    for i in range(test_number):
        observation = env.reset()
        reward_sum = 0
        # 将一个 episode 的回报存储起来
        while True:
            if RENDER:
                env.render()
            # 根据策略网络产生一个动作
            state = np.reshape(observation, [1, 3])
            action = policy.choose_action(state)
            observation_, reward, done, info = env.step(action)
            reward_sum+=reward
            if done:
                break
            observation = observation_
    return reward_sum
```

7.3.6 用策略梯度法求解 Pendulum 的主函数

```
if __name__=='__main__':
```

```
    #构建 Pendulum 类
    env_name = 'Pendulum-v0'
    env = gym.make(env_name)
    env.unwrapped
    env.seed(1)
    #定义力矩取值区间
    action_bound = [-env.action_space.high, env.action_space.high]
    #实例化一个策略网络
    brain = Policy_Net(env,action_bound)
    training_num = 2000
    #训练策略网络
    policy_train(env, brain, training_num)
    #测试训练好的策略网络
reward_sum = policy_test(env, brain,True,10)
```

至此，我们完成了 Pendulum 源码的解释和实现。最后，我们看看效果吧。

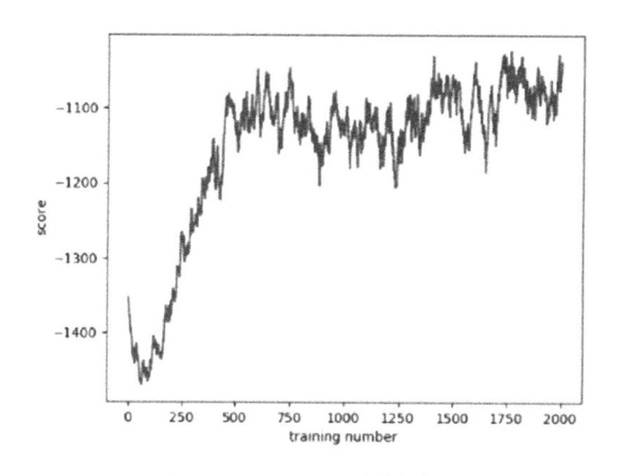

图 7.11 Pendulum 训练效果

如图 7.11 所示，为 Pendulum 利用策略梯度的方法训练过程，得分稳定在一个比较低的水平。我们通过测试发现，该方法不能解决稳定控制 Pendulum 到竖直位置的目标。可见，策略梯度算法对 Pendulum 的控制效果并不好，需要探索更强的算法来实现这个任务。在第 8 章，我们会用 AC 的方法来继续解决 Pendulum 的控制问题。使用这种方法，会获得更好的效果。

7.3.7 Pendulum 仿真环境开发

前面，我们基于 Gym 利用策略梯度的方法试图解决 Pendulum 问题。Gym 提供了车摆系统的仿真环境。也许你想摆脱 Gym 的束缚，自己创建 Pendulum 系统的仿真环境。如何实现呢？下面，我们就跟着大家一步一步去创建 Pendulum 仿真环境。

一个仿真环境，一般包括 3 个最重要的函数，即 reset()、step()和 render()。其中 reset()实现环境的随机初始化，以便开始新的试验；Step()提供智能体与环境的交互；render()渲染和显示环境。

```
class PendulumEnv:
def __init__(self):
    self.max_spped = 8
    self.max_torque = 2
    self.dt = 0.05
    self.viewer = None
    #设置帧率
    self.FPSCLOCK = pygame.time.Clock()
    self.screen_size = [400,300]
    self.x = 200
    self.y = 200
    self.rotate_angle = 0
    self.theta =0
    self.gravity = 9.8
    self.state=np.array([0,0])
    self.normal_angle = 0
def step(self,u):
    theta, thetadot = self.state
    # print(theta)
    self.theta = self.state[0]
    m = 1
    l=1
    dt = self.dt
    g=self.gravity
    u = np.clip(u, -self.max_torque, self.max_torque)[0]
    costs = 
self.angle_normalize(theta)**2+0.1*thetadot**2+0.001*u**2
    new_thetadot = 
thetadot-(3*g/(2*l)*np.sin(theta+np.pi)+3./(m*l**2)*u)*dt
    # print(new_thetadot)
    new_theta = theta + new_thetadot*dt
    # print(theta)
    new_thetadot = np.clip(new_thetadot, -self.max_spped, 
self.max_spped)
    self.state = np.array([new_theta, new_thetadot])
    # print(new_theta)
    # print(self.state)
    # print(self.get_obs())
    return self.get_obs(),-costs, False
def reset(self):
    n = np.random.randint(1, 1000, 1)
```

```
        np.random.seed(0)
        high = np.array([np.pi, 1])
        self.state = np.random.uniform(low=-high, high=high)
        return self.get_obs()
    def get_obs(self):
        theta, thetadot = self.state
        return np.array([np.cos(theta),np.sin(theta),thetadot])
    def angle_normal(self, theta):
        normal_angle = 0
        if theta<0:
            normal_angle = theta
            while normal_angle<0:
                normal_angle += 2 * math.pi
        if theta>2*math.pi:
            normal_angle = theta
            while normal_angle>2*math.pi:
                normal_angle-=2*math.pi
        if theta<=2*math.pi and theta>=0:
            normal_angle = theta
        return normal_angle
    def angle_normalize(self,theta):
        normalized_angle =self.angle_normal(theta)-np.pi
        return normalized_angle
    def gameover(self):
        for event in pygame.event.get():
            if event.type == QUIT:
                exit()

    def render(self):
        screen_width = self.screen_size[0]
        if self.viewer is None:
            pygame.init()
            self.viewer = pygame.display.set_mode(self.screen_size,0,32)
            self.background = load_background()
            self.pole = load_pole()
            #画背景
            self.viewer.blit(self.background,(0,0))
            self.viewer.blit(self.pole,(195,80))
            pygame.display.update()
        self.viewer.blit(self.background,(0,0))
        pygame.draw.circle(self.viewer, (0, 0, 0), (200, 200), 5)
        #将当前角度转化为旋转角度
        self.rotate_angle =self.angle_normal(self.theta)
        trans_angle = self.rotate_angle*180/math.pi
        pole_x = 0
        pole_y = 0
```

```
    if trans_angle>=0 and trans_angle<90:
        pole_x = self.x-5*math.cos(self.rotate_angle)
        pole_y = self.y-5*math.sin(self.rotate_angle)
    if trans_angle>=90 and trans_angle<180:
        pole_x = self.x-5*math.sin(self.rotate_angle-math.pi/2)
        pole_y = self.y-80*math.sin(self.rotate_angle-math.pi/2)-
5*math.cos(self.rotate_angle-math.pi/2)
    if trans_angle>=180 and trans_angle<270:
        pole_x = self.x-80*math.sin(self.rotate_angle-math.pi)-
5*math.cos(self.rotate_angle-math.pi)
        pole_y = self.y -80*math.cos(self.rotate_angle-math.pi)-
5*math.sin(self.rotate_angle-math.pi)
    if trans_angle>=270 and trans_angle<=360:
        pole_x = self.x-80*math.cos(self.rotate_angle-3*math.pi/2)-
5*math.sin(self.rotate_angle-3*math.pi/2)
        pole_y = self.y-5*math.cos(self.rotate_angle-3*math.pi/2)

    pole1=pygame.transform.rotate(self.pole, trans_angle)
    self.viewer.blit(pole1,(pole_x, pole_y))
    pygame.display.update()
    self.gameover()
    self.FPSCLOCK.tick(30)
```

下面，我们重点讲解 Pendulum 的动力学方程的推导过程。

选取 θ 为摆杆与竖直向下方向之间的夹角，倒立摆的拉格朗日函数为

$$L=\frac{1}{2}\times\frac{1}{3}ml^2\dot{\theta}^2-\frac{1}{2}mgl\cos(\theta)$$

将拉格朗日函数带入拉格朗日方程：

$$\frac{\mathrm{d}}{\mathrm{d}t}\left(\frac{\partial L}{\partial\dot{\theta}}\right)-\frac{\partial L}{\partial\theta}=\tau$$

得到动力学方程为

$$\ddot{\theta}=\frac{3g}{2l}\sin(\theta)+\frac{3\tau}{ml^2}$$

为了与 Gym 中的 θ 角定义相同，令 $\theta\leftarrow\pi-\theta$，我们得到最终的动力学方程

$$\ddot{\theta}=-\frac{3g}{2l}\sin(\theta+\pi)+\frac{3\tau}{ml^2} \tag{7.16}$$

根据（7.16）可以编写 setp()函数。至于渲染函数的编写可以参看 7.2.8 节。

8 Actor-Critic 方法

本章介绍 Actor-Critic 方法，该方法集成了策略网络和值函数网络。Actor-Critic 方法同时优化策略网络和值网络。根据值函数学习方法的不同，又可以分为蒙特卡洛 AC 方法和时间差分 AC 方法。

8.1 Actor-Critic 原理及代码架构

本节先介绍 Actor-Critic 的基本原理，再介绍算法的基本架构。具体的代码实现部分则在下一节给出。

8.1.1 Actor-Critic 基本原理

根据广义优势估计理论，广义策略梯度可写为

$$g = \mathrm{E}\left[\sum_{t=0}^{\infty}\Psi_t \nabla_\theta \log \pi_\theta(a_t \mid s_t)\right]$$

其中 Ψ_t 可取以下值：

（1）$\sum_{t=0}^{\infty} r_t$：轨迹的总回报。

（2）$\sum_{t'=t}^{\infty} r_{t'}$：采取动作 $\boldsymbol{a}_t$ 后的总回报。

（3）$\sum_{t'=t}^{\infty} r_{t'} - b(s_t)$：加入基线的累积回报。

（4）$Q^{\pi}(s_t, a_t)$：状态-行为值函数。

（5）$A^{\pi}(s_t, a_t)$：优势函数。

（6）$r_t + \gamma V^{\pi}(s_{t+1}) - V^{\pi}(s_t)$：TD 偏差。

在《深入浅出强化学习：原理入门》[3]一书中，我们解释了策略梯度中每一项的直观意义。其中 Ψ_t 项与回报函数有关，用来评估当前动作的好坏，扮演着 Critic 的角色，而 $\nabla_\theta \log \pi_\theta(a_t \mid s_t)$ 与策略有关，扮演着 Actor 的角色。

在策略梯度算法中，我们用蒙特卡洛的方法估计 Critic 的值，这种在线估计往往并不准确，而且无法随着学习时间的变长而改善。Actor-Critic 的思想是用函数逼近的方法估计 Critic，从与环境交互的数据中逐渐学习到越来越精确的 Critic。因此，与策略梯度的方法相比，Actor-Critic 更充分利用了数据。

我们将状态值函数 $V(s)$ 进行参数化，即 $V\left(s;w\right)$，并采用 $\Psi_t = \delta_t = \hat{Q} - V\left(s_t;w\right)$，则 Actor 参数的更新为

$$g = E\left[\sum_{t=0}^{\infty} \delta_t \nabla_\theta \log \pi_\theta(a_t \mid s_t)\right]$$

若取单步更新，即每采样一个数据更新一次参数，则参数更新规则为

$$\theta \leftarrow \theta + \alpha^{\theta} \delta_t \nabla_\theta \log \pi_\theta(a_t \mid s_t)$$

而 Critic 部分的更新目的是让值函数的估计更精准，所以该部分的损失函数可构建为

$$\text{loss} = \left(\hat{Q} - V(s_t; w)\right)^2$$

单步 w 的更新法则为 $w \leftarrow w + \alpha^{w} \delta_t \nabla_w V\left(s_t;w\right)$

$\hat{Q}$ 为当前估计的行为值函数，本书前半部分已经介绍了估计行为值函数的两种方法：基于蒙特卡洛的方法和基于时间差分的方法。因此，在本章中我们将 AC 算法分为 TD-AC 算法和 Minibatch-MC-AC 算法。

8.1.2 Actor-Critic 算法架构

Actor-Critic 算法的框架与策略梯度算法类似，都包括两个基本的过程：采样数据和策略更新。一般的 Actor-Critic 算法的伪代码如图 8.1 所示。

1. 输入：可微的参数化策略 $\pi(a|s;\theta)$，可微分的参数化状态值函数 $V(s;w)$
2. 超参数：$\alpha^{\theta}>0$，$\alpha^{w}>0$
3. 初始化：随机初始化策略参数 θ，状态值函数参数 w
4. 循环：
5. 　　利用当前策略 $a\sim\pi\left(\cdot|s;\theta\right)$ 采样数据
6. 　　利用数据估计当前行为值函数 $\hat{Q}$，并进行如下更新：

$$\delta=\hat{Q}-V\left(s;w\right)$$
$$w\leftarrow w+\alpha^{w}\delta\nabla_{w}V\left(s;w\right)$$
$$\theta\leftarrow\theta+\alpha^{\theta}\delta\nabla_{\theta}\log\pi$$

图 8.1 Actor-Critic 算法的伪代码

如图 8.1 所示为一般的 Actor-Critic 算法框架。跟策略梯度相比，AC 算法需要两套参数，即策略的参数和状态值函数的参数，可以利用神经网络进行参数化。根据当前行为值函数$\hat{Q}$的估计方法不同，我们将 AC 算法分为 TD-AC 算法和 MC-AC 算法，其中 TD-AC 算法是利用时间差分的方差估计当前行为值函数。MC-AC 算法是利用蒙特卡洛的方法估计当前行为值函数。下面我们针对 Pendulum 分别编写这两种算法。

8.2 TD-AC 算法

TD-AC 算法利用时间差分的方法来评估当前行为值函数。在基于值函数的强化学习算法中已经介绍了多个利用时间差分来估计行为值函数的方法，如 TD(0) 算法和 TD(λ) 算法等。因此，TD-AC 算法又可以分为 TD(0) $-$ *AC* 算法和 TD(λ) $-$ AC 算法。本节只介绍 TD(0) $-$ AC 算法。该算法为单步策略更新，即采样一个数据后便对策略进行更新。TD(0) $-$ AC 算法的伪代码如图 8.2 所示。

从伪代码中，我们看到 TD(0)-AC 算法进行单步更新。与环境交互一次，就更新一次。

1. 输入：可微的参数化策略 $\pi(a|s;\theta)$ ，可微分的参数化状态值函数 $V(s;w)$
2. 超参数：$\alpha^\theta>0$，$\alpha^w>0$
3. 初始化：随机初始化策略参数 θ，状态值函数参数 w
4. 循环：
5. 　　初始化状态 s
6. 　　循环：s 不是终止状态：
7. 　　利用当前策略 $a\sim\pi(\cdot|s;\theta)$ 采样数据
8. 　　利用数据估计当前行为值函数 $\hat{Q}$，并进行如下更新：

$$\delta=\mathrm{r}+V(s';w)-V(s;w)$$

$$w\leftarrow w+\alpha^w\delta\nabla_w V(s;w)$$

$$\theta\leftarrow\theta+\alpha^\theta\delta\nabla_\theta\log\pi$$

图 8.2　TD(0)－AC 算法的伪代码

8.2.1　采样类的 Python 源码

在采样函数类中，我们定义 sample_step 成员函数，该成员函数实现与环境进行交互一次，并将交互得到的数据处理成可用于神经网络训练的数据格式。采样数据包括当前状态 s，下一个状态 s'，当前回报 r。

```
class Sample():
    def __init__(self,env, policy_net):
        self.env = env
        self.policy_net=policy_net
        self.gamma = 0.90
    def sample_step(self,observation):
        obs_next = []
        obs = []
        actions = []
        r = []
        state = np.reshape(observation, [1, 3])
        action = self.policy_net.choose_action(state)
        observation_, reward, done, info = self.env.step(action)
        # 存储当前观测
        obs.append(np.reshape(observation, [1, 3])[0, :])
        # 存储后继观测
```

```
obs_next.append(np.reshape(observation_, [1, 3])[0, :])
actions.append(action)
# 存储立即回报
r.append((reward)/10)
# reshape 观测和回报
obs = np.reshape(obs, [len(obs),
self.policy_net.n_features])
obs_next = np.reshape(obs_next, [len(obs),
self.policy_net.n_features])
actions = np.reshape(actions, [len(actions),1])
r = np.reshape(r, [len(r),1])
return obs, obs_next, actions, r, done,reward
```

8.2.2 策略网络的 Python 源码

对于 AC 算法，需要参数化的有两部分，一个是 Actor，一个是 Critic，所以在策略网络类 Policy_Net 中，我们定义两套网络。其网络结构为

Actor 网络：

输入层：3 维观测空间

隐含层：200 个神经元，激活函数为 ReLU

输出层：表示正态分布均值的 1 个神经元，激活函数为 tanh

损失函数：$\log\pi\cdot\delta+0.01H\left(\pi\right)$

Critic 网络：

输入层：3 维观测空间

隐含层：100 个神经元，激活函数为 ReLU

输出层：表示状态值函数的 1 个神经元，没有激活函数

损失函数：$\mathrm{loss}=\left(r+V(s';w)-V(s;w)\right)^2$

Policy_Net 类的成员函数包括：

（1）初始化函数：__init__()，在该函数中构建 Actor 神经网络模型和 Critic 神经网络模型。

（2）动作采样函数：choose_action()，根据当前观测，返回当前策略的采样动作。

（3）训练函数：train_step()，利用采样数据训练 Actor 网络和 Critic 网络。

（4）模型保存函数：save_model()，保存模型。

（5）模型恢复函数：restore_model()，恢复模型。

```
#定义策略网络
class Policy_Net():
    def __init__(self, env, action_bound, lr = 0.0001,
    model_file=None):
        self.learning_rate = lr
        #输入特征的维数
        self.n_features = env.observation_space.shape[0]
        #输出动作空间的维数
        self.n_actions = 1
        #1.1 输入层
        self.obs = tf.placeholder(tf.float32, shape=[None,
        self.n_features])
        #1.2 策略网络第 1 层隐含层
        self.a_f1 = tf.layers.dense(inputs=self.obs, units=200,
        activation=tf.nn.relu,
        kernel_initializer=tf.random_normal_initializer
        (mean=0, stddev=0.1),\

        bias_initializer=tf.constant_initializer(0.1))
        #1.3 第 2 层，均值
        a_mu = tf.layers.dense(inputs=self.a_f1,
        units=self.n_actions, activation=tf.nn.tanh,
        kernel_initializer=tf.random_normal_initializer(mean=0,
        stddev=0.1),\
        bias_initializer=tf.constant_initializer(0.1))
        #1.4 第 2 层，标准差
        a_sigma = tf.layers.dense(inputs=self.a_f1,
        units=self.n_actions,
        activation=tf.nn.softplus, kernel_initializer=tf.
        random_normal_initializer(mean=0, stddev=0.1),\
        bias_initializer=tf.constant_initializer(0.1))
        self.a_mu = 2*a_mu
        self.a_sigma =a_sigma+0.01
        # 定义带参数的正态分布
        self.normal_dist = tf.contrib.distributions.Normal
        (self.a_mu, self.a_sigma)
        #根据正态分布采样一个动作
        self.action = tf.clip_by_value(self.normal_dist.sample(1),
```

```
        action_bound[0],action_bound[1])
        #1.5 当前动作，输入为当前动作，delta
        self.current_act = tf.placeholder(tf.float32, [None,1])
        self.delta = tf.placeholder(tf.float32, [None,1])
        #2. 构建损失函数
        log_prob = self.normal_dist.log_prob(self.current_act)
        self.a_loss = tf.reduce_mean(log_prob*self.delta+0.01*self.
        normal_dist.entropy())
        # self.loss += 0.01*self.normal_dist.entropy()
        #3. 定义一个动作优化器
        self.a_train_op = tf.train.AdamOptimizer
        (self.learning_rate).minimize(-self.a_loss)
        #4.定义 Critic 网络
        self.c_f1 = tf.layers.dense(inputs=self.obs, units=100,
        activation=tf.nn.relu,
        kernel_initializer=tf.random_normal_initializer(mean=0,
        stddev=0.1),\

        bias_initializer=tf.constant_initializer(0.1))
        self.v = tf.layers.dense(inputs=self.c_f1, units=1,
        activation=tf.nn.relu,
        kernel_initializer=tf.random_normal_initializer(mean=0,
        stddev=0.1),\

        bias_initializer=tf.constant_initializer(0.1))
        #定义 Critic 网络的损失函数,输入为 td 目标
        self.td_target = tf.placeholder(tf.float32, [None,1])
        self.c_loss = tf.square(self.td_target-self.v)
        self.c_train_op = tf.train.AdamOptimizer
        (0.0002).minimize(self.c_loss)
        #5. tf 工程
        self.sess = tf.Session()
        #6. 初始化图中的变量
        self.sess.run(tf.global_variables_initializer())
        #7.定义保存和恢复模型
        self.saver = tf.train.Saver()
        if model_file is not None:
            self.restore_model(model_file)
    #依概率选择动作
    def choose_action(self, state):
        action = self.sess.run(self.action, {self.obs:state})
        return action[0]
    #定义训练
    def train_step(self, state, state_next, label, reward):
        #构建 delta 数据
        gamma = 0.90
```

```
        # print("reward",reward)
        td_target = reward + gamma*self.sess.run(self.v,
        feed_dict={self.obs:state_next})[0]
        # print("td_target",td_target)
        delta = td_target - self.sess.run(self.v,
        feed_dict={self.obs:state})
        c_loss, _ = self.sess.run([self.c_loss,
        self.c_train_op],feed_dict={self.obs: state,
        self.td_target: td_target})
        a_loss, _ =self.sess.run([self.a_loss, self.a_train_op],
        feed_dict={self.obs:state,
        self.current_act:label, self.delta:delta})
        return a_loss, c_loss
    #定义存储模型函数
    def save_model(self, model_path):
        self.saver.save(self.sess, model_path)
    #定义恢复模型函数
    def restore_model(self, model_path):
        self.saver.restore(self.sess, model_path)
```

8.2.3 策略训练和测试

策略的训练函数 policy_train()很简单，迭代调用采样类中的采样函数 sample_step()和策略网络类中的 train_step()。

策略的测试函数 policy_test()也比较简单，直接用策略网络采样动作与环境进行交互即可。两个函数的 Python 源码如下所示：

```
def policy_train(env, brain, training_num):
    reward_sum = 0
    reward_sum_line = []
    training_time = []
    average_reward = 0
    for i in range(training_num):
        observation = env.reset()
        total_reward = 0
        while True:
            sample = Sample(env,brain)
            #采样数据
            current_state,next_state, current_action,
            current_r,done,c_r=
            sample.sample_step(observation)
            # print(current_r)
```

```
            total_reward += c_r
            #训练 AC 网络
            a_loss,c_loss =
            brain.train_step(current_state,next_state,
            current_action,current_r)
            if done:
                break
            observation = next_state
        if i == 0:
            average_reward = total_reward
        else:
            average_reward = 0.95*average_reward + 0.05*total_reward
        reward_sum_line.append(average_reward)
        training_time.append(i)
        print("number of episodes:%d, current average reward is %f"%
        (i,average_reward))

        if average_reward>-400:
            break
    brain.save_model('./current_bset_pg_pendulum')
    plt.plot(training_time, reward_sum_line)
    plt.xlabel("training number")
    plt.ylabel("score")
    plt.show()
def policy_test(env, policy,RENDER):
    observation = env.reset()
    reward_sum = 0
    # 将一个 episode 的回报存储起来
    while True:
        if RENDER:
            env.render()
        # 根据策略网络产生 1 个动作
        state = np.reshape(observation, [1, 3])
        action = policy.choose_action(state)
        observation_, reward, done, info = env.step(action)
        # print(reward)
        reward_sum += (reward+8)/8
        if done:
            break
        observation = observation_
return reward_sum
```

8.2.4 主函数及训练效果

在主函数内创建环境，实例化策略，进行训练和测试。源代码为

```
if __name__=='__main__':
    #创建环境
    env_name = 'Pendulum-v0'
    env = gym.make(env_name)
    env.unwrapped
    env.seed(1)
    #动作边界
    action_bound = [-env.action_space.high, env.action_space.high]
    #实例化策略网络
    brain = Policy_Net(env,action_bound)
    #训练时间
    training_num = 5000
    #策略训练
    policy_train(env, brain, training_num)
    #测试训练好的策略
reward_sum = policy_test(env, brain,True)
```

至此，TD(0)–AC 算法已经介绍完毕。现在看看效果吧：

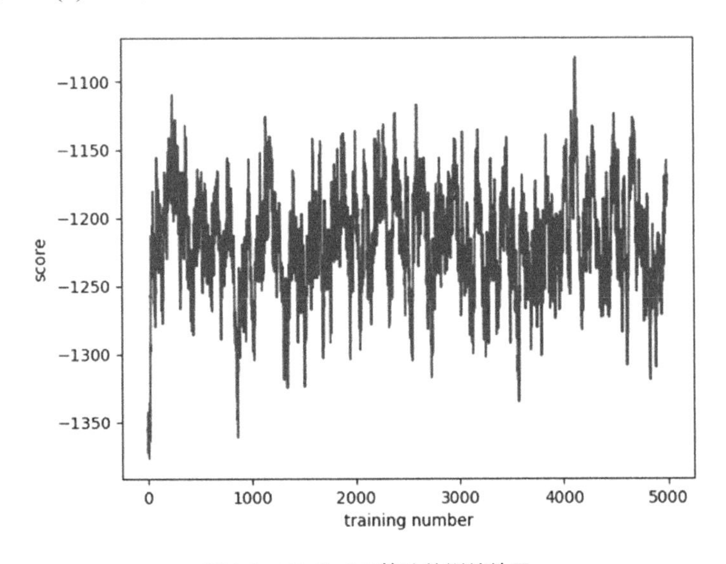

图 8.3　TD(0)-AC 算法的训练效果

效果并不好，得分在很低的水平震荡，测试实验发现 Pendulum 并没有实现竖直状态，原因可能是：

（1）Critic 的评估使用 TD(0)的方法，TD(0)的方法评估存在大的偏差。

（2）单步更新不稳定。

下一节我们将从这两个方面对 AC 算法进行改进。

8.3 Minibatch-MC-AC 算法

本节将尝试利用蒙特卡洛的方法来更新和学习值函数。与时间差分方法相比，蒙特卡洛方法的偏差更小。

8.3.1 Minibatch-MC-AC 算法框架

在 8.2 节中基于 $\mathrm{TD}(0)-\mathrm{AC}$ 算法无法解决倒立摆的问题，对此我们总结了两个可能的原因：一是 Critic 的评估使用了 TD(0)的方法；二是单步更新不稳定。

针对这两个原因，我们采取以下方法。

（1）Critic 的评估使用蒙特卡洛方法。

蒙特卡洛方法估计值函数，该算法是无偏估计。具体的 Critic 评估公式为

$$\hat{Q}_t=\sum_{t'=t}^{T-1}\gamma^{t'-t}r_{t'}+\gamma^{T-t}V(s_T;w)$$

（2）Actor 和 Critic 网络的更新采用 mini-batch 的方式。

将一条轨迹 $\tau: s_0\xrightarrow[r_0]{a_0}s_1\xrightarrow[r_1]{a_1}s_2\xrightarrow[r_2]{a_2}\cdots s_T$ 分成若干 mini-batch，如图 8.4 所示：

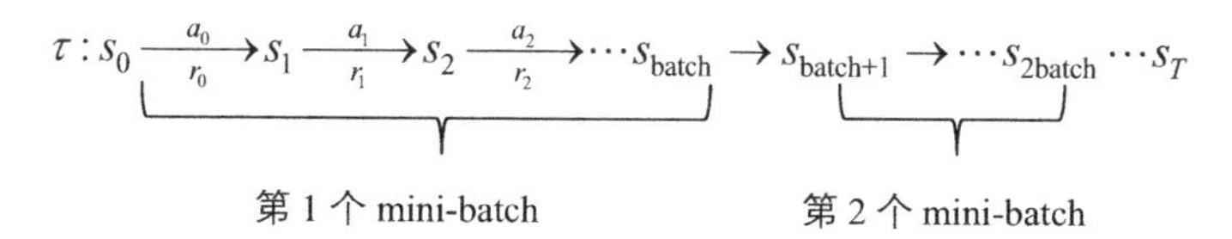

图 8.4 单条轨迹分成若干 mini-batch

如图 8.5 所示为 Minibatch-MC-AC 算法的伪代码，需要注意的是伪代码中的 T' 或者等于批的大小或者为一次轨迹长度对批大小的余数。

1. 输入：可微的参数化策略 $\pi(a|s;\theta)$，可微分的参数化状态值函数 $V(s;w)$
2. 超参数：$\alpha^{\theta}>0$，$\alpha^{w}>0$
3. 初始化：随机初始化策略参数 θ，状态值函数参数 w
4. 循环：
5. 初始化状态 s
6. 采样新的轨迹：
7. 利用当前策略 $a\sim\pi(\cdot|s;\theta)$ 采样数据 $\{s_t,a_t,r_t\}$
8. 如果 $s_t=s_T$ 或 $s_t=s_{mb}$
9. $\hat{Q}_t=V(s')$
10. 否则：
11. $\hat{Q}_t=\sum_{t'=t}^{T'-1}\gamma^{t'-t}r_{t'}+\gamma^{T'-t}V(s_T;w)$
12. 利用 mini-batch 批数据进行如下更新：

$$\theta\leftarrow\theta+\frac{\alpha^{\theta}}{mT}\sum_{i=0}^{m}\sum_{j=0}^{T'}\left(Q_j^{(i)}-V_w(s_t)\right)\nabla_{\theta}\log\pi(a_j^{(i)}|s_j^{(i)};\theta)$$

$$w\leftarrow w+\frac{\alpha^{w}}{mT}\sum_{i=0}^{m}\sum_{j=0}^{T'}\left(Q_j^{(i)}-V_w(s_t)\right)\nabla_w V_w(s_t;w)$$

图 8.5　Minibatch-MC-AC 算法的伪代码

8.3.2 采样类的 Python 源码

在类 Sample 中需要完成对数据的采集和对值函数的评估。具体的评估公式为

$$\hat{Q}_t=\sum_{t'=t}^{T'-1}\gamma^{t'-t}r_{t'}+\gamma^{T'-t}V(s_T;w)$$

其中 T' 为 batch 或者 T %batch。

其源码实现如下：

```
import tensorflow as tf
import numpy as np
import gym
import matplotlib.pyplot as plt
RENDER = False
```

```
#利用当前策略进行采样，产生数据
class Sample():
    def __init__(self,env, policy_net):
        self.env = env
        self.brain=policy_net
        self.gamma = 0.90
    def sample_episodes(self, num_episodes):
        #产生 num_episodes 条轨迹
        batch_obs=[]
        batch_actions=[]
        batch_rs =[]
        #一次 episode 的水平
        batch = 200
        mini_batch = 32
        for i in range(num_episodes):
            observation = self.env.reset()
            #将一个 episode 的回报存储起来
            reward_episode = []
            j = 0
            k = 0
            minibatch_obs = []
            minibatch_actions = []
            minibatch_rs = []
            while j < batch:
                #采集数据
                flag =1
                state = np.reshape(observation,[1,3])
                action = self.brain.choose_action(state)
                observation_, reward, done, info =
                self.env.step(action)
                #存储当前观测

                minibatch_obs.append(np.reshape
                (observation,[1,3])[0,:])
                #存储当前动作
                minibatch_actions.append(action)
                #存储立即回报
                minibatch_rs.append((reward+8)/8)
                k = k+1
                j = j+1
                if k==mini_batch or j==batch:
                    # 处理回报
                    reward_sum = self.brain.get_v(np.reshape
                    (observation_, [1, 3]))[0, 0]
                    discounted_sum_reward = np.zeros_like
                    (minibatch_rs)
```

```
                for t in reversed(range(0, len(minibatch_rs))):
                    reward_sum = reward_sum * self.gamma +
                    minibatch_rs[t]
                    discounted_sum_reward[t] = reward_sum
                # 将mini-batch的数据存储到批回报中
                for t in range(len(minibatch_rs)):
                    batch_rs.append(discounted_sum_reward[t])
                    batch_obs.append(minibatch_obs[t])
                    batch_actions.append(minibatch_actions[t])
                k=0
                minibatch_obs = []
                minibatch_actions = []
                minibatch_rs = []
            #智能体往前推进一步
            observation = observation_
    #reshape 观测和回报
    batch_obs = np.reshape(batch_obs, [len(batch_obs),
    self.brain.n_features])
    batch_actions = np.reshape(batch_actions,
    [len(batch_actions),1])
    batch_rs = np.reshape(batch_rs,[len(batch_rs),1])
    # print("batch_rs", batch_rs)
    return batch_obs,batch_actions,batch_rs
```

8.3.3 策略网络的 Python 源码

Minibatch-MC-AC算法所使用的策略网络与TD-AC方法所使用的策略网络一致。即定义两套网络，其网络结构为

Actor 网络：

输入层：3维观测空间

隐含层：200个神经元，激活函数为ReLU

输出层：表示正态分布均值的1个神经元，激活函数为tanh

损失函数：$\frac{1}{mT}\sum_{i=0}^{m}\sum_{j=0}^{T'}\left(Q_j^{(i)}-V_w(s_t)\right)\log\pi(a_j^{(i)}\mid s_j^{(i)};\theta)+0.01H\left(\pi\right)$

Critic 网络：

输入层：3维观测空间

隐含层：100 个神经元，激活函数为 ReLU

输出层：表示状态值函数的 1 个神经元，没有激活函数

损失函数：$\frac{1}{mT}\sum_{i=0}^{m}\sum_{j=0}^{T'}\left(Q_j^{(i)}-V_w(s_t)\right)^2$

Policy_Net 类的成员函数包括：

（1）初始化函数：__init__()，在该函数中构建 Actor 神经网络模型和 Critic 神经网络模型。

（2）动作采样函数：choose_action()，根据当前观测返回当前策略的采样动作。

（3）训练函数：train_step()，利用采样数据训练 Actor 网络和 Critic 网络。与 TD-AC 算法不同的是数据连续使用 10 次进行更新。

（4）状态值函数：get_v()，用于估计行为值函数。

（5）模型保存函数：save_model()，保存模型。

（6）模型恢复函数：restore_model()，恢复模型。

```
#定义策略网络
class Policy_Net():
    def __init__(self, env, action_bound, lr = 0.0001,
    model_file=None):
        self.learning_rate = lr
        #输入特征的维数
        self.n_features = env.observation_space.shape[0]
        #输出动作空间的维数
        self.n_actions = 1
        #1.1 输入层
        self.obs = tf.placeholder(tf.float32, shape=[None,
        self.n_features])
        #1.2 策略网络第 1 层，隐含层
        self.a_f1 = tf.layers.dense(inputs=self.obs, units=200,
        activation=tf.nn.relu, \
        kernel_initializer=tf.random_normal_initializer
       (mean=0, stddev=0.1),\

       bias_initializer=tf.constant_initializer(0.1))
       #1.3 第 2 层，均值
       a_mu = tf.layers.dense(inputs=self.a_f1,
       units=self.n_actions,
```

```
activation=tf.nn.tanh,\
kernel_initializer=tf.random_normal_initializer(mean=0,
stddev=0.1),\

bias_initializer=tf.constant_initializer(0.1))
#1.4 第 2 层，标准差
a_sigma = tf.layers.dense(inputs=self.a_f1,
units=self.n_actions,\
activation=tf.nn.softplus,
kernel_initializer=tf.random_normal_initializer(mean=0,\
stddev=0.1), bias_initializer=tf.constant_initializer(0.1))
self.a_mu = 2*a_mu
self.a_sigma =a_sigma
# 定义带参数的正态分布
self.normal_dist = tf.contrib.distributions.Normal
(self.a_mu, self.a_sigma)
#根据正态分布采样 1 个动作
self.action = tf.clip_by_value(self.normal_dist.sample(1), \
action_bound[0],action_bound[1])
#1.5 当前动作，输入为当前动作 delta
self.current_act = tf.placeholder(tf.float32, [None,1])
self.delta = tf.placeholder(tf.float32, [None,1])
#2. 构建损失函数
log_prob = self.normal_dist.log_prob(self.current_act)
self.a_loss = tf.reduce_mean(log_prob*self.delta)+
0.01*self.normal_dist.entropy()
#3. 定义 1 个动作优化器
self.a_train_op = tf.train.AdamOptimizer
(self.learning_rate).minimize(-self.a_loss)
#4.定义 Critic 网络
self.c_f1 = tf.layers.dense(inputs=self.obs, units=100,
activation=tf.nn.relu,
kernel_initializer=tf.random_normal_initializer(mean=0,
stddev=0.1),\

bias_initializer=tf.constant_initializer(0.1))
self.v = tf.layers.dense(inputs=self.c_f1, units=1,
activation=tf.nn.relu,
kernel_initializer=tf.random_normal_initializer(mean=0,
stddev=0.1),\

bias_initializer=tf.constant_initializer(0.1))
#定义 Critic 网络的损失函数，输入为 td 目标
self.td_target = tf.placeholder(tf.float32, [None,1])
self.c_loss = tf.losses.mean_squared_error
(self.td_target,self.v)
```

```
        self.c_train_op = tf.train.AdamOptimizer(0.0002).minimize
        (self.c_loss)
        #5. tf 工程
        self.sess = tf.Session()
        #6. 初始化图中的变量
        self.sess.run(tf.global_variables_initializer())
        #7.定义保存和恢复模型
        self.saver = tf.train.Saver()
        if model_file is not None:
            self.restore_model(model_file)
    #依概率选择动作
    def choose_action(self, state):
        action = self.sess.run(self.action, {self.obs:state})
        # print("greedy action",action)
        return action[0]
    #定义训练
    def train_step(self, state, label, reward):
        td_target = reward
        delta = td_target - self.sess.run(self.v,
        feed_dict={self.obs:state})
        delta = np.reshape(delta,[len(reward),1])
        for i in range(10):
            c_loss, _ = self.sess.run([self.c_loss,
            self.c_train_op],feed_dict={self.obs: state,
            self.td_target: td_target})
        for j in range(10):
            a_loss, _ =self.sess.run([self.a_loss, self.a_train_op],
            feed_dict={self.obs:state,
            self.current_act:label, self.delta:delta})
        return a_loss, c_loss
    #定义存储模型函数
    def save_model(self, model_path):
        self.saver.save(self.sess, model_path)
    def get_v(self, state):
        v = self.sess.run(self.v, {self.obs:state})
        return v
    #定义恢复模型函数
    def restore_model(self, model_path):
        self.saver.restore(self.sess, model_path)
```

8.3.4 策略的训练和测试

策略的训练函数 policy_train()很简单，迭代调用采样类中的采样函数 sample_step()和策略网络类中的 train_step()。我们假设平均回报大于–300 时，Pendulum 问题就能得到解决。

策略的测试函数 policy_test()也比较简单，直接用训练好的策略网络采样动作与环境进行交互并将交互画面渲染出来即可。两个函数的 Python 源码如下所示。

```
def policy_train(env, brain, sample, training_num):
    reward_sum = 0
    average_reward_line = []
    training_time = []
    average_reward = 0
    current_total_reward = 0
    for i in range(training_num):
        current_state,current_action, current_r =
sample.sample_episodes(1)
        brain.train_step(current_state, current_action,current_r)
        current_total_reward = policy_test(env, brain,False,1)
        if i == 0:
            average_reward = current_total_reward
        else:
            average_reward = 0.95*average_reward +
0.05*current_total_reward
        average_reward_line.append(average_reward)
        training_time.append(i)
        if average_reward > -300:
            break
        print("current experiments%d,current average reward is %f"%(i,
average_reward))
    brain.save_model('./current_bset_pg_pendulum')
    plt.plot(training_time, average_reward_line)
    plt.xlabel("training number")
    plt.ylabel("score")
    plt.show()
def policy_test(env, policy,RENDER, test_number):
    for i in range(test_number):
        observation = env.reset()
        if RENDER:
            print("第%d 次测试，初始状态:%f,%f,%f" % (i, observation[0],
observation[1], observation[2]))
        reward_sum = 0
        # 将一个 episode 的回报存储起来
        while True:
            if RENDER:
                env.render()
            # 根据策略网络产生一个动作
            state = np.reshape(observation, [1, 3])
```

```
            action = policy.choose_action(state)
            observation_, reward, done, info = env.step(action)
            reward_sum+=reward
            # reward_sum += (reward+8)/8
            if done:
                if RENDER:
                    print("第%d 次测试总回报%f" % (i, reward_sum))
                break
            observation = observation_
    return reward_sum
```

8.3.5 主函数及训练效果

在主函数内创建环境，实例化策略，进行训练和测试。其源代码为

```
if __name__=='__main__':
    #创建仿真环境
    env_name = 'Pendulum-v0'
    env = gym.make(env_name)
    env.unwrapped
    env.seed(1)
    #动作边界
    action_bound = [-env.action_space.high, env.action_space.high]
    #实例化策略网络
    brain = Policy_Net(env,action_bound)
    #实例化采样
    sampler = Sample(env, brain)
    #训练时间最大为5000
    training_num = 5000
    #测试随机初始化的个数
    test_number = 10
    #利用Minibatch-MC-AC 算法训练神经网络
    policy_train(env, brain, sampler, training_num)
    #测试训练好的神经网络
reward_sum = policy_test(env, brain,True,test_number)
```

至此，Minibatch-MC-AC 算法的代码部分已经介绍完毕，图 8.6 为 Mnibatch-MC-AC 算法的训练曲线。

从训练图中可以看出，智能体的分值随着训练时间的增长而逐渐变大，最终经过 1200 次训练分值达到了我们预设的高度。测试结果证明，经过训练后的神经网络可以控制倒立摆到达竖直位置，使 Pendulum 问题得到解决。然而，该 AC 算法需要大量的训练，而且波动比较大。如何让训练变得更高效和稳定呢？PPO 的算法横空出世。

具体实现见第 9 章。

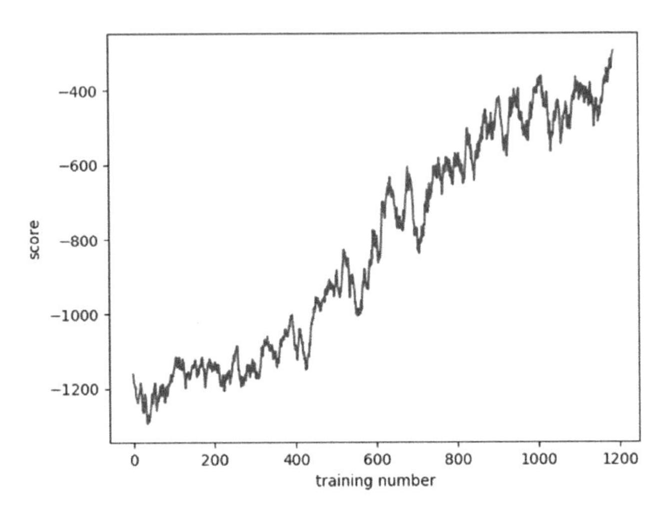

图 8.6　Minibatch-MC-AC 算法的训练曲线

9 PPO 方法

前面的策略梯度算法利用梯度更新参数，然而该方法面临着学习步长的问题。如果步长太大，则更新不稳定；如果步长太小，则更新速度太慢。为了解决步长问题，TRPO 和 PPO 通过替代函数来解决。

9.1 PPO 算法基本原理及代码结构

在第 8 章的最后，我们总结了 AC 算法面临的问题：训练效率不高而且不稳定。其根本原因是 AC 方法采用的也是梯度更新的方法，采用梯度更新方法的最大问题是步长问题。即固定步长的更新容易导致算法的不稳定甚至发散。

TRPO（Trust Region Policy Optimization）利用替代函数理论解决步长问题。而 PPO（Proximal Policy Optimization）是 TRPO 的近似。TRPO 的推导过程可详见《深入浅出强化学习：原理入门》一书的第 8 章。为了保证本书的完整性，这里简单地介绍 TRPO 的基本思路和原理。

TRPO 从另一个角度解决步长固定所带来的缺点——无法保证单调性，这个角度就是改变优化函数。用 $\eta(\pi)$ 表示策略 π 的回报函数，用 $\eta(\tilde{\pi})$ 表示策略 $\tilde{\pi}$ 的回报函数。TRPO 的理论基础是如下所示的等式变换：

$$\eta(\tilde{\pi})=\eta(\pi)+\sum_{s}\rho_{\pi}(s)\sum_{a}\tilde{\pi}(a|s)A^{\pi}(s,a) \tag{9.1}$$

式（9.1）的详细证明请看《深入浅出强化学习：原理入门》一书。

为了保证单调性，TRPO 优化新旧策略差，即第 2 项。为了将第 2 项进行转换，TRPO 用了 4 个技巧。

第 1 个技巧：利用旧策略 π 的状态分布逼近新策略 $\tilde{\pi}$ 的状态分布，即

$$\eta(\tilde{\pi})=\eta(\pi)+\sum_{s}\rho_{\pi}(s)\sum_{a}\tilde{\pi}(a\mid s)A^{\pi}(s,a) \tag{9.2}$$

第 2 个技巧：利用重要性采样将新的策略 $\tilde{\pi}$ 的动作采样转换为旧的策略 π 的动作采样：

$$\sum_{a}\tilde{\pi}_{\theta}(a\mid s_n)A_{\theta_{\text{old}}}(s_n,a)=\mathrm{E}_{a\sim\pi}\left[\frac{\tilde{\pi}_{\theta}(a\mid s_n)}{\pi(a\mid s_n)}A_{\theta_{\text{old}}}(s_n,a)\right] \tag{9.3}$$

在此，引入 TRPO 的第 2 个理论基础：

$$\begin{aligned}&\eta(\tilde{\pi})\geq L_{\pi}(\tilde{\pi})-CD_{\text{KL}}^{\max}(\pi,\tilde{\pi})\\&\text{where } C=\frac{2\varepsilon\gamma}{(1-\gamma)^{2}}\end{aligned} \tag{9.4}$$

具体证明见《深入浅出强化学习：原理入门》一书。TRPO 将单调性问题转化为最大化 $\eta(\tilde{\pi})$ 的下界 $L_{\pi}(\tilde{\pi})-CD_{\text{KL}}^{\max}(\pi,\tilde{\pi})$。优化这个下界可以转化为如下优化问题：

$$\begin{aligned}&\max_{\theta}\text{imize}\,\mathrm{E}_{s\sim\rho_{\theta_{\text{old}}},a\sim\pi_{\text{old}}}\left[\frac{\tilde{\pi}_{\theta}(a\mid s_n)}{\pi(a\mid s_n)}A_{\theta_{\text{old}}}(s_n,a)\right]\\&\text{subject to } D_{\text{KL}}^{\max}(\theta_{\text{old}},\theta)\leq\delta\end{aligned} \tag{9.5}$$

第 3 个技巧：在约束条件中，利用平均 KL 散度代替最大 KL 散度，即

$$\text{subject to } \bar{D}_{\text{KL}}^{\rho_{\theta_{\text{old}}}}(\theta_{\text{old}},\theta)\leq\delta$$

第 4 个技巧：用采样分布代替折扣分布，即

$$s\sim\rho_{\theta_{\text{old}}}\rightarrow s\sim\pi_{\theta_{\text{old}}}$$

TRPO 最终简化为如下问题：

$$\begin{aligned}&\max_{\theta}\text{imize}\,\mathrm{E}_{s\sim\rho_{\theta_{\text{old}}},a\sim\pi_{\text{old}}}\left[\frac{\pi_{\theta}(a\mid s)}{\pi_{\theta_{\text{old}}}(a\mid s)}A_{\theta_{\text{old}}}(s,a)\right]\\&\text{subject to}\,\mathrm{E}_{\pi_{\theta_{\text{old}}}}\left[D_{\text{KL}}^{\max}(\pi_{\theta_{\text{old}}}\parallel\pi_{\theta})\right]\leq\delta\end{aligned}$$

TRPO 的求解涉及 2 阶优化，对于大规模问题难以求解，其简化版为 PPO，即近端策略优化。近端优化的基本思想是将约束条件转化为简单的新旧策略的比值约束，将该比值约束到 1 附近，因此 PPO 的目标函数为 $L(\theta)=\hat{\mathrm{E}}_t\left[\min\left(r_t(\theta)\hat{A}_t,\mathrm{clip}(r_t(\theta),1-\varepsilon,1+\varepsilon)\hat{A}_t\right)\right]$

其中：$r_t(\theta)=\dfrac{\pi_\theta(a_t\mid s_t)}{\pi_{\theta_{\text{old}}}(a_t\mid s_t)}$

如图 9.1 所示为 PPO 算法的伪代码。

1. 输入：可微的参数化策略 $\pi(a\mid s;\theta)$ ，可微分的参数化状态值函数 $V(s;w)$
2. 超参数：$\alpha^\theta>0$，$\alpha^w>0$
3. 初始化：随机初始化策略参数 θ，状态值函数参数 w
4. 循环：
5. 　　初始化状态 s
6. 　　采样新的轨迹：
7. 　　　利用当前策略 $a\sim\pi(\cdot\mid s;\theta)$ 采样数据 $\{s_t,a_t,r_t\}$
8. 　　　　如果 $s_t=s_T$ 或 $s_t=s_{\text{mb}}$
9. 　　　　$\hat{Q}_t=V(s')$
10. 　　　　否则：
11. 　　　　$\hat{Q}_t=\sum_{t'=t}^{T'-1}\gamma^{t'-t}r_{t'}+\gamma^{T'-t}V(s_T;w)$
12. 　　利用当前参数 θ 替换 θ_{old}
13. 　　利用 mini-batch 数据进行如下更新：

$$\min L(\theta)=\min\hat{\mathrm{E}}_t\left[\min\left(r_t(\theta)\hat{A}_t,\mathrm{clip}(r_t(\theta),1-\varepsilon,1+\varepsilon)(\hat{Q}_t-V(s_t;w))\right)\right]$$

$$r_t(\theta)=\frac{\pi_\theta(a_t\mid s_t)}{\pi_{\theta_{\text{old}}}(a_t\mid s_t)}$$

$$w\leftarrow w+\frac{\alpha^w}{mT}\sum_{i=0}^{m}\sum_{j=0}^{T'}\left(Q_j^{(i)}-V_w(s_t)\right)\nabla_w V_w(s_t;w)$$

图 9.1 PPO 算法的伪代码

从图 9.1 的伪代码中，我们可以看到跟 Minibatch-MC-AC 算法相比，PPO 算法只在 Actor 的更新部分不同。

9.2 Python 源码解析

本节分别从采样类、策略网络、策略的训练和测试、主函数及训练效果 4 个方面对源代码进行详细介绍。

9.2.1 采样类

在类 Sample 中需要完成对数据的采集和对值函数的评估。具体的评估公式为

$$\hat{Q}_t = \sum_{t'=t}^{T'-1} \gamma^{t'-t} r_{t'} + \gamma^{T'-t} V(s_T; w)$$

其中 T' 为batch 或者 $T\%$batch 。

```
import tensorflow as tf
import numpy as np
import gym
import matplotlib.pyplot as plt
import time
RENDER = False
C_UPDATE_STEPS = 10
A_UPDATE_STEPS = 10
#利用当前策略进行采样，产生数据
class Sample():
    def __init__(self,env, policy_net):
        self.env = env
        self.gamma = 0.90
        self.brain = policy_net
    def sample_episodes(self, num_episodes):
        #产生 num_episodes 条轨迹
        batch_obs=[]
        batch_actions=[]
        batch_rs =[]
        #1 次 episode 的水平
        batch = 200
        mini_batch = 32
        for i in range(num_episodes):
            observation = self.env.reset()
            #将 1 个 episode 的回报存储起来
            reward_episode = []
            j = 0
            k = 0
            minibatch_obs = []
            minibatch_actions = []
```

```
        minibatch_rs = []
        while j < batch:
            #采集数据
            flag =1
            state = np.reshape(observation,[1,3])
            action = self.brain.choose_action(state)
            observation_, reward, done, info = self.env.step
            (action)
            #存储当前观测
            minibatch_obs.append(np.reshape
            (observation,[1,3])[0,:])
            #存储当前动作
            minibatch_actions.append(action)
            #存储立即回报
            minibatch_rs.append((reward+8)/8)
            k = k+1
            j = j+1
            if k==mini_batch or j==batch:
                # 处理回报
                reward_sum = self.brain.get_v(np.reshape
                (observation_, [1, 3]))[0, 0]
                discounted_sum_reward = np.zeros_like
                (minibatch_rs)
                for t in reversed(range(0, len(minibatch_rs))):
                    reward_sum = reward_sum * self.gamma +
                    minibatch_rs[t]
                    discounted_sum_reward[t] = reward_sum
                # 将mini-batch的数据存储到批回报中
                for t in range(len(minibatch_rs)):
                    batch_rs.append(discounted_sum_reward[t])
                    batch_obs.append(minibatch_obs[t])
                    batch_actions.append(minibatch_actions[t])
                k=0
                minibatch_obs = []
                minibatch_actions = []
                minibatch_rs = []
            #智能体往前推进一步
            observation = observation_
    #reshape 观测和回报
    batch_obs = np.reshape(batch_obs, [len(batch_obs),
    self.brain.n_features])
    batch_actions = np.reshape(batch_actions,
    [len(batch_actions),1])
    batch_rs = np.reshape(batch_rs,[len(batch_rs),1])
    # print("batch_rs", batch_rs)
    return batch_obs,batch_actions,batch_rs
```

9.2.2 策略网络

PPO算法与AC算法最大的不同是Actor网络的损失函数不同。为了克服固定步长更新所带来的不稳定，TRPO通过优化替代函数来代替优化原来的目标函数。该替代函数为

$$L(\theta)=\hat{\mathrm{E}}_t\left[\min\left(r_t(\theta)\hat{A}_t,\mathrm{clip}(r_t(\theta),1-\varepsilon,1+\varepsilon)\hat{A}_t)\right)\right]$$

其中$r_t(\theta)=\dfrac{\pi_\theta(a_t\mid s_t)}{\pi_{\theta_{\mathrm{old}}}(a_t\mid s_t)}$

构造该损失函数最关键的代码是构造$\boldsymbol{r_t(\theta)}$，而$\boldsymbol{r_t(\theta)}$的构造涉及新旧策略的比值。其中θ_{old}为不可训练参数，但随着每次训练的进行会被新的$\boldsymbol{\theta}$替换。所以在代码中需要定义替换操作。那么在TensorFlow中是如何实现的呢?

（1）利用tf.variable_scope(name)声明变量的命名空间。

由于$\boldsymbol{\theta}$和θ_{old}都是 Actor 网络的参数，所以我们首先定义构建 Actor 网络的函数build_a_net()，该函数传入两个参数name和trainable。其中参数name用来给变量命名，trainable定义变量是否可训练，$\boldsymbol{\theta}$为可训练参数，θ_{old}为不可训练参数。

（2）定义了$\boldsymbol{\theta}$和θ_{old}后，还需要定义替换操作。在 TensorFlow 中，我们用 assign 函数实现。具体实现过程为

```
    self.update_oldpi_op = [oldp.assign(p) for p, oldp in
zip(self.pi_params, self.oldpi_params)
```

其中self.pi_params为可训练参数$\boldsymbol{\theta}$的集合，self.oldpi_params为不可训练参数θ_{old}的集合。

```
#定义策略网络
class Policy_Net():
    def __init__(self, env, action_bound, lr = 0.0001,
    model_file=None):
        #  tf工程
        self.sess = tf.Session()
        self.learning_rate = lr
        #输入特征的维数
        self.n_features = env.observation_space.shape[0]
        #输出动作空间的维数
        self.n_actions = 1
        #1.1 输入层
```

```
        self.obs = tf.placeholder(tf.float32, shape=[None,
        self.n_features])
        self.pi, self.pi_params = self.build_a_net('pi',
        trainable=True)
        self.oldpi, self.oldpi_params = self.build_a_net('oldpi',
        trainable=False)
        print("action_bound",action_bound[0],action_bound[1])
        self.action = tf.clip_by_value(tf.squeeze(self.pi.sample(1),
        axis=0), action_bound[0], action_bound[1])
        #定义新旧参数的替换操作
        self.update_oldpi_op = [oldp.assign(p) for p,oldp in
        zip(self.pi_params, \
        self.oldpi_params)]
        #1.5 当前动作，输入为当前动作 delta
        self.current_act = tf.placeholder(tf.float32, [None,1])
        #优势函数
        self.adv = tf.placeholder(tf.float32, [None,1])
        #2. 构建损失函数
        ratio = self.pi.prob(self.current_act)/self.oldpi.prob
        (self.current_act)
        #替代函数
        surr = ratio*self.adv
        self.a_loss = -tf.reduce_mean(tf.minimum
        (surr,tf.clip_by_value(ratio, 1.0-0.2, \
        1.0+0.2)*self.adv))
        # self.loss += 0.01*self.normal_dist.entropy()
        #3. 定义 1 个动作优化器
        self.a_train_op = tf.train.AdamOptimizer
        (self.learning_rate).minimize(self.a_loss)
        #4.定义 Critic 网络
        self.c_f1 = tf.layers.dense(inputs=self.obs, units=100,
        activation=tf.nn.relu)
        self.v = tf.layers.dense(inputs=self.c_f1, units=1)
        #5.定义 Critic 网络的损失函数，输入为 td 目标
        self.td_target = tf.placeholder(tf.float32, [None,1])
        self.c_loss = tf.reduce_mean(tf.square
        (self.td_target-self.v))
        self.c_train_op = tf.train.AdamOptimizer
        (0.0002).minimize(self.c_loss)
        #6. 初始化图中的变量
        self.sess.run(tf.global_variables_initializer())
        #7.定义保存和恢复模型
        self.saver = tf.train.Saver()
        if model_file is not None:
            self.restore_model(model_file)
    def build_a_net(self, name, trainable):
```

```
    with tf.variable_scope(name):
        # 1.2.策略网络第 1 层隐含层
        self.a_f1 = tf.layers.dense(inputs=self.obs, units=100, \
        activation=tf.nn.relu,trainable=trainable)
        # 1.3 第 2 层，均值
        a_mu = 2*tf.layers.dense(inputs=self.a_f1,
        units=self.n_actions, \
        activation=tf.nn.tanh,trainable=trainable)
        # 1.3 第 2 层，标准差
        a_sigma = tf.layers.dense(inputs=self.a_f1,
        units=self.n_actions, \
        activation=tf.nn.softplus,trainable=trainable)

        # a_mu = 2 * a_mu
        a_sigma = a_sigma
        # 定义带参数的正态分布
        normal_dist = tf.contrib.distributions.Normal(a_mu,
        a_sigma)
        # 根据正态分布采样 1 个动作
    params = tf.get_collection(tf.GraphKeys.GLOBAL_VARIABLES,
    scope=name)
    return normal_dist, params
def get_v(self, state):
    v = self.sess.run(self.v, {self.obs:state})
    return v
#依概率选择动作
def choose_action(self, state):
    action = self.sess.run(self.action, {self.obs:state})
    # print("greedy action",action)
    return action[0]
#定义训练
def train_step(self, state, label, reward):
    #更新旧的策略网络
    self.sess.run(self.update_oldpi_op)
    td_target = reward
    # print("reward",reward)
    delta = td_target - self.sess.run(self.v,
    feed_dict={self.obs:state})
    # print("delta",delta.shape)
    delta = np.reshape(delta,[len(delta),1])
    for _ in range(A_UPDATE_STEPS):
        self.sess.run([self.a_loss, self.a_train_op],
    feed_dict={self.obs:state, \
    self.current_act:label, self.adv:delta})
    for _ in range(C_UPDATE_STEPS):
        self.sess.run([self.c_loss, self.c_train_op],
```

```
feed_dict={self.obs: state,\ self.td_target: td_target})
         # return a_loss, c_loss
      #定义存储模型函数
      def save_model(self, model_path):
         self.saver.save(self.sess, model_path)
      #定义恢复模型函数
      def restore_model(self, model_path):
         self.saver.restore(self.sess, model_path)
```

9.2.3 策略的训练和测试

利用 PPO 算法训练策略调用函数 policy_train()，该函数迭代调用采样类中的采样函数 sample_step()和策略网络类中的 train_step()。我们假设平均回报大于-300 时，保存当前最好的模型，绘制训练曲线，Pendulum 问题得到解决。

策略的测试函数 policy_test()也比较简单。每次重置环境，然后直接用策略网络采样动作与环境进行交互即可，每一步都调用渲染函数，显示当前的状态和力矩情况。

两个函数的 Python 源码如下所示：

```
def policy_train(env, brain, sample, training_num):
   reward_sum = 0
   average_reward_line = []
   training_time = []
   average_reward = 0
   current_total_reward = 0
   for i in range(training_num):
      #采样
      current_state,current_action, current_r =
      sample.sample_episodes(1)
      #训练
      brain.train_step(current_state, current_action,current_r)
      current_total_reward = policy_test(env, brain,False,1)
      if i == 0:
         average_reward = current_total_reward
      else:
         average_reward = 0.95*average_reward +
         0.05*current_total_reward
      average_reward_line.append(average_reward)
      training_time.append(i)
      if average_reward > -300:
         break
      print("current experiments%d,current average reward
      is %f"%(i,\ average_reward))
```

```
        #保存模型
    brain.save_model('./current_best_ppo_pendulum')
    #绘制训练曲线
        plt.plot(training_time, average_reward_line)
        plt.xlabel("training number")
        plt.ylabel("score")
        plt.show()
    def policy_test(env, brain,RENDER, test_number):
        for i in range(test_number):
            observation = env.reset()
            if RENDER:
                print("第%d 次测试,初始状态:%f,%f,%f" % (i, observation[0],\
                observation[1], observation[2]))
            reward_sum = 0
            # 将 1 个 episode 的回报存储起来
            while True:
                if RENDER:
                    env.render()
                # 根据策略网络产生 1 个动作
                state = np.reshape(observation, [1, 3])
                action = brain.choose_action(state)
                observation_, reward, done, info = env.step(action)
                reward_sum+=reward
                # reward_sum += (reward+8)/8
                if done:
                    if RENDER:
                        print("第%d 次测试总回报%f" % (i, reward_sum))
                    break
                observation = observation_
        return reward_sum
```

9.2.4 主函数及训练效果

在主函数内创建环境，实例化策略，进行训练和测试。源代码如下：

```
if __name__=='__main__':
    #创建仿真环境
    env_name = 'Pendulum-v0'
    env = gym.make(env_name)
    env.unwrapped
    env.seed(1)
    #力矩界限
    action_bound = [-env.action_space.high, env.action_space.high]
    #实例化策略网络
    brain = Policy_Net(env,action_bound)
```

```
    #下载当前最好的模型进行测试
    # brain = 
Policy_Net(env,action_bound,model_file='./current_best_ppo_pendulum')
    #实例化采样
    sample = Sample(env, brain)
    #最大训练次数
    training_num = 5000
    #利用 PPO 算法训练神经网络
    policy_train(env, brain, sample, training_num)
    #对训练好的神经网络进行测试
    reward_sum = policy_test(env, brain,True,50)
```

该代码可以注释掉 brain=Policy_Net(env, action_bound)和 policy_train(env, brain, sample, training_num)，而使用 brain = Policy_Net(env, action_bound, model_file=' ./current_best_ppo_pendulum)下载当前最好的模型。

至此，PPO 的代码部分已经介绍完毕，如图 9.2 所示为 PPO 算法的训练曲线。

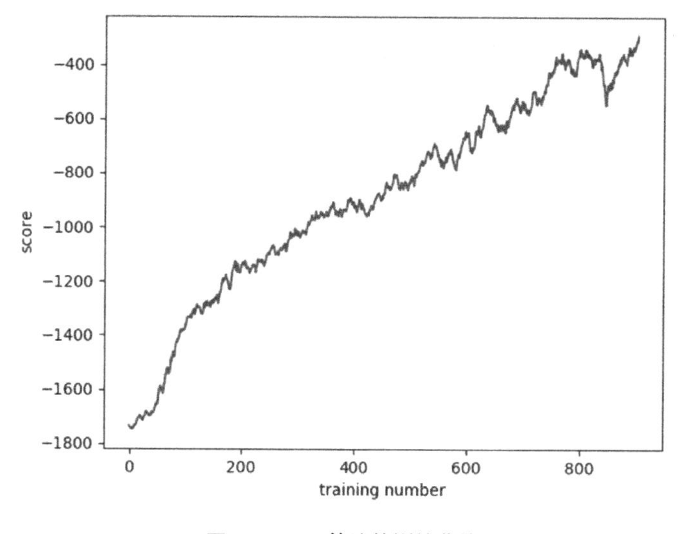

图 9.2　PPO 算法的训练曲线

如图 9.2 所示的智能体分值逐渐上升，经过 900 次训练，平均分值超过−300，比 Minibatch-MC-AC 算法的效率要高。然而，即便是 PPO 的算法，也需要经过 900 次训练，那么有没有更高效的算法呢？

上文介绍过的策略梯度算法、AC 的算法、PPO 的算法有一个共同点，即智能体采用的都是随机策略。采用随机策略的好处是，随机策略集成了探索和利用，是一种同策略的方法。该种方法的缺点是，需要在线采集大量的随机动作进行探索，尤其是当动作空间维数很高时，需要大量的样本才能估计出准确的梯度。因此，动作的随机属性阻碍了样本效率的进一步提高。那么，有没有更好的办法可以解决这个问题呢？

有，DDPG（Deep Deterministic Policy Gradient，深度确定性策略）的方法。这种方法采用确定性策略，而学习则交给异策略进行，因此 DDPG 是一种异策略的方法。要评估的策略是确定性策略，采用确定性策略的梯度进行更新，数据效率会进一步提升。在第 10 章我们会对 DDPG 的方法进行详细的介绍。

10 DDPG 方法

本章介绍深度确定性策略梯度算法。不同于前面的随机策略梯度算法，确定性策略梯度算法直接优化确定性策略。与随机策略相比，确定性策略需要的样本量更少，因此学习速度更快。

10.1 DDPG 基本原理

第 9 章介绍了同策略算法中效率和收敛性能都很好的 PPO 算法。PPO 算法归根到底还是基于随机策略的算法，这类算法最大的缺点就是数据效率低，算法通过大量的随机动作采样探索环境。而深度确定性策略属于异策略算法，该算法可以充分利用其他策略所产生的数据，从这一点来说异策略算法可利用的数据更多。另外相比于 DPG（确定性策略方法），DDPG 融合了 DQN 的成功经验，即经验回放和设置单独的目标网络，这使得 DDPG 算法一经提出便得到广泛的应用。为了让读者对 DDPG 有全面的认识，我们从以下几个角度进行介绍。

1. 确定性策略梯度公式

如图 10.1 所示为 DDPG 的网络结构。

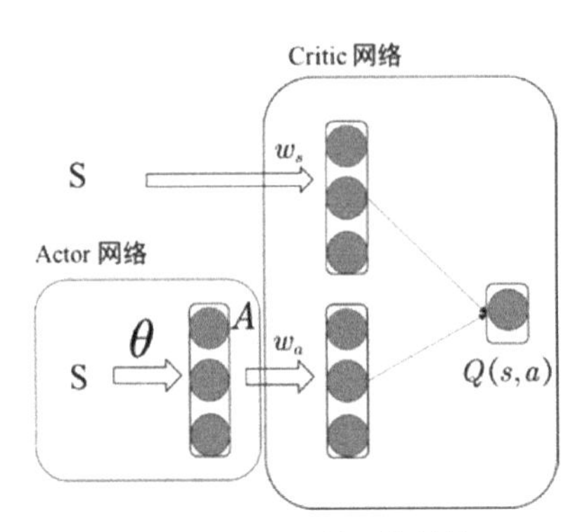

图 10.1　DDPG 的网络结构

从该结构中，我们很容易地看到 DDPG 是一个 Actor-Critic 算法。但其网络结构跟传统的随机策略的结构不同。DDPG 包括两个网络：Critic 网络和 Actor 网络。设策略 $a=\mu$ 为确定性策略，则利用求导的链式规则，行为值函数对参数的梯度很容易写为

$$\frac{\partial Q(s,a)}{\partial\theta}=\frac{\partial Q(s,a)}{\partial a}\cdot\frac{\partial\mu}{\partial\theta}|_{a=\mu_\theta}=\nabla_\theta\mu_\theta\cdot\nabla_a Q(s,a)|_{a=\mu_\theta}$$

DDPG 采用异策略的方法对确定性策略梯度进行计算。因为确定性策略本身没有探索性，如果没有探索性，那么它本身的策略所产生的数据就缺少多样性，因此没办法进行学习。而异策略的方法是智能体利用具有探索性的策略产生数据，根据这些数据来计算策略梯度。我们用 β 来表示行为策略，则：

$$\nabla_\theta J_\beta(\mu_\theta)=\nabla_\theta \mathrm{E}_{s\sim\rho^\beta}\left[Q(s,a)\right]=\mathrm{E}_{s\sim\rho^\beta}\left[\nabla_\theta\mu_\theta\cdot\nabla_a Q(s,a)|_{a=\mu_\theta}\right] \tag{10.1}$$

2. 值函数网络模块

在式（10.1）中，行为值函数是状态和动作的函数，可用神经网络来逼近该函数，网络结构如图 10.1 中的 Critic 网络。

即 $Q(s,a)=w_{\text{out}}\cdot\mathrm{Relu}\left(w_a A+w_s S\right)+b_{\text{out}}$

3. 损失函数的构建

DDPG 有两个神经网络，即 Actor 网络和 Critic 网络，每个网络都有一个损失函数。

（1）Actor 网络的损失函数。

如图 10.2 所示为 Actor 网络，该网络的目标是找到 θ 最大化的值 $Q_\theta(s,a)$，因此

Actor 网络的输入状态为s，损失函数为

$$\text{loss} = -Q(s, \mu_\theta(s)) \tag{10.2}$$

可训练的参数为θ。

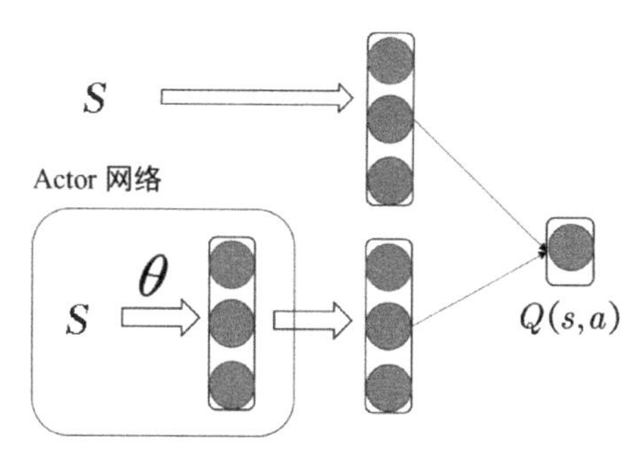

图 10.2　Actor 网络

（2）Critic 网络的损失函数。

如图 10.3 所示为 Critic 网络，该网络的输入为状态s，采样动作A，网络的输出为行为值函数。利用 Q-Learning 的方法来学习行为值函数，因为 Critic 网络的损失函数为 TD 误差平方，即

$$\text{loss} = \left(r + \gamma Q(s', a; w) - Q(s, a; w)\right)^2 \tag{10.3}$$

其中可训练的参数为ω。

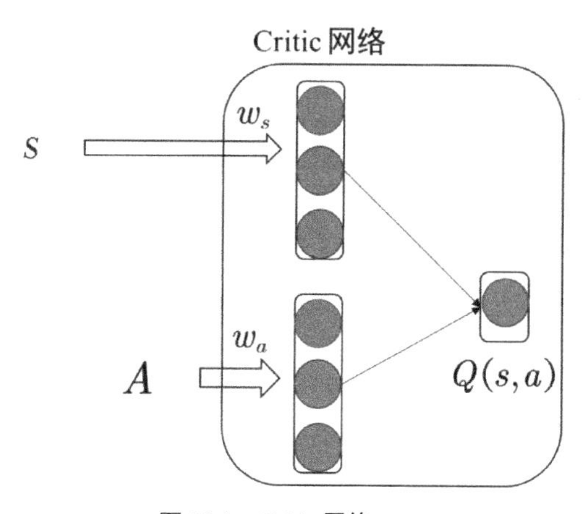

图 10.3　Critic 网络

由式（10.1）-式（10.3），我们得到参数的更新公式为

$$
\begin{aligned}
&\delta_t = r_t + \gamma Q^w(s_{t+1}, \mu_\theta(s_{t+1})) - Q^w(s_t, a_t) \\
&w_{t+1} = w_t + \alpha_w \delta_t \nabla_w Q^w(s_t, a_t) \\
&\theta_{t+1} = \theta_t + \alpha_\theta \nabla_\theta \mu_\theta(s_t) \cdot \nabla_a Q^w(s_t, a_t)|_{a=\mu_\theta(s)}
\end{aligned}
\tag{10.4}
$$

就像在 DQN 中讲的那样，当利用深度神经网络进行函数逼近的时候，强化学习算法常常不稳定。这是因为在对深度神经网络进行训练的时候，往往假设输入的数据是独立同分布的，但强化学习的数据是顺序采集的，数据之间存在马尔可夫性，很显然这些数据并非独立同分布的。为了打破数据之间的相关性，DQN 用了两个技巧：经验回放和独立的目标网络。DDPG 的算法便是将这两条技巧用到了 DPG 算法中。DDPG 的经验回放跟 DQN 完全相同，这里就不重复介绍了，忘记的同学可以去看前面的章节。

这里我们重点介绍独立的目标网络。DPG 的更新过程如式（10.4）所示，这里的目标值是式（10.4）中的第 1 行的前两项，即 TD 目标：

$$
r_t + \gamma Q^w(s_{t+1}, \mu_\theta(s_{t+1})) \tag{10.5}
$$

独立的目标网络是指对于 TD 目标中的参数 w 和 θ 使用独立的网络参数，我们将其设置为 w^- 和 θ^-，独立目标网络参数的更新如下：

$$
\begin{aligned}
&\delta_t = r_t + \gamma Q^{w^-}(s_{t+1}, \mu_{\theta^-}(s_{t+1})) - Q^w(s_t, a_t) \\
&w_{t+1} = w_t + \alpha_w \delta_t \nabla_w Q^w(s_t, a_t) \\
&\theta_{t+1} = \theta_t + \alpha_\theta \nabla_\theta \mu_\theta(s_t) \cdot \nabla_a Q^w(s_t, a_t)|_{a=\mu_\theta(s)} \\
&\theta^- = \tau\theta + (1-\tau)\theta^- \\
&w^- = \tau w + (1-\tau) w^-
\end{aligned}
\tag{10.6}
$$

DDPG 算法的伪代码如图 10.4 所示。

1. 随机初始化 Critic 网络 $Q(s,a|\theta^Q)$ 和 Actor 网络 $\mu\left(s|\theta^\mu\right)$
2. 初始化目标网络 $\theta^{Q'} \leftarrow \theta^Q$, $\theta^{\mu'} \leftarrow \theta^\mu$
3. 初始化回访缓存器 R
4. for episode=1,M do:
5. 　　初始化随机过程 $\mathcal{N}$ 进行动作探索
6. 　　接收初始观测状态 s_1
7. 　　for t=1,T do:
8. 　　　　根据当前的策略和探索噪音选择动作 $a_t = \mu(s_t|\theta^\mu) + \mathcal{N}_t$
9. 　　　　执行动作 a_t ，观测回报 r_t ，观测新的状态 s_{t+1}
10. 　　　　将交互数据 $\left(s_t,a_t,r_t,s_{t+1}\right)$ 存储到经验缓存器 R 中
11. 　　　　从经验缓存器 R 中随机采样 N 个 mini-batch 数据 $\left(s_i,a_i,r_i,s_{i+1}\right)$ 的数据
12. 　　　　设置 Critic 网络目标 $y_i = r_i + \gamma Q'(s_{i+1},\mu'(s_{i+1}|\theta^{\mu'})|\theta^{Q'})$
13. 　　　　通过最小化损失函数 $L = \frac{1}{N}\sum_i (y_i - Q(s_i,a_i|\theta^Q))^2$ 来更新 Critic 网络
14. 　　　　利用采样梯度来更新策略网络：

$$\nabla_{\theta^\mu}\mu|_{s_t} \approx \frac{1}{N}\sum_i \nabla_a Q(s,a|\theta^Q)|_{s=s_t,a=\mu(s_t)} \nabla_{\theta^\mu}\mu\left(s|\theta^\mu\right)|_{s_t}$$

15. 　　　　更新目标网络：

$$\theta^{Q'} \leftarrow \tau\theta^Q + (1-\tau)\theta^{Q'}$$
$$\theta^{\mu} \leftarrow \tau\theta^\mu + (1-\tau)\theta^{\mu'}$$

16. 　　End for
17. End for

图 10.4　DDPG 算法的伪代码

10.2 Python 源码解析

本节从经验缓存器类、策略网络类、训练和测试、主函数及训练效果 4 个方面详细介绍和分析源代码。

10.2.1 经验缓存器类

前面介绍的方法都是同策略的强化学习方法，即评估的策略和采样的策略是同一

个策略。而 DDPG 是异策略（off-policy）强化学习算法，即采样策略和要评估的策略是两个策略。采样策略用来产生数据，要评估的策略则是采样这些产生的数据进行策略改进。因此我们需要一个经验缓存器来存储行为策略产生的数据。从代码的总体结构中我们看到该算法不再是采样和策略改善，而是存储样本、采集样本和改善策略。为了实现样本的存储和采集，我们声明一个 Experience_Buffer 类。在该类中定义两个成员函数 add_experience()和 sample()。其中成员函数 add_experience()用来将探索过程中产生的样本存储到 buffer 中，sample()则从 buffer 中采集样本用于策略改善。

```
import tensorflow as tf
import numpy as np
import gym
import matplotlib.pyplot as plt
import time
import random
RENDER = False
C_UPDATE_STEPS = 1
A_UPDATE_STEPS = 1

class Experience_Buffer():
    def __init__(self,buffer_size = 5000):
        self.buffer = []
        self.buffer_size = buffer_size
    def add_experience(self,experience):
        if len(self.buffer)+len(experience) >= self.buffer_size:

self.buffer[0:(len(experience)+len(self.buffer))-self.buffer_size]=[]
        self.buffer.extend(experience)
    def sample(self, samples_num):
        sample_data = np.reshape(np.array(random.sample(self.buffer, \
samples_num)),[samples_num, 4])
        train_s = np.array(sample_data[0,0])
        train_s_ = np.array(sample_data[0,3])
        train_a = sample_data[:, 1]
        train_r = sample_data[:, 2]
        for i in range(samples_num-1):
            train_s = np.vstack((train_s,
np.array(sample_data[i+1,0])))
            train_s_ = np.vstack((train_s_,
np.array(sample_data[i+1,3])))
        train_s = np.reshape(train_s,[samples_num,3])
        train_s_ = np.reshape(train_s_,[samples_num,3])
        train_r = np.reshape(train_r, [samples_num,1])
        train_a = np.reshape(train_a,[samples_num,1])
        return train_s, train_a, train_r, train_s_
```

10.2.2 策略网络类

如 10.2.1 中的图 10.1 所示，DDPG 的网络结构包括 Actor 网络和 Critic 网络，两个网络的参数分别用θ 和w来表示。由于 DDPG 算法在进行 TD 目标的计算时，使用了独立的目标网络参数θ^- 和w^-，所以在 DDPG 网络中共有 4 套参数，即θ、w、θ^-、w^-。为了方便对这 4 组参数进行管理和操作，像在 PPO 算法中一样，我们用 with tf.variable_scope()函数为 4 组参数命名。具体实现过程见下文的源码。

另外，Actor 网络和 Critic 网络都有各自独立的损失函数，在进行训练时，要注意每个网络的输入。

对于 Actor 网络：

输入为状态S；可训练的参数为θ

损失函数为 $\text{loss} = Q\left(s, \mu_\theta(s)\right)$

对于 Critic 网络：

输入为状态S 和动作A；可训练的参数为w_s, w_a

损失函数为 $\text{loss} = \left(r + Q(s', a; w) - Q(s, a; w)\right)^2$

策略类 Policy_Net 包含的成员函数有：

（1）初始化函数__init__()：该函数创建 ddpg 网络模型、构造损失函数、优化器。

（2）Critic 网络创建函数 build_c_net()：该函数创建 Critic 网络，需要注意的是，该成员函数有两个关键的参数：变量命名空间 scope 和参数是否可训练。

（3）Actor 网络创建函数 build_a_net()：该函数创建 Actor 网络，同样很关键的参数为变量命名空间 scope 和参数是否可训练。

（4）根据策略网络选择动作函数 choose_action()：该函数根据当前策略网络选择动作，以便与环境进行交互。

（5）单步训练函数 trian_step()：该函数利用 buffer 里面的数据对 Actor 网络和 Critic 网络进行训练。

（6）保存模型函数 save_model()和恢复模型函数 restore_model()。

具体源代码如下：

```
#定义策略网络
class Policy_Net():
    def __init__(self, env, action_bound, lr = 0.0001,
model_file=None):
        self.action_bound = action_bound
        self.gamma = 0.90
        self.tau = 0.01
        #  tf 工程
        self.sess = tf.Session()
        self.learning_rate = lr
        #输入特征的维数
        self.n_features = env.observation_space.shape[0]
        #输出动作空间的维数
        self.n_actions = 1
        #1. 输入层
        self.obs = tf.placeholder(tf.float32, shape=[None,
        self.n_features])
        self.obs_ = tf.placeholder(tf.float32, shape=[None,
        self.n_features])
        #2.创建网络模型
        #2.1 创建策略网络，策略网络的命名空间为 actor
        with tf.variable_scope('actor'):
            #可训练的策略网络,可训练的网络参数命名空间为 actor/eval:
            self.action = self.build_a_net(self.obs, scope='eval',
            trainable=True)
            #靶子策略网络，不可训练，网络参数命名空间为 actor/target:
            self.action_=self.build_a_net(self.obs_,
            scope='target',trainable=False)
        #2.2 创建行为值函数网络，行为值函数的命名空间为 critic
        with tf.variable_scope('critic'):
            #可训练的行为值网络，可训练的网络参数命名空间为:critic/eval
            Q = self.build_c_net(self.obs, self.action, scope='eval',
            trainable=True)
            Q_ = self.build_c_net(self.obs_, self.action_,
            scope='target', trainable=False)
        #2.3 整理 4 套网络参数
        #2.3.1：可训练的策略网络参数
        self.ae_params = tf.get_collection(tf.GraphKeys.
        GLOBAL_VARIABLES,\
        scope='actor/eval')
        #2.3.2：不可训练的策略网络参数
        self.at_params =
 tf.get_collection(tf.GraphKeys.GLOBAL_VARIABLES,\
   scope='actor/target')
```

```
            #2.3.3: 可训练的行为值网络参数
            self.ce_params =
tf.get_collection(tf.GraphKeys.GLOBAL_VARIABLES,\
    scope='critic/eval')
            #2.3.4: 不可训练的行为值网络参数
            self.ct_params =
tf.get_collection(tf.GraphKeys.GLOBAL_VARIABLES,\
    scope='critic/target')
            #2.4 定义新旧参数的替换操作
            self.update_olda_op =
[olda.assign((1-self.tau)*olda+self.tau*p) for p,olda in \
    zip(self.ae_params, self.at_params)]
            self.update_oldc_op =
[oldc.assign((1-self.tau)*oldc+self.tau*p) for p,oldc in\
    zip(self.ce_params, self.ct_params)]
            #3.构建损失函数
            #3.1 构建行为值函数的损失函数
            self.R = tf.placeholder(tf.float32, [None, 1])
            Q_target = self.R + self.gamma * Q_
            self.c_loss = tf.losses.mean_squared_error(labels=Q_target,
            predictions=Q)
            #3.2 构建策略损失函数，该函数为行为值函数
            self.a_loss=-tf.reduce_mean(Q)
            #4. 定义优化器
            #4.1 定义动作优化器，注意优化的变量在 ca_params 中
            self.a_train_op = tf.train.AdamOptimizer
            (self.learning_rate).minimize(self.a_loss,\
            var_list=self.ae_params)
            #4.2 定义值函数优化器，注意优化的变量在 ce_params 中
            self.c_train_op = tf.train.AdamOptimizer(0.0002).
            minimize(self.c_loss, \
            var_list=self.ce_params)
            #5. 初始化图中的变量
            self.sess.run(tf.global_variables_initializer())
            #6.定义保存和恢复模型
            self.saver = tf.train.Saver()
            if model_file is not None:
                self.restore_model(model_file)
        def build_c_net(self,obs, action, scope, trainable):
            with tf.variable_scope(scope):
                c_l1 = 50
                #与状态相对应的权值
                w1_obs = tf.get_variable('w1_obs',[self.n_features,
                c_l1], trainable=trainable)
                #与动作相对应的权值
                w1_action =
```

```
tf.get_variable('w1_action',[self.n_actions,\
c_l1],trainable=trainable)
            b1 = tf.get_variable('b1',[1, c_l1], trainable=trainable)
            #第 1 层，隐含层
            c_f1 = tf.nn.relu(tf.matmul(obs,
w1_obs)+tf.matmul(action,w1_action)+b1)
            # 第 2 层，行为值函数输出层
            c_out = tf.layers.dense(c_f1, units=1,
trainable=trainable)
        return c_out
    def build_a_net(self, obs, scope, trainable):
        with tf.variable_scope(scope):
            # 行为值网络第 1 层隐含层
            a_f1 = tf.layers.dense(inputs=obs, units=100,
activation=tf.nn.relu,\
   trainable=trainable)
            # 第 2 层，确定性策略
            a_out = 2 * tf.layers.dense(a_f1, units=self.n_actions,
activation=tf.nn.tanh, \
   trainable=trainable)
            return tf.clip_by_value(a_out, action_bound[0],
action_bound[1])
    #根据策略网络选择动作
    def choose_action(self, state):
        action = self.sess.run(self.action, {self.obs:state})
        return action[0]
    #定义训练
    def train_step(self, train_s, train_a, train_r, train_s_):
        for _ in range(A_UPDATE_STEPS):
            self.sess.run(self.a_train_op,
feed_dict={self.obs:train_s})
        for _ in range(C_UPDATE_STEPS):
            self.sess.run(self.c_train_op,
feed_dict={self.obs:train_s, self.action:train_a,\
   self.R:train_r, self.obs_:train_s_})
        # 更新旧的策略网络
        self.sess.run(self.update_oldc_op)
        self.sess.run(self.update_olda_op)
        # return a_loss, c_loss
    #定义存储模型函数
    def save_model(self, model_path):
        self.saver.save(self.sess, model_path)
    #定义恢复模型函数
    def restore_model(self, model_path):
        self.saver.restore(self.sess, model_path)
```

10.2.3 训练和测试

DDPG 是异策略的深度确定性策略，因此在训练的过程中需要借助具有探索能力的行为策略，该行为策略可以采用简单的高斯策略，其中均值由深度确定性策略给出，方差可设置为随时间衰减的变量。

```
def policy_train(env, brain, exp_buffer, training_num):
    reward_sum = 0
    average_reward_line = []
    training_time = []
    average_reward = 0
    batch = 32
    # for i in range(training_num):
    #     sample_states,sample_actions, sample_rs =
sample.sample_steps(32)
    # a_loss,c_loss = brain.train_step(sample_states,
sample_actions,sample_rs)
    for i in range(training_num):
        total_reward = 0
        #初始化环境
        observation = env.reset()
        done = False
        while True:
            #探索权重衰减
            var = 3*np.exp(-i/100)
            state = np.reshape(observation, [1,brain.n_features])
            #根据神经网络选取动作
            action = brain.choose_action(state)
            #给动作添加随机项，以便进行探索
            action = np.clip(np.random.normal(action, var), -2, 2)
            Observation_next, reward, done, info = env.step(action)
            # 存储 1 条经验
            experience =
np.reshape(np.array([observation,action[0],reward/10,\
   obeservation_next]),[1,4])
            exp_buffer.add_experience(experience)
            if len(exp_buffer.buffer)>batch:
                #采样数据，并进行训练
                train_s, train_a, train_r, train_s_ =
exp_buffer.sample(batch)
                #学习 1 步
                brain.train_step(train_s, train_a, train_r, train_s_)
            #推进 1 步
```

```
                observation = observation_next
                total_reward += reward
                if done:
                    break
            if i == 0:
                average_reward = total_reward
            else:
                average_reward = 0.95*average_reward + 0.05*total_reward
            print("第%d 次学习后的平均回报为%f"%(i,average_reward))
            average_reward_line.append(average_reward)
            training_time.append(i)
            if average_reward > -300:
                break
        brain.save_model('./current_bset_ppo_pendulum')
        plt.plot(training_time, average_reward_line)
        plt.xlabel("training number")
        plt.ylabel("score")
    plt.show()

def policy_test(env, policy,test_num):
    for i in range(test_num):
        reward_sum = 0
        observation = env.reset()
        print("第%d 次测试，初始状态:%f,%f,%f" % (i, observation[0],
        observation[1], \
        observation[2]))
        # 将 1 个 episode 的回报存储起来
        while True:
            env.render()
            # 根据策略网络产生 1 个动作
            state = np.reshape(observation, [1, 3])
            action = policy.choose_action(state)
            observation_, reward, done, info = env.step(action)
            reward_sum += reward
            # print(reward)
            # reward_sum += (reward+8)/8
            if done:
                print("第%d 次测试总回报%f" % (i,reward_sum))
                break
            time.sleep(0.01)
            observation = observation_
```

10.2.4 主函数及训练效果

在主函数中主要完成环境的创建、策略网络的实例化、策略的训练和策略的测试。

```
if __name__=='__main__':
    #创建环境
    env_name = 'Pendulum-v0'
    env = gym.make(env_name)
    env.unwrapped
    env.seed(1)
    #力矩边界
    action_bound = [-env.action_space.high, env.action_space.high]
    #实例化策略网络
    brain = Policy_Net(env,action_bound)
    # 下载当前最好的模型进行测试
    # brain = #Policy_Net(env,action_bound,model_file='./
    current_best_ddpg_pendulum')
    #经验缓存
    exp_buffer = Experience_Buffer()
    training_num = 500
    #训练策略网络
    policy_train(env, brain, exp_buffer,training_num)
    #测试训练的网络
reward_sum = policy_test(env, brain,100)
```

至此，DDPG 算法已介绍完毕。如图 10.5 所示为 DDPG 算法的学习曲线。

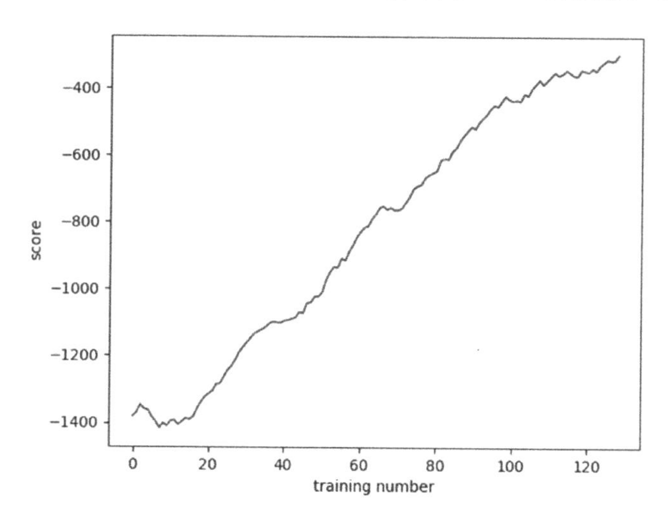

图 10.5　DDPG 算法的学习曲线

在这次训练过程中，经过 120 多次的训练，DDPG 算法的平均得分就超过了-300，相比于 PPO 算法效率更高。在实际的应用中，100 多次的训练似乎还是有点多，那么有没有更有效的方法呢?

有！即基于模型的方法。

Part Three

第3篇

基于模型的强化学习方法

本篇介绍基于模型的强化学习。跟无模型强化学习相比，基于模型的强化学习可以在任意状态处通过调用模型计算后继状态，因此可以提前预测后面的动作。基于模型的强化学习算法比无模型强化学习算法学习效率更高，是很有潜力的方向。

11 基于模型预测控制的强化学习算法

本章介绍基于 MPC 的方法，即基于模型预测控制的方法。该方法通过在当前点利用前向随机模拟得到当前局部最优解。

11.1 基于模型的强化学习算法的基本原理

前面介绍的都是无模型的强化学习算法，它们的共同特点是智能体所有的数据都来自环境的反馈。这使得智能体只能利用过去的数据对当前的行为进行优化和提升，严重限制了智能体的学习速度和泛化能力。人类认识世界的方式是对世界进行抽象的建模，有了世界的抽象模型，我们就能利用该模型完成很多不同的任务。对于智能体来说，有了模型，它不必局限于只从与环境的交互中获取数据，它可以从模型中获取数据，可以极大地提升学习的速度。

基于模型的强化学习方法有很多，如 GPS 的方法、PILCO 的方法等，本章介绍基于模型预测控制的方法，主要理论方法来自论文 *Neural Network Dynamics for Model-Based Deep Reinforcement Learning with Model-free Fine-Tuning*[4]。该方法主要包括两个模块：利用神经网络拟合动力学模型及模型预测控制。下面我们将一一介绍。

11.1.1 神经网络拟合动力学模型

对于基于模型的强化学习算法，首先要拟合一个模型，拟合模型的方法也有很多。如 GPS 拟合多阶段线性模型，PILCO 的方法拟合一个高斯回归方程，这些方法虽然可以产生很高的效率，但是难于拟合大规模的模型。而神经网络可以拟合任意形式的函数，因此利用神经网络拟合动力学具有通用性。

动力学方程一般可以写为

$$\frac{s_{t+1}-s_t}{\mathrm{d}t}=f(s_t,a_t) \tag{11.1}$$

因此一个合理的利用神经网络参数化动力学方程的方式为 $s_{t+1}-s_t=f_\theta(s_t,a_t)$，也就是说该神经网络的输入为 s_t、a_t，输出为 $s_{t+1}-s_t$。

具体的神经网络结构如图 11.1 所示。

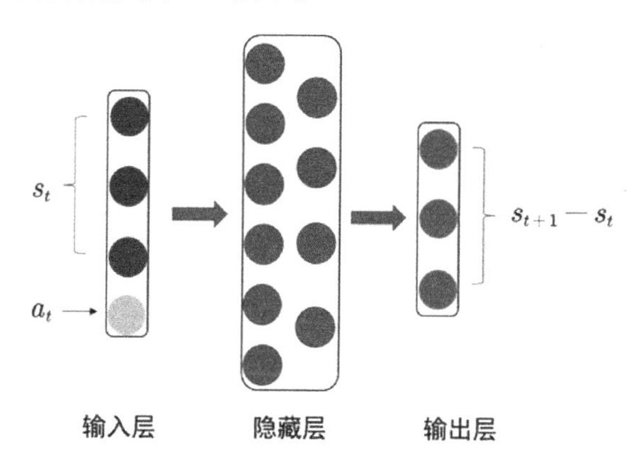

图 11.1 神经网络结构

神经网络的损失函数可以简单地构建为

$$\mathcal{E}(\theta)=\frac{1}{|\mathcal{D}|}\sum_{(s_t,a_t,s_{t+1})}\frac{1}{2}\left\|(s_{t+1}-s_t)-\hat{f}_\theta(s_t,a_t)\right\| \tag{11.2}$$

11.1.2 模型预测控制

模型预测控制博大精深，基本思想是优化在当前状态下有限时间内的代价，而只执行当前的最优动作。一般模型预测控制需要知道解析模型，但在这里我们用的是神经网络模型，难以设计解析的 MPC 控制器。一种可行的方法是采用 shooting 的方法。

shooting 的中文翻译为"打靶"，即迭代数值尝试。具体的方法为随机产生 K 个候选动作序列，然后将这些动作序列作用于环境，利用学到的神经网络动力学模型预测相应的状态序列和回报。那些拥有最高期望累积回报的序列将入选。这些被选择的动作序列并非都被执行，而是只执行一步 a_t ，在环境中观察在此动作下新状态信息 s_{t+1} ，然后利用 shooting 方法重复得到下一步的动作序列。

模型预测控制的数学形式化为

$$A_t^{(H)}=\arg\max_{A_t^{(H)}}\sum_{t'=t}^{t+H-1}r(\hat{s}_{t'},a_{t'})$$

$$\hat{s}_t=s_t,\hat{s}_{t'+1}=\hat{f}_\theta(\hat{s}_{t'},a_{t'})$$

11.1.3 基于模型的强化学习算法伪代码

如图 11.2 所示为基于模型的强化学习算法的伪代码。

1. 利用随机策略产生轨迹，收集轨迹数据 $\mathcal{D}_{\text{Rand}}$
2. 初始化空的数据集 $\mathcal{D}_{\text{RL}}$ ，随机初始化动力学网络 $\hat{f}_\theta$
3. 循环迭代，从 1 到最大迭代次数：
4. 　　利用 $\mathcal{D}_{\text{Rand}}$ 和 $\mathcal{D}_{\text{RL}}$ 训练动力学网络 $\hat{f}_\theta$
5. 　　循环 t=1 到 T:
6. 　　　获得智能体当前状态 s_t
7. 　　　利用估计的动力学网络 $\hat{f}_\theta$ 来得到优化的动作序列 $A_t^{(H)}$
8. 　　　执行优化序列中的第一个动作 a_t
9. 　　　将数据 (s_t,a_t) 添加到数据集 $\mathcal{D}_{\text{RL}}$

图 11.2　基于模型的强化学习算法的伪代码

从伪代码中我们可以看到，该程序应该包括以下几类。

（1）样本收集类。在我们的源代码中该类定义为 Experience_Buffer。

（2）动力学网络类。

（3）模型预测控制类。

在 11.2 节，我们将基于图 11.2 实现基于模型的强化学习算法。

11.2 Python 源码实现及解析

本节从以下几个方面介绍源代码的实现：数据收集类、数据采样类、动力学网络类、模型预测控制器类、模型训练和预测函数及主函数。

11.2.1 数据收集类

在该类中，我们需要实现 2 个功能，即数据集的增加和从数据集中进行采样。其中数据集的增加用来扩充数据集，数据集的采样则用来训练神经网络。

```
class Experience_Buffer():
    def __init__(self,buffer_size = 50000):
        self.buffer = []
        self.buffer_size = buffer_size
    def add_experience(self,experience):
        if len(self.buffer)+len(experience) >= self.buffer_size:

self.buffer[0:(len(experience)+len(self.buffer))-self.buffer_size]=[]
        self.buffer.extend(experience)
    def sample(self, samples_num):
        sample_data = np.reshape(random.sample(self.buffer, \
        samples_num),[samples_num,7])
        input = sample_data[:,0:4]
        label = sample_data[:,4:7]
        return input, label
```

11.2.2 数据采样类

基于模型预测控制的数据采样，该类用于训练模型的测试。该类包括两个成员函数，1 个初始化，另外 1 个利用模型预测控制器采样数据，得到状态动作集和下一步的状态集。

```
class Mpc_Sample():
def __init__(self,env, mpc, dynn):
    self.env = env
    self.mpc = mpc
    self.dynamic_model = dynn
    self.gamma = 0.90
    self.n_features=3
    self.reward_sum = 0
def sample_episodes(self, num_episodes):
    #产生 num_episodes 条轨迹
    batch_obs_next = []
```

```
        batch_obs=[]
        batch_actions=[]
        batch_r =[]
        batch_reward = []
        for i in range(num_episodes):
            observation = self.env.reset()
            self.reward_sum = 0
            #将 1 个 episode 的回报存储起来
            reward_episode = []
            while True:
                # if RENDER:self.env.render()
                self.env.render()
                #根据策略网络产生 1 个动作
                state = np.reshape(observation,[1,3])
                action = self.mpc.choose_action(state,self.dynamic_model)
                observation_, reward, done, info = self.env.step(action)
                reward_episode.append(reward)
                #存储当前观测
                batch_obs.append(np.reshape(observation,[1,3])[0,:])
                #存储后继观测

batch_obs_next.append(np.reshape(observation_,[1,3])[0,:])
                #存储当前动作
                batch_actions.append(action)
                #存储立即回报
                batch_r.append((reward+8)/8)
                # reward_episode.append((reward+8)/8)
                #1 个 episode 结束
                if done:
                    self.reward_sum = np.sum(reward_episode)
                    print("本次总回报为%f"%self.reward_sum)
                    break
                #智能体往前推进一步
                observation = observation_
        #reshape 观测和回报
        batch_obs = np.reshape(batch_obs, [len(batch_obs),
self.n_features])
        batch_obs_next = np.reshape(batch_obs_next, [len(batch_obs),
self.n_features])
        batch_actions =
np.reshape(batch_actions,[len(batch_actions),1])
        batch_obs_action= np.hstack((batch_obs,batch_actions))
        return batch_obs_action, batch_obs_next
```

11.2.3 动力学网络类

利用神经网络拟合 Pendulum 的动力学。该类包括以下几个成员函数。

- 初始化函数。用来构建动力学网络的结构，其中神经网络结构如图 11.1 所示。在源码中第 1 个隐藏层为 200 个神经元，第 2 个隐藏层为 100 个神经元。
- 训练函数 train_dynamic。该成员函数利用采集的数据对神经网络进行训练。在源码中采用 mini-batch 的方法进行训练，其中 mini-batch 大小为 128，随机训练 100 次。
- 预测函数 prediction。该成员函数输入当前的状态和动作，输出下一个时刻的状态。用于预测后继填装。
- 精确性测试函数 accurate_show。该成员函数用来显示预测数据和实际数据。
- 模型保存函数 save_model。
- 模型恢复函数 restore_model。

```
class Dynamic_Net():
def __init__(self,env, lr=0.0001, model_file=None):
    # 输入特征的维数
    self.n_features = env.observation_space.shape[0]
    self.learning_rate = lr
    self.obs_action_mean = np.array([0.0,0.0,0.0,0.0])
    self.obs_action_std = np.array([0.6303, 0.6708,3.5129, 1.1597])
    self.delta_mean = np.array([0.0, 0.0, 0.0])
    self.delta_std = np.array([0.1180, 0.1301, 0.5325])
    # 输出动作空间的维数
    self.n_actions = 1
    # 1.1 输入层
    self.obs_action = tf.placeholder(tf.float32, shape=[None,
self.n_features+self.n_actions])
    # 1.2.第 1 层隐含层包含 200 个神经元，激活函数为 ReLU
    self.f1 = tf.layers.dense(inputs=self.obs_action, units=200,
activation=tf.nn.relu,

kernel_initializer=tf.random_normal_initializer(mean=0,
stddev=0.1), \

bias_initializer=tf.constant_initializer(0.1))
    # 1.3 第 2 层隐含层包含 100 个神经元，激活函数为 relu
    self.f2 = tf.layers.dense(inputs=self.f1, units=100,
activation=tf.nn.relu,

kernel_initializer=tf.random_normal_initializer(mean=0,
stddev=0.1),\

bias_initializer=tf.constant_initializer(0.1))
```

```
        # 1.4 输出层包含 3 个神经元，没有激活函数
        self.predict = tf.layers.dense(inputs=self.f2, units=
self.n_features)
        # 2. 构建损失函数
        self.delta =  tf.placeholder(tf.float32,[None, self.n_features])
        self.loss = tf.reduce_mean(tf.square(self.predict-self.delta))
        # 3. 定义一个优化器
        self.train_op =
tf.train.AdamOptimizer(self.learning_rate).minimize(self.loss)
        # 4. tf 工程
        self.sess = tf.Session()
        # 5. 初始化图中的变量
        self.sess.run(tf.global_variables_initializer())
        # 6.定义保存和恢复模型
        self.saver = tf.train.Saver()
        if model_file is not None:
            self.restore_model(model_file)
    def train_dynamic(self, mybuffer):
        iter = 100
        batch=128
        # 处理数据，正则化数据
        for i in range(iter):
            batch_obs_act, batch_delta = mybuffer.sample(batch)
            train_obs_act = (batch_obs_act - self.obs_action_mean) /
            (self.obs_action_std)
            train_delta = (batch_delta - self.delta_mean) /
            (self.delta_std)
            self.sess.run([self.train_op],feed_dict={self.obs_action:
            train_obs_act, self.delta:
            train_delta})
    def prediction(self,s_a, target_state=None):
        #正则化数据
        norm_s_a = (s_a-self.obs_action_mean)/self.obs_action_std
        #利用神经网络进行预测
        delta = self.sess.run(self.predict,
feed_dict={self.obs_action:norm_s_a})
        predict_out = delta*self.delta_std + self.delta_mean +s_a[:,0:3]
        return predict_out
    def accurate_show(self,s_a, target_state):
        #正则化数据
        norm_s_a = (s_a-self.obs_action_mean)/self.obs_action_std
        #利用神经网络进行预测
        delta = self.sess.run(self.predict,
feed_dict={self.obs_action:norm_s_a})
        predict_out = delta*self.delta_std + self.delta_mean +s_a[:,0:3]
        x = np.arange(len(predict_out))
```

```
        plt.figure(1)
        plt.plot(x, predict_out[:,0],)
        plt.plot(x, target_state[:,0],'--')
        # plt.figure(11)
        # plt.plot(x, s_a[:,0])
        # plt.plot(x,predict_out[:,0],'--')
        # plt.plot(x, target_state[:,0],'-.')
        plt.figure(2)
        plt.plot(x, predict_out[:, 1])
        plt.plot(x, target_state[:, 1],'--')
        plt.figure(3)
        plt.plot(x, predict_out[:, 2])
        plt.plot(x, target_state[:, 2],'--')
        plt.show()
        return predict_out
    # 定义存储模型函数
    def save_model(self, model_path):
        self.saver.save(self.sess, model_path)
    # 定义恢复模型函数
    def restore_model(self, model_path):
        self.saver.restore(self.sess, model_path)
```

11.2.4 模型预测控制器类

该类的成员函数有以下 3 个。

（1）初始化函数。在该函数中定义模型预测控制的优化水平和采样轨迹的数目。

（2）动作选择函数 choose_action。该成员函数利用 shooting 的方法得到最优的控制序列。

（3）代价计算函数 cost_compute。该成员函数计算每条轨迹的代价，为动作选择函数提供选择标准。

```
class Mpc_Controller():
    def __init__(self, horizon=20, num_simulated_paths = 200):
        self.horizon =horizon
        self.num_simulated_path = num_simulated_paths
    def choose_action(self, state, dynn):
        self.dyn_model = dynn
        #参数 state 应该是 1 个 list,如[s_1,s_2,s_3]
        state = state[0,:].tolist()
        #根据模型预测控制选择动作
        ob,ob_as,costs = [],[],[]
```

```
        #当前观测
        for _ in range(self.num_simulated_path):
            ob.append(state)
        ob = np.array(ob)
        for _ in range(self.horizon):
            ac = []
            for _ in range(self.num_simulated_path):
                #产生随机动作
                ac.append([4*random.random()-2])
            # print(np.array(ac).shape)
            # print(np.array(ob).shape)
            #整理数据
            ob_a =np.hstack((np.array(ob),np.array(ac)))
            #保存数据，用于计算代价，ob_as 的数据格式为[array,array]
            ob_as.append(ob_a)
            ob = self.dyn_model.prediction(ob_a)
            ob = ob.tolist()
        costs = self.compute_cost(ob_as)
        j = np.argmax(costs)
        return [ob_as[0][j,3]]
    #Pendulum 的代价函数
    def compute_cost(self, ob_as):
        cost = np.zeros((self.num_simulated_path,1))
        for i in range(self.num_simulated_path):
            for j in range(self.horizon):
                cost[i,0]+= (math.atan2(ob_as[j][i,1],
                ob_as[j][i,0])**2+\
                .1*ob_as[j][i,2]**2+0.001*ob_as[j][i,3]**2)
        cost_sum = cost[:,0].tolist()
        return cost_sum
```

11.2.5 模型训练和预测函数

强化学习的学习训练函数 model_train 按照图 11.2 进行编写。需要注意的是，在本源代码中随机数据集为空集。

模型测试函数 model_test，该函数用于测试训练好的模型。

```
def model_train(env, dynamic_net,mpc,mybuffer):
############开始训练##############################
reward_line=[]
average_line=[]
for i in range(100):
    #重置环境变量
    obs = env.reset()
```

```
        episode_reward = 0
        batch=128
        while True:
            env.render()
            current_state = np.reshape(obs, [1, 3])
            #模型预测控制器
            action = mpc.choose_action(current_state,dynamic_net)
            obs_next, reward, done, info = env.step(action)
            #处理数据
            episode_reward+=reward
            delta = np.reshape(obs_next,[1,3])-current_state
            # print(current_state,action)
            obs_act = np.hstack((current_state, np.reshape(action,
            [1,1])))
            experience = np.hstack((obs_act, delta))
            mybuffer.add_experience(experience)
            if done:
                #训练神经网络
                dynamic_net.train_dynamic(mybuffer)
                break
            else:
                #前进一步
                obs = obs_next
        if i==0:
            average_reward = episode_reward
        else:
            print("episode_reward", episode_reward)
            average_reward = 0.95*average_reward+0.05*episode_reward
        reward_line.append(episode_reward)
        average_line.append(average_reward)
        print("第%d 次实验，平均回报为%f"%(i, average_reward))
        if average_reward>-300:
            break
    x = np.arange(len(reward_line))
    plt.plot(x, reward_line)
    plt.plot(x,average_line,'--')
    plt.xlabel("training number")
    plt.ylabel("score")
    plt.show()
    #########存储模型###########################

dynamic_net.save_model('./current_best_trained_dynamic_pendulum')

def model_test(env, dynamic_net):
    #############测试模型的准确性###################
    mpc = Mpc_Controller()
    sampler_3 = Mpc_Sample(env, mpc, dynamic_net)
```

```
batch_obs_act, target_state = sampler_3.sample_episodes(1)
# print(sampler_3.reward_sum)
predict_obs = dynamic_net.accurate_show(batch_obs_act,
target_state)
```

11.2.6 主函数

主函数中，实例化仿真环境、动力学网络、模型预测控制器，调用训练函数进行训练，然后调用测试函数对训练的网络进行测试。

```
if __name__=='__main__':
# 创建仿真环境
env_name = 'Pendulum-v0'
env = gym.make(env_name)
env.unwrapped
env.seed(1)
# # 动作边界
# action_bound = [-env.action_space.high, env.action_space.high]
#实例化动力学网络
dynamic_net = Dynamic_Net(env)
#模型预测控制器
mpc = Mpc_Controller()
#实例化经验存储器
mybuffer =  Experience_Buffer()
average_reward = 0
#模型预测控制训练
model_train(env,dynamic_net,mpc,mybuffer)
#测试学习到的模型
model_test(env, dynamic_net)
```

至此，源码部分已经介绍完毕。如图 11.3 所示为基于模型的强化学习算法训练图。

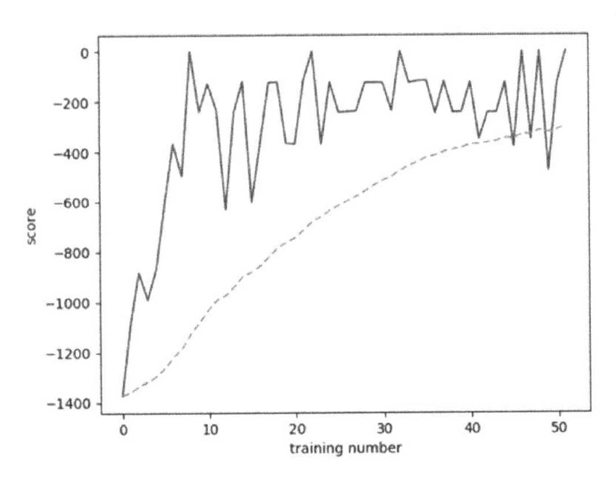

图 11.3　基于模型的强化学习算法训练图

图 11.3 中实线部分为每次训练的代价和训练次数的关系，虚线部分为平均代价和训练次数的关系。从实线部分我们可以看出，进行约 10 次迭代后，基于模型的强化学习算法分值便能达到一个比较高的水平。仿真实验证明，对于倒立摆，经过 10 次左右的尝试便能实现运动到竖直向上的状态。由此可见，基于模型的强化学习算法与其他强化学习算法相比，有几个数量级的提升。

12 AlphaZero 原理浅析

在人工智能领域，让电脑自动玩智力游戏并尝试战胜人类一直是追求的重要目标之一。因为智力游戏被公认为是智能的一种具体表现，而人工智能的终极目标就是用机器实现人类智能。历史上，电脑最早掌握的第一款经典游戏是井字棋游戏，这是 1952 年一位博士生的研究项目。

1994 年，一个名为 Chinook 的西洋跳棋程序战胜了人类总冠军。3 年后的 1997 年，IBM 开发的超级计算机“深蓝”在国际象棋比赛中战胜了世界冠军卡斯帕罗夫，当时也引起了巨大轰动。但有一项游戏仍然由人类代表着顶尖水平，那就是围棋。有着 3000 多年历史的围棋是人类有史以来发明出来的最复杂的棋类游戏，它的复杂性，更确切地说是搜索空间的大小，远远超过了其他的棋类游戏，使得传统的基于树搜索的人工智能方法在围棋中几乎无法奏效。所以，围棋一直被公认为是这类问题中的皇冠，短时间内很难被人工智能解决。直到 2016 年初，AlphaGo 横空出世，并一举战胜了人类顶尖棋手李世石（对弈棋盘如图 12.1 所示），引起了全世界的广泛关注[5]。

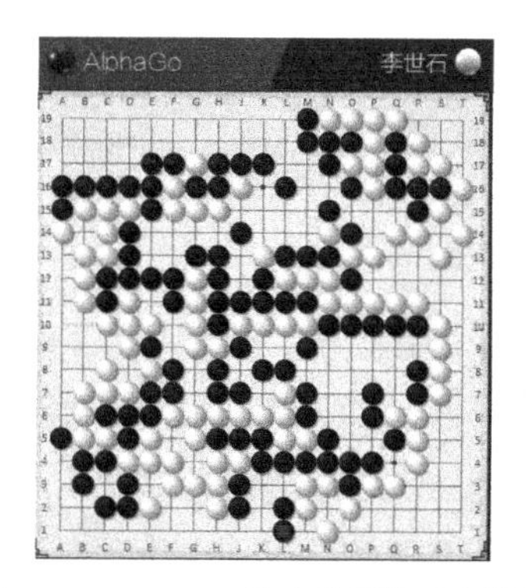

图 12.1 AlphaGo 和李世石的对弈棋盘

在 AlphaGo 的基础上，DeepMind 进一步创新。2017 年 10 月，DeepMind 在 *Nature* 上发表论文，正式公开了 AlphaGo Zero[6]。相较于前一版的 AlphaGo，AlphaGo Zero 的最大进步是摆脱了对于人类棋谱的依赖，完全通过自我对弈从零开始学习，这也是它的名字中 Zero 的由来。2 个月后，DeepMind 再次公开了更加通用的 AlphaZero 论文[7]，AlphaZero 仅用几个小时就征服围棋、国际象棋和日本将棋的壮举再次惊叹世人。AlphaGo 系列算法背后的核心技术——深度强化学习也受到了人们的广泛关注和研究，并取得了丰硕的理论和应用成果。

下面，我们先来回顾一下从 AlphaGo 到 AlphaZero 的发展历程及其背后的技术演进，然后介绍一下 AlphaGo 系列算法的基础——蒙特卡洛树搜索，最后详细介绍 AlphaZero 背后的深度强化学习原理。

12.1 从 AlphaGo 到 AlphaZero

从 AlphaGo 最开始走进人们的视野，到 AlphaZero 一统棋类的江湖，前后不过两年时间。我们一起来回顾一下从 AlphaGo 到 AlphaZero 这一路经历的一些重要事件。

1. 击败樊麾

2015 年 10 月，AlphaGo 击败欧洲围棋冠军樊麾，成为第 1 个无须让子即可在 19×19 棋盘上击败围棋职业棋手的电脑围棋程序。其相关成果在 2016 年 1 月发表于 *Nature*，这个版本的 AlphaGo 名为 AlphaGo Fan。

2. 击败李世石

2016 年 3 月，在国际公开的五番棋比赛中以 4:1 击败世界顶级职业棋手李世石，成为第一个不借助让子击败围棋职业九段棋手的电脑程序，引起世界轰动。这个版本的名字叫 AlphaGo Lee，整体算法和 AlphaGo Fan 比较相近，有几点小改进。

3. 化名 Master 横扫围棋界

2016 年底至 2017 年年初，在野狐等在线围棋对战平台上，AlphaGo 化名 Master，以网络快棋的形式对战世界范围内的顶级职业棋手，取得 60 连胜。这个版本的名字叫 AlphaGo Master，相较于 AlphaGo Lee 等级分提升了大约 1100 分，微调后的版本在 2017 年 5 月的乌镇围棋峰会的比赛中以 3:0 击败柯洁。直到这个版本，AlphaGo 依然使用了人类的对战数据，以及人工根据围棋知识构造的特征。

4. 从零开始自我对弈学习

2017 年 10 月，DeepMind 在 *Nature* 上再次发表论文，公开了最新版本的 AlphaGo Zero 算法。这个版本不再直接或间接使用任何人类的对战棋谱，也不再需要基于围棋知识人工提取各种特征，仅使用原始棋盘上的棋子位置信息为输入，通过自我对战强化学习。AlphaGo Zero 的最强版本对战 AlphaGo Master 100 局的胜率为 89%。

5. 同时解决围棋、国际象棋和日本将棋

2017 年 12 月，DeepMind 再次公开论文，提出更加通用的 AlphaZero，使用同一套算法解决围棋、国际象棋和日本将棋，并击败了当今最强的开源国际象棋软件 Stockfish 和日本将棋世界冠军级软件 Elmo。

虽然 AlphaGo 这一路走来经历了好多个版本，但其中最具里程碑意义的当属最开始的 AlphaGo 版本和后面的 AlphaGo Zero 版本，分别对应了两篇 *Nature* 论文。一个是从无到有，让计算机围棋的水平实现了前所未有的突破；另一个是学习模式上的革新，彻底摆脱了对围棋对局数据和人工特征的依赖，让 AI 模型仅通过自我对弈学习就能达到超越人类的高度。

大致上说，最开始的 AlphaGo 的方法可以分为 4 个步骤：

第 1 步，AlphaGo 以大量人类棋手的对局为训练数据，采用监督学习的方法训练了一个简单的用于快速走子的策略（Rollout Policy）和一个基于深度卷积神经网络的走棋策略（SL Policy Network）。

第 2 步，在监督学习的基础上，AlphaGo 通过和自己左右互博，采用基于策略梯度的强化学习方法把这个走棋策略神经网络改进成一个新的深度神经网络（RL Policy

Network）。

第 3 步，AlphaGo 再使用通过强化学习得到的走棋策略网络（Policy Network），通过自我对弈产生大量的对局数据，然后通过回归学习得到一个价值神经网络（Value Network）来估算每个棋盘状态的赢面。

第 4 步，再使用基于蒙特卡洛树搜索的算法，巧妙地融合前面训练得到的快速走子策略、走棋策略网络和局面价值评估网络来做出最终的决策。具体而言是通过策略网络来选择高概率的落子位置从而降低树搜索的宽度，同时使用价值网络结合快速走子策略一起来评估局面以减小树搜索的深度。

其中前 3 个步骤即 AlphaGo 神经网络训练过程，如图 12.2 所示。

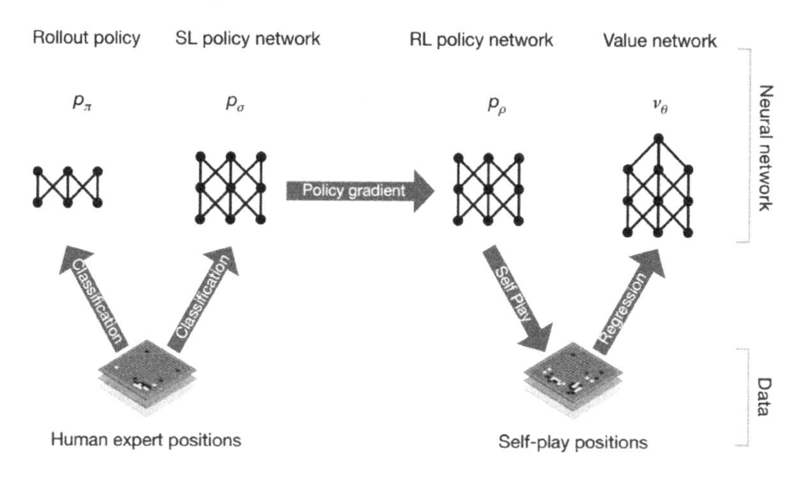

图 12.2　AlphaGo 神经网络训练过程[5]

同 AlphaGo 相比，AlphaGo Zero 做出了很多重要的调整。简而言之，去掉了第 1 步监督学习的过程，同时把第 2、3 步中的策略网络和价值网络整合在一起，使用基于蒙特卡洛树搜索的深度强化学习方法进行端到端的自我对弈学习。展开来说，主要有以下几个不同点：

（1）不使用任何人类对局的数据，从完全随机初始化的神经网络开始，仅仅通过强化学习来自我对弈和提升。

（2）仅仅使用最原始的棋盘上黑白棋子的位置作为输入数据，不再使用根据人类的围棋知识人工设计的特征数据。

（3）将 AlphaGo 中独立的策略网络和价值网络合为一个神经网络，在该神经网络中从输入层到中间层都是完全共享的，到最后的输出层部分分为策略和价值两部分输出。

（4）简化了蒙特卡洛树搜索过程，不再使用快速走子策略进行下棋模拟，而是完全使用价值神经网络的输出来评估局面状态。

（5）神经网络采用基于残差网络结构的模块进行搭建，使用了更深的神经网络进行特征表征提取，从而能在更加复杂的棋盘局面中学习。

从某种意义上来说，AlphaGo Zero 被认为是完全从零开始学习，从“白丁”到“鸿儒”，所需要的只是对其输入围棋的基本规则，这一点对于当前机器学习和人工智能有着非常重要的意义。AlphaGo Zero 从零开始，仅用 3 天的时间便达到了 AlphaGo Lee 的水平，在 21 天后达到 AlphaGo Master 的水平，棋力快速提升，如图 12.3 所示。

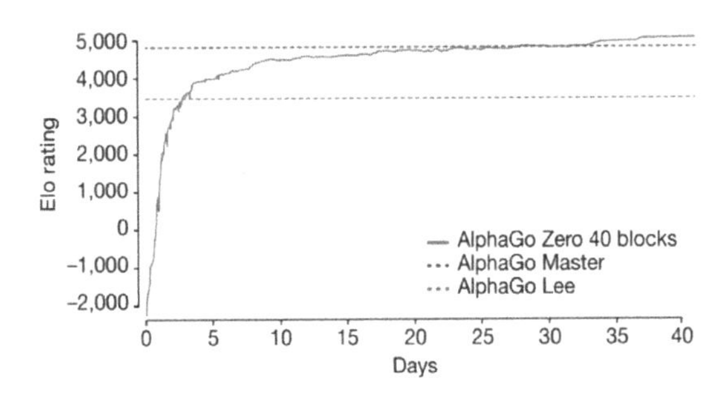

图 12.3 AlphaGo Zero 训练棋力提升曲线

最终训练得到的 AlphaGo Zero 相对于一些之前的 AlphaGo 版本，以及以前的一些围棋程序的棋力（依据 Elo 评分）对比情况如图 12.4 所示。具体的，AlphaGo Zero 的 Elo 评分达到了 5185，AlphaGo Master 的 Elo 评分大约为 4858，而打败李世石的 AlphaGo Lee 版本的 Elo 评分大约为 3739，其中每 200 分的 Elo 差距对应 75%的胜率。

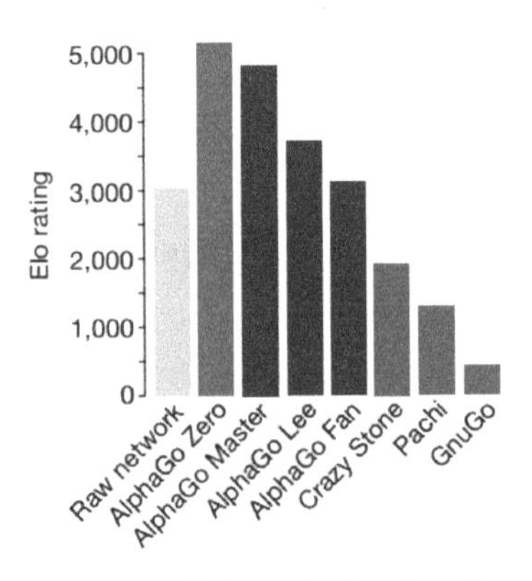

图 12.4 棋力 Elo 评分对比情况

我们最后再来看一下最新的 AlphaZero 算法，相比于 AlphaGo Zero，其在算法上其实变化不大，只是在训练的流程上有了进一步的简化。在 AlphaGo Zero 版本中，我们需要同时保存当前最新的模型和通过评估得到的历史最优的模型，自我对弈的数据始终由最优模型生成，用于不断训练更新当前最新的模型，然后每隔一段时间评估当前最新模型和最优模型的优劣，决定是否更新历史最优模型。而在 AlphaZero 版本中，这一过程得到简化，我们只保存当前最新模型，自我对弈数据直接由当前最新模型生成，并用于训练更新自身。另一个简化的点是，AlphaGo Zero 充分利用了围棋的旋转和翻转不变性，训练的时候将当前局面的 8 种等价局面全部加入用于扩充训练数据，同时在蒙特卡洛树搜索的过程中，在评估当前局面时，也是随机选择当前局面的一个等价局面进行评估；而 AlphaZero 并没有使用这些，因为它要同时解决国际象棋和日本将棋，而国际象棋和日本将棋等棋类是不满足旋转和翻转不变性的。

这个更加通用的 AlphaZero 算法，在使用几乎完全一样的参数设置的情况下，自我对弈训练 4 小时（300K 步）就打败了国际象棋的最强程序 Stockfish，不到 2 小时（110K 步）就打败了日本将棋的最强程序 Elmo，8 小时（165K 步）就打败了与李世石对战的 AlphaGo Lee。其训练过程中的 Elo 训练过程曲线如图 12.5 所示

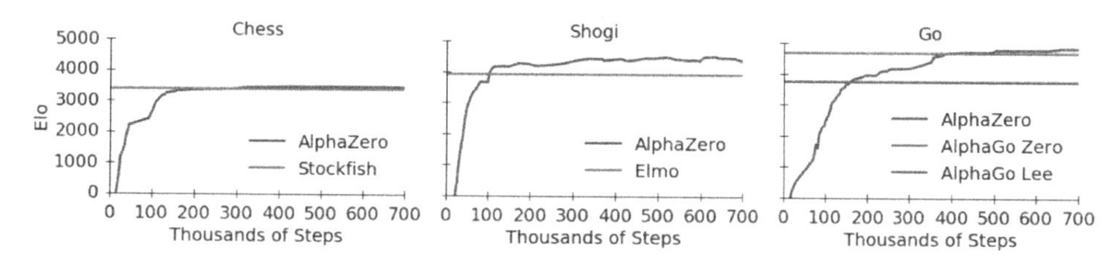

图 12.5　AlphaZero 训练过程曲线

相对于 AlphaGo Zero 训练 3 天战胜 AlphaGo Lee 而言，AlphaZero 的战力提升速度更快了。同时根据 AlphaZero 论文中的数据，训练 34 小时的 AlphaZero 胜过了训练 72 小时的 AlphaGo Zero。不过有一点需要指出的是，虽然 AlphaZero 通过短短几个小时的自我对弈训练就在国际象棋、日本将棋和围棋上达到了超越人类的水平，但是其背后需要的算力其实是巨大的。在 AlphaZero 论文中，DeepMind 明确指出，在生成自我对弈数据的过程中他们使用了 5000 个一代 TPU，然后又使用了 64 个二代 TPU 用来训练神经网络。这个算力需求远远超出了我们普通人能够提供的范围，所以我们如果想要完整地复现论文中的结果可能会比较困难，但是我们还是可以实现 AlphaZero 的算法，并通过在缩小版的棋盘上进行实践来体会这个算法背后的奥妙。

接下来我们就开始一步一步介绍 AlphaZero 算法背后的原理，为后面实现自己的 AlphaZero 算法打下基础。

12.2 蒙特卡洛树搜索算法

在完整地解析 AlphaZero 的算法之前，我们先来介绍一下蒙特卡洛树搜索算法（Monte Carlo Tree Search，简称 MCTS）。蒙特卡洛树搜索其实是 AlphaGo 系列算法的骨架，准确地理解 MCTS 算法的原理对于后面完整地理解并实现 AlphaZero 算法至关重要。

我们将从 MCTS 算法的基础：博弈树（Game Tree）、极大极小搜索（Minimax Search）和多臂赌博机问题开始讲起。

12.2.1 博弈树和极小极大搜索

博弈树（Game Tree）是博弈论里面的一个概念，它可以用来完整地表示一个完全信息博弈从开始到结束的所有可能路径。所谓的完全信息博弈是指在任何时刻，参与博弈的任何一方都可以观察到博弈的所有信息，AlphaZero 尝试解决的围棋、国际象棋等都是完全信息博弈的例子。我们通过一个博弈的小例子来理解一下博弈树的概念。

假设有 A、B、C 3 个箱子，每个箱子里有 2 个数字。你先从 3 个箱子中选择 1 个箱子，然后我从这个箱子里选择 1 个数字，你的目标是最大化选择出来的数字。假设我们都可以看到箱子里的每一个数字，那么这就是一个 2 人完全信息博弈的例子，如图 12.6 所示。

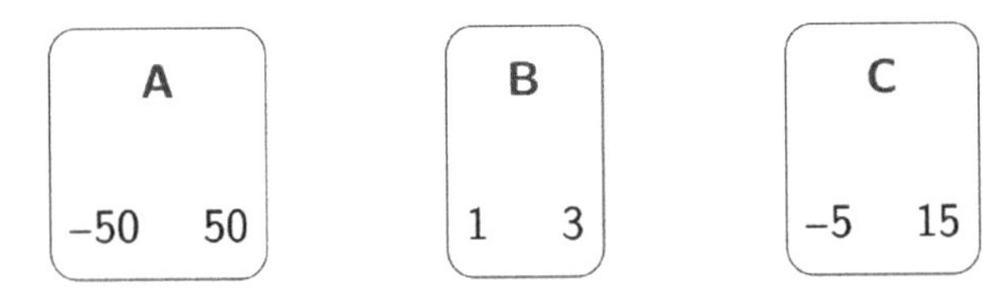

图 12.6 2 人完全信息博弈的例子

对于这个博弈，我们可以画出 1 颗完整的博弈树，如图 12.7 所示。树的节点表示博弈过程中的局面状态，而从节点出发的边表示该状态下的各种选择。所以图中第 1 层的节点表示初始状态，该节点下的 3 条边分别表示你的 3 个选择：A、B、C 3 个箱子。第 2 层的 3 个节点分别表示你选择了 A、B、C 之后对应的局面状态，每个节点下的两条边表示在每种状态下我的两个选择。我们可以看到，博弈树中每一条从根到叶子的路径就对应了双方一种可能的博弈情况，而这颗博弈树穷举出了这个博弈中双方从开始到结束所有可能的 6 种对弈情况。

这时候有的同学可能会问：这个博弈树有什么用，可以用来做决策吗？其实博弈树本身不包含任何决策信息，它只是博弈的一种树形表示，但是我们可以通过在博弈树上进行极小极大（Minimax）搜索来进行决策。极小极大搜索基于这样一个假设：对方在决策的时候会选择对我们最不利的。在我们这个小例子里，也就是说你假设我的策略是永远都选择最小的数字，比如对于 A 箱子我会选择−50，对于 B 箱子我会选择 1，对于 C 箱子我会选择−5，这就是所谓的 Min。在这种假设之下，你最终会选择 B 箱子，因为你的目标就是最大化选择出来的数字，而 B 对应了−50、1、−5 中最大的数字 1，这就是所谓的 Max。整个极小极大搜索的过程如图 12.8 所示，图中尖角朝下的三角形表示求极小的节点，尖角朝上的三角形表示求极大的节点。我们从博弈树的底部往上，逐层交替地求极小或极大值，并将值往上回溯，直到根节点。在博弈树每个节点的值都确定之后，我们就可以根据它进行决策了。

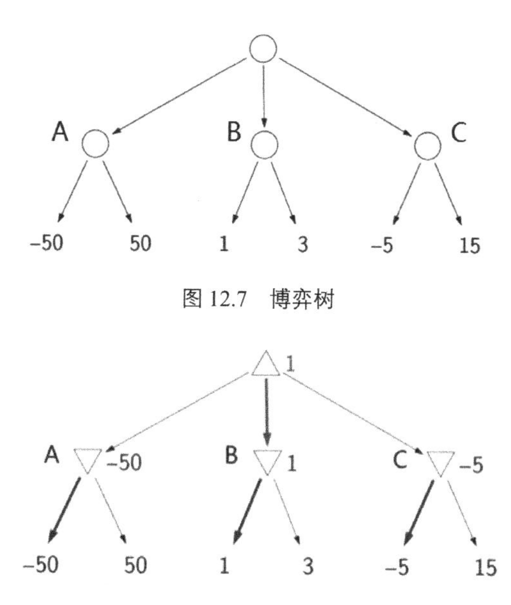

图 12.7　博弈树

图 12.8　极小极大搜索的过程

极小极大搜索潜在的一个问题是，我们需要遍历整个博弈树。在上面的这个小例子里，博弈树的深度只有 2 层，而且每个节点的分支也只有 2 或 3 个，使得整棵博弈树一共只有 6 条路径，可以很轻易地进行极小极大搜索。但是对于象棋、围棋等实际的棋类游戏，情况则完全不同。

以围棋为例，平均一局对局超过 200 步，每一步的可能下法有大约 250 种。如果完整张开这样一棵博弈树，节点的数量将远远超过宇宙中可观测到的原子的数量，是完全无法想象的。因此，为了实际应用极小极大搜索，人们也提出了一些方法来缓解这个问题。

因为博弈树的大小主要取决于树的深度和每一层的分支的数目，所以改进的方法就主要围绕着如何减小这两个数展开。一个直接的思路是，我们只搜索到固定的深度，然后使用评估函数(Evaluation Function)来评估非最终状态节点的值。在这种方案里，评估函数的设计就显得至关重要，而这往往需要用到非常多的领域相关的知识，而且有时候也很难设计。比如，如何评估一个围棋的局面的好坏在过去很长的时间内都是围棋 AI 模型设计的一个难点。另一个思路是，在搜索的过程中通过剪枝去除掉某些明显劣势的走法，从而一定程度上减小需要张开的分支的数目，最著名的就是 Alpha-beta 剪枝策略，它已经被成功地用在了各种博弈引擎中。比如，当今最强的开源国际象棋软件 Stockfish，这也是 AlphaZero 论文中用来比较的对象。但在蒙特卡洛树搜索算法中，我们使用了另一种非常不同的思路，我们先通过随机模拟博弈对博弈树进行一定程度地探索，然后利用探索到的信息重点搜索更有潜力的那一部分子树，其中包含的是强化学习中非常重要的探索-利用的思想。其实蒙特卡洛树搜索过程中每一次分支选择都可以看作是 1 个多臂赌博机问题，下面我们展开介绍一下。

12.2.2 再论多臂老虎机问题

一个赌徒，要去摇老虎机，走进赌场一看，一排老虎机，外表一模一样，但是每个老虎机吐钱的概率其实是不一样的，他并不知道每个老虎机吐钱的概率是多少，如果想在有限的摇臂次数内最大化收益该怎么做呢？这就是多臂老虎机问题(Multi-Armed Bandit problem，简称 MAB)。

下面我们以图 12.9 中的 3 个多臂老虎机为例进行讲解。

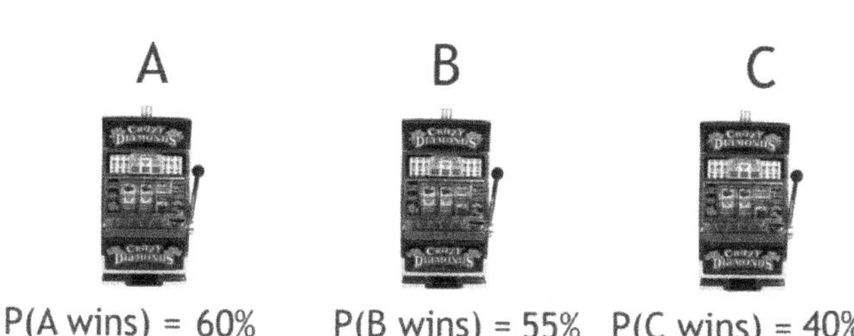

图 12.9 多臂老虎机

假设每一个老虎机每一次摇臂都是完全独立的，每一次摇臂 A 吐钱的概率是 60%，B 吐钱的概率是 55%，而 C 吐钱的概率是 40%。很显然一直摇老虎机 A 就是最优的方案，但现实中我们并不知道这一点。在不知道每个老虎机真实的吐钱概率的情况下，一个直观的想法就是先试试看，比如 3 个老虎机我们先各摇 10 次，统计下每个老虎机吐钱的次数，然后我们就一直摇吐钱次数最多的那个老虎机。这里我们其实就用到了蒙特卡洛法的思想，通过随机采样来估计每个老虎机吐钱的概率，其中也有探索（Exploration）与利用（Exploitation）的思想，前面先各摇 10 次就是在探索，然后一直摇吐钱次数最多的老虎机就是在利用探索得到的信息。

但是这个策略也有一定的风险，就是通过 10 次摇臂估计的吐钱概率可能是不准确的。比如摇了 10 次，老虎机 A 吐钱 5 次，B 吐钱 6 次，C 吐钱 4 次，这是完全有可能的。如果我们根据这 10 次的结果，之后一直摇老虎机 B，那我们就会错失很多收益。这时候有同学可能会说，那我们每个老虎机先各摇 100 次，这样估计出来的吐钱概率应该就会比较准确了。但这样也会带来一个问题，那就是即使我们准确地估计出 A 的吐钱概率最高，以后一直摇 A，但我们前面已经摇了 100 次老虎机 B 和 100 次 C，如果把这些次数也都用来摇老虎机 A，我们本可以获得更多收益。这里其实就反映了探索与利用之间的矛盾（Exploration-Exploitation tradeoff），如果我们进行更多的探索来得到更准确的估计，我们可能就会牺牲掉一部分本可以获取的收益，如果我们尽早地利用探索到的信息，我们可能就选择了一个非最优的策略。为了最大化收益，人们提出了很多策略去尽可能好地权衡探索与利用这两个方面，这些策略被称为 Bandit 算法。Bandit 算法其实也有很多，这边我们主要介绍一个在蒙特卡洛树搜索中会用到的 UCB 算法[8]。

UCB 的全称是 Upper Confidence Bound（置信上限），也就是统计学中用来度量估计的不确定性的置信区间的上限。对于多臂老虎机问题，假设我们一共摇臂 n 次，其中老虎机 i 摇了n_i次，且这n_i次摇臂的平均吐钱概率是x_i，那么老虎机 i 的吐钱概率的

95%置信区间是：

$$\left[x_i-\sqrt{\frac{2\ln n}{n_i}},x_i+\sqrt{\frac{2\ln n}{n_i}}\right]$$

UCB 算法的步骤很简单，我们先把每一个老虎机都尝试一遍，之后每次都选择当前吐钱概率的置信上限最高的那个老虎机，也就是选择以下值最大的那个老虎机：

$$x_i+\sqrt{\frac{2\ln n}{n_i}}$$

这个公式的第 1 项是老虎机 i 的吐钱概率的估计，可以看成算法利用（Exploitation）的部分，这一项让我们偏向于选择吐钱概率高的老虎机。而公式的第 2 项本质上是估计的不确定性，当我们对一个老虎机 i 的尝试次数 n_i 比较少时，置信区间比较宽，不确定性比较高，这样的老虎机也会被倾向于选择，这是算法探索（Exploration）的部分。所以 UCB 算法通过同时考虑收益的均值和均值估计的不确定性，来自动地平衡探索与利用之间的矛盾。

有了上面的储备，接下来我们介绍一个经典的蒙特卡洛树搜索算法——UCT 算法，我们将会看到其中 UCB 算法的应用。

12.2.3 UCT 算法

UCT 算法的全称是 Upper Confidence Bound Applied to Trees [9]，它是一个经典的蒙特卡洛树搜索算法，后面很多 MCTS 算法的变体都是在 UCT 的基础上进行改进得到的。

UCT 算法以需要做出决策的博弈状态为根节点，循环执行如图 12.10 所示的 4 个步骤，来扩展建立前向搜索树，并在树的节点保存一些统计信息，直到预设的终止条件（一般是达到设定的循环次数或者时间限制），然后根据搜索树中保存的统计信息来做出行动决策。

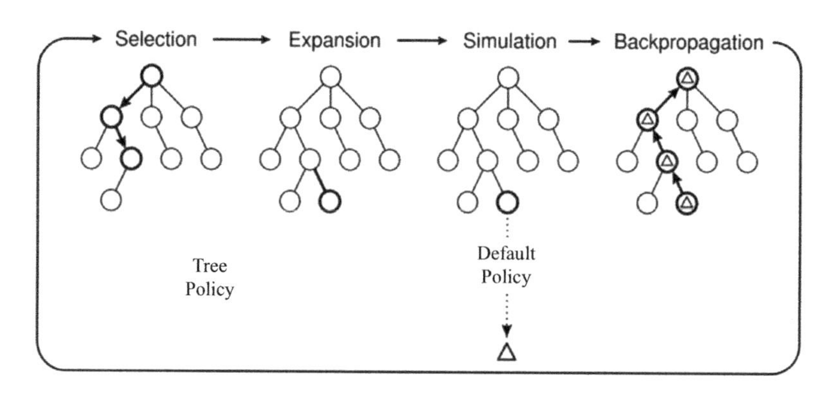

图 12.10 MCTS 算法的 4 个步骤[9]

下面我们具体介绍一下 UCT 算法执行 1 次循环所包含的 4 个步骤：

（1）选择（Selection）：从根节点出发，根据当前已经获得的统计信息，沿着已经建立的搜索树往下递归地选择分支节点，直到遇到未完全展开的节点（非终止节点，且有未访问过的子节点）。在选择这一步最重要的就是选择分支节点的策略，在 UCT 中每一次分支选择我们都使用 UCB 算法来选择以下值最大的子节点：

$$x_{\text{child}} + C\sqrt{\frac{\ln n_{\text{parent}}}{n_{\text{child}}}}$$

其中x_{child}是从父节点的视角出发选择当前子节点的胜率的估计，n_{child}是子节点的访问次数，n_{parent}是父节点的访问次数，等于其所有子节点访问次数之和，C 是一个参数，用来控制探索与利用之间的平衡，C 越大就越偏向于探索，C 越小就越偏向于利用。每一次分支选择都可以看成一个多臂老虎机问题，我们会充分利用已经获得的统计信息去搜索更有潜力的分支，同时也会给那些访问次数较少的节点一些探索的机会，避免错过更好的选择。

（2）扩展（Expansion）：在到达未完全展开的节点时，我们从该节点未被访问过的子节点中选择一个，加到搜索树中。

（3）模拟（Simulation）：从上一步扩展的子节点开始，使用 Default Policy 进行快速对弈，直到游戏结束，得到一个胜负结果。最常用的 Default Policy 一般就是随机对弈，也就是双方每一步都从可行的动作中随机选择一个。

（4）反向传播（Backpropagation）：根据上一步模拟得到的胜负结果，沿着从根节点到该叶子节点的对应路径反向传播更新路径上每个节点的统计值。

假设在循环执行上述 4 个步骤一定次数之后，我们达到了预设的终止条件，这时候我们已经建立了一颗搜索树，它可能如图 12.11 所示，在某些更有潜力的部分会搜索得比较深，而在某些部分会搜索的相对比较浅。我们如何根据这棵搜索树中的信息做出最终的决策呢？一般情况下我们会选择根节点处访问次数最多的那个子节点对应的分支动作作为我们的决策。在使用蒙特卡洛树搜索做出一步决策之后，我们选择的节点就会成为对手下一步的博弈初始状态，一旦对手在该状态下做出决策，我们就可以从对手的决策所到达的博弈状态对应的节点开始，再次开始蒙特卡洛树搜索。

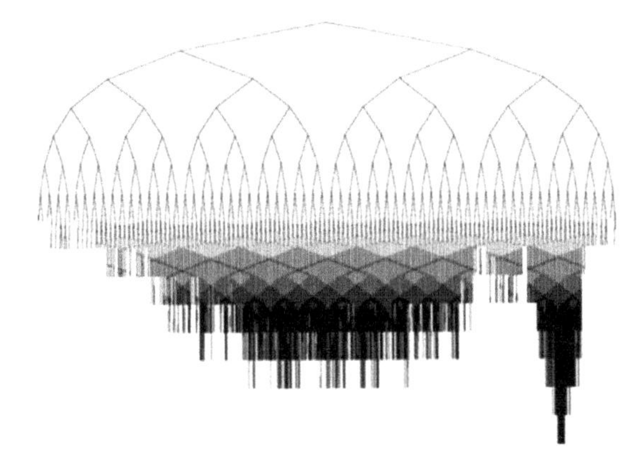

图 12.11　MCTS 建立的搜索树示例

相信通过上面的描述，大家对 UCT 算法已经有了大致的了解，下面我们再通过一个具体的例子来帮助大家更加直观地理解 UCT 算法的执行过程。

假设我们正在进行一局对弈，我们执白子，现在轮到我方做决策了，这时候我们就以我方的当前状态为根节点，开始执行 UCT 算法。首先，在初始状态下，我们只有一个根节点，该节点的所有子节点都还没有被访问过，也就是说根节点自身就是一个未完全展开的节点。所以我们直接进入扩展步骤，在根节点的子节点中选择一个，并从选择的子节点出发进行随机模拟，直到分出胜负。假设模拟的结果是白方胜，我们根据这个结果反向传播更新节点的统计值，得到如图 12.12 所示的搜索树。树中的每个节点都记录了从该节点的父节点所对应的一方的视角出发，选择该节点后最终获胜的次数，以及该节点被选择的次数。比如图中子节点的 1/1 表示根节点（白方）选择了该节点 1 次，并且（白方）最终获胜 1 次。所以 1/1 也对应了选择步骤中的 UCB 公式中的x_{child}，即从父节点一方的视角出发选择该子节点后的胜率的估计。对于根节点，我们只需记录其被访问的次数即可。

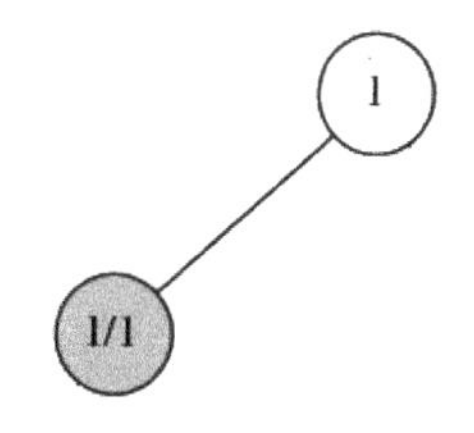

图 12.12 UCT 算法执行 1 次循环

假设在根节点对应的初始状态下，一共有 3 个选择，那么在 UCT 算法执行 3 个循环之后，这 3 个选择对应的子节点都会被展开，进行模拟，并反向传播更新统计值。假设在展开另外 2 个子节点时，进行模拟得到的最终结果都是黑方胜，那么在 UCT 算法执行 3 次循环后得到的搜索树如图 12.13 所示。

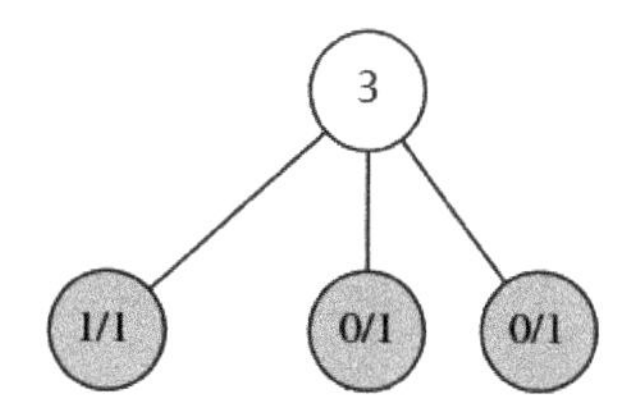

图 12.13 UCT 算法执行 3 次循环后得到的搜索树

假设我们继续执行 UCT 算法，在进行 7 次循环之后，搜索树已经展开成如图 12.14 所示。现在我们开始第 8 次完整的循环。首先进入选择步骤，假设我们将 UCB 公式中的参数 C 设置为 1，也就是使用如下的 UCB 公式：

$$x_{\text{child}} + \sqrt{\frac{\ln n_{\text{parent}}}{n_{\text{child}}}}$$

那么对于根节点的 3 个子节点 2/3、1/3 和 0/1，我们可以分别计算其 UCB 值如下：

（1）2/3 节点对应的 UCB 值为$\frac{2}{3} + \sqrt{\frac{\ln 7}{3}} = 1.472$。

（2）1/3 节点对应的 UCB 值为$\frac{1}{3} + \sqrt{\frac{\ln 7}{3}} = 1.139$。

（3）0/1 节点对应的 UCB 值为$\frac{0}{1} + \sqrt{\frac{\ln 7}{1}} = 1.395$。

因为 2/3 子节点对应的 UCB 值最大，所以在根节点处我们选择 2/3 节点对应的分支。类似地，对于后面的分支选择，我们也分别计算每个子节点对应的 UCB 值并选择 UCB 值最大的那个子节点。这样从根节点出发，我们得到了如图 12.14 中箭头所示的选择路径，直到未完全展开的节点 1/1。

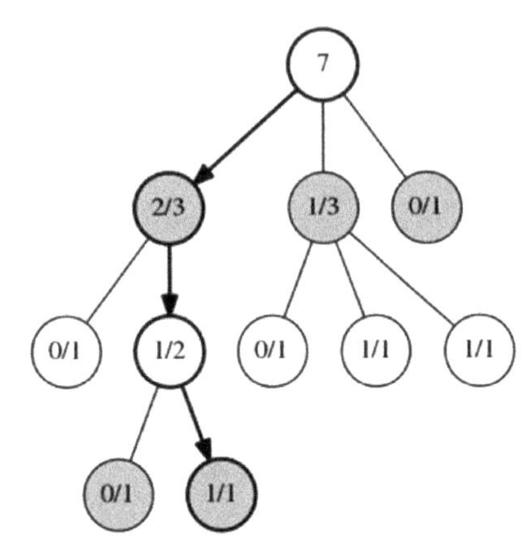

图 12.14　选择路径

在到达未完全展开的节点 1/1 之后，我们进行第 2 步，对该节点进行扩展，在搜索树中增加了一个暂时没有统计信息的 0/0 叶子节点，如图 12.15 所示。

然后，我们从该叶子节点出发，进行随机模拟，直到游戏结束，分出胜负。假设模拟的最终结果是黑方获胜，那么从黑方 1/1 节点的视角出发，刚刚扩展出来的 0/0 叶子节点的值将被更新为 1/1，如图 12.16 所示。

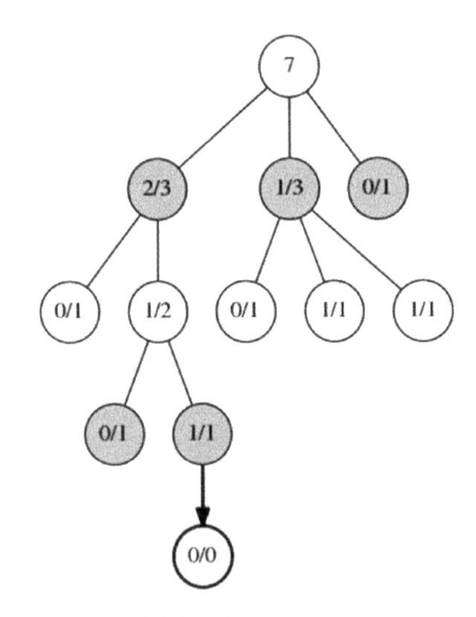

图 12.15　节点扩展

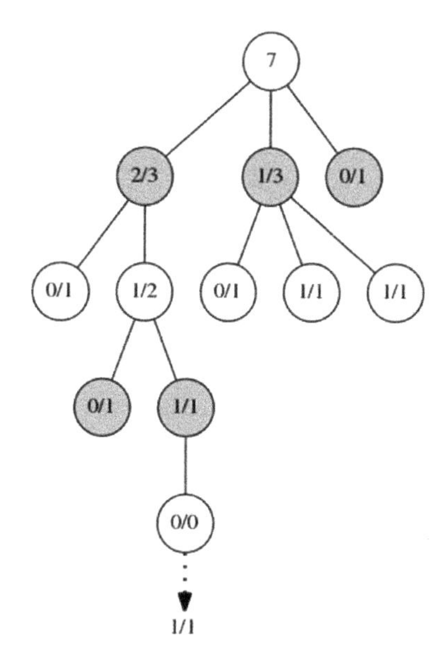

图 12.16 模拟（Simulation）

最后，我们根据上一步模拟得到的胜负结果，沿着选择路径的反方向，从叶子节点开始反向传播，更新路径上每一个节点的统计值，如图 12.17 所示。需要注意的是，对于路径上的每一个节点，其记录的访问次数都会加 1，但是对于获胜次数，只有当该节点的父节点对应于获胜方时才会加 1。

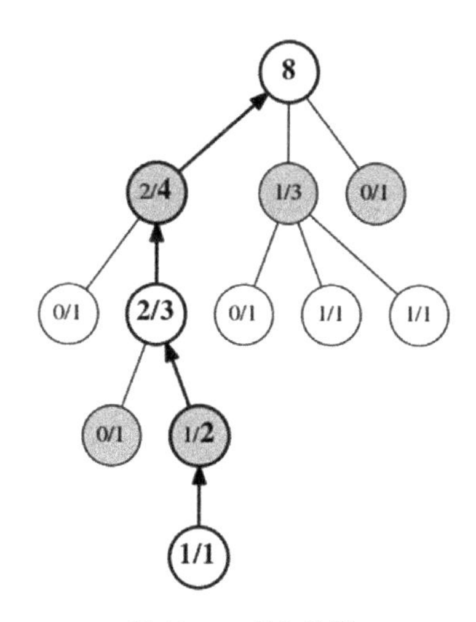

图 12.17 反向传播

在执行完反向传播步骤之后，我们就完成了 UCT 算法的第 8 次循环。如果现在就要做出决策，我们只需要看根节点的每个子节点被访问的次数，然后选择被访问次数最多的那个。在上面的例子中，我们会选择 2/4 节点，这样我们就完成了使用 UCT 算法进行一次决策的完整过程。当然这只是一个用来演示算法过程的小例子，在实际应用中，取决于具体的游戏，UCT 算法一般都需要执行几千、几万甚至更多次循环，才能获得一定的实力。

关于蒙特卡洛树搜索算法，我们就介绍到这里。在下一节中，我们将会完整地解析 AlphaZero 基于自我对弈的强化学习算法的原理和一些技术细节。

12.3 基于自我对弈的强化学习

完全基于自我对弈（self-play）来学习进化是 AlphaGo Zero 以及 AlphaZero 相比于之前打败李世石的 AlphaGo 版本的最大卖点，也是它们名字中 Zero 的由来。因为它们脱离了对人类棋谱知识的依赖，完全从零开始，在短时间内就达到了人类无法匹敌的程度。从总体上看，AlphaZero 的自我对弈学习基于的是强化学习中的策略迭代的框架，它巧妙地将卷积神经网络和蒙特卡洛树搜索（MCTS）相结合，实现了稳定的学习和快速的提升。

下面我们就来梳理 AlphaZero 背后的学习原理及一些技术细节。从总体上看，AlphaZero 的算法主要包含两个部分：

（1）基于蒙特卡洛树搜索的自我对弈。在自我对弈的过程中，AlphaZero 会探索到各种各样的局面、走法及最后的胜负情况，并将这些数据记录下来用于后面的学习。

（2）策略价值网络的训练。所谓的策略价值网络，就是给定一个局面s，能够返回该局面下每一个位置的落子概率及该局面对应评分的神经网络模型。在前面自我对弈的过程中收集的数据就是用来训练策略价值网络的，而训练更新的策略价值网络也会马上被应用到自我对弈中辅助蒙特卡洛树搜索，以生成更优质的自我对弈数据。两者相互嵌套、相互促进，就构成了整个训练的循环。

12.3.1 基于 MCTS 的自我对弈

我们首先来看 AlphaZero 的自我对弈过程，如图 12.18 所示。

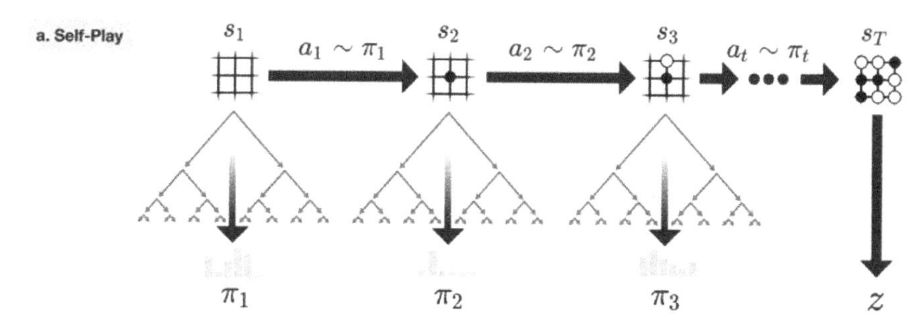

图 12.18 自我对弈（self-play）过程示意图

图 12.18 展示的是一局完整的自我对弈，从初始空白棋盘对应的棋盘状态s_1开始，AlphaZero 和自己下棋，经历棋盘状态s_2，s_3，…直到结束状态s_T。在自我对弈的每一步，即在每一个棋盘状态下，比如s_t、AlphaZero 都会执行一次完整的蒙特卡洛树搜索（在搜索的过程中使用策略价值网络进行辅助），并最终返回落子的策略$\boldsymbol{\pi}_t$，即在当前局面s_t下不同位置的落子概率。AlphaZero 自我对弈过程中的每一步走棋都是根据蒙特卡洛树搜索返回的落子策略$\boldsymbol{\pi}_t$决定的，即$a_t \sim \boldsymbol{\pi}_t$。在到达结束状态$s_T$后，我们根据游戏规则得到这一局自我对弈的结果$z$，一般是-1、0、1 三个值之一，分别对应输、平和赢。对于自我对局中每一步t，我们都保存一个 3 元组$(s_t, \boldsymbol{\pi}_t, z_t)$，可以理解为一个训练样本，其中$s_t$和$z_t$需要特别注意从每一步的当前 player 的视角来表示。比如，在局面s_t中我们有 2 个 2 值矩阵分别表示两个 player 的棋子的位置，那么可以是第 1 个矩阵表示当前 player 的棋子位置，第 2 个矩阵表示对手 player 的棋子位置。也就是说，第 1 个矩阵会交替表示黑色和白色棋子的位置，就看在局面s_t下谁是当前 player，不能认为第 1 个矩阵一直表示黑色棋子的位置，第 2 个矩阵一直表示白色棋子的位置。z_t也类似，如果s_t局面下的当前 player 是这一局自我对弈最后的胜者，则$z_t = 1$，如果是最后的败者则$z_t = -1$，如果最后是平局，则$z_t = 0$。

相信 AlphaZero 通过自我对弈收集数据的整体过程大家已经比较清楚了，但是其中还有关键的一步没有展开，那就是在一个棋盘状态（比如s_t状态）下，AlphaZero 具体是如何执行蒙特卡洛树搜索的，并最终返回当前局面下不同位置的落子概率$\boldsymbol{\pi}_t$的。下面我们就展开介绍这一部分，因为 AlphaZero 中的蒙特卡洛树搜索其实只是在最基础的 UCT 算法上进行了一些改进，所以有了前一节的基础，相信会比较容易理解。

MCTS 的执行过程本质上是在建立并维护一棵树，这棵树的每个节点（或者是边）中保存了用于决策一个局面 s 下该如何选择动作 a 的信息，这些信息包括访问次数$N(s,a)$，总行动价值$W(s,a)$，平均行动价值$Q(s,a)$和在局面 s 下选择 a 的先验概率

$P(s,a)$。如图 12.19 所示，首先我们会反复执行 a、b、c 三个步骤，即选择、扩展及评估（Expand and Evaluate）和回传（Backup），来逐渐建立一棵树。具体的做法是，在 AlphaZero 中，我们会重复执行 800 次。然后根据树中存储的统计信息得到落子的概率分布$\boldsymbol{\pi}$，也即步骤 d，执行（Play）。

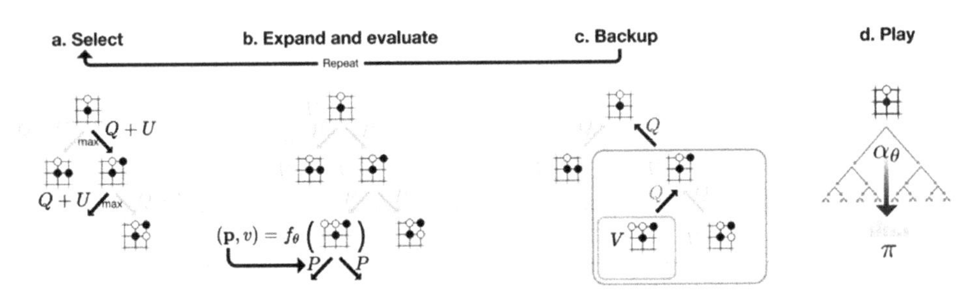

图 12.19　AlphaZero 中的蒙特卡洛树搜索

1. 选择

选择阶段从根节点开始，沿着树一路往下选择，直到遇到叶子节点后终止。在每一步，我们根据搜索树中现有的统计信息，选择对应最大 Q+U 的分支，其中 Q 是平均动作价值，U 是置信上限，具体的公式如下：

$$U(s,a) = c_{\text{puct}} P(s,a) \frac{\sqrt{\sum_b N(s,b)}}{1 + N(s,a)}$$

这是 PUCT 算法的一个变种，其中c_{puct}是一个重要的超参数，它控制探索和利用之间的平衡。这种选择策略最开始会偏向于具有高先验概率和低访问次数的动作，但是后来会逐渐偏向具有高行动价值的动作。相较于上一节中介绍的 UCT 算法中的 UCB 公式，这边最大的变化是在置信上限 U 的计算中融入了先验概率$P(s,a)$，这是策略价值网络的输出，使得 MCTS 一开始就能将搜索集中在更加有潜力的分支上，从而提高搜索效率。

2. 扩展及评估

当选择叶子节点（假设为s_L）时，我们不知道当前局面下有哪些可行的动作，于是我们调用策略价值网络f_θ，把当前局面s_L作为输入传入，策略价值网络会返回给我们一个向量$\boldsymbol{p}$和当前局面的评分 v，即$(\boldsymbol{p},v) = f_\theta(s_L)$，其中向量$\boldsymbol{p}$是当前局面下每个动作$a$对应的概率。这样在当前局面下，所有可行的动作及对应的先验概率就都有了，这时我们就可以扩展叶子节点，并将该叶子节点下所有可能的分支(s_L,a)中存储的信息初始化为$N(s_L,a)=0$、$W(s_L,a)=0$、$Q(s_L,a)=0$，以及$P(s_L,a)=p_a$。注意，相较于前一节中的 UCT 算法，AlphaZero 不再使用随机模拟到终局的方式来评估一个叶子节点，而是直接使用策略价值网络输出的局面评分。另外，这边直接展开了叶子节点的所有分支，而不再是随机地扩展一个分支。

3. 回传

当扩展与评估阶段完成后，我们将最新评估得到的叶子节点对应的局面评分 v 一路回传到根节点，并更新路径上的每个节点中保存的统计信息。访问次数$N(s_t,a_t)$，总行动价值$W(s_t,a_t)$，平均行动价值$Q(s_t,a_t)$的具体更新方式为

$$N(s_t,a_t)=N(s_t,a_t)+1$$

$$W(s_t,a_t)=W(s_t,a_t)+v_t$$

$$Q(s_t,a_t)=\frac{W(s_t,a_t)}{N(s_t,a_t)}$$

需要注意的是，在实际回传的过程中，局面评分v_t需要根据当前更新节点对应的视角和叶子节点对应视角的异同进行必要的取反，因为一个局面如果对于当前节点来说很好，那么对于其上一层节点来说就一定是很差的，因为两者是对手关系。

4. 执行

在重复执行 a ~ c 一定次数后（AlphaZero 中设置为 800 次），我们根据树的根节点处每一个分支的访问次数来计算得到每一个可行落子的概率分布π，具体为

$$\pi(a|s_0)=\frac{N(s_0,a)^{\frac{1}{\tau}}}{\sum_b N(s_0,b)^{\frac{1}{\tau}}}$$

其中τ为控制探索程度的参数。当$\tau=1$时，落子概率正比于每个落子对应的分支被访问的次数，当$\tau\to 0$时，只有访问次数最多的落子对应概率 1，其他可行落子概率全为 0。在 AlphaZero 中，每一个 self-play 对局的前 30 步τ取 1，而之后$\tau\to 0$。

至此，基本上讲清楚了 AlphaZero 具体是如何执行蒙特卡洛树搜索，并最终得到当前局面下不同位置的落子概率$\boldsymbol{\pi}$的。在实际自我对弈时，我们会根据 MCTS 返回的不同位置的落子概率$\boldsymbol{\pi}$采样得到一个具体的落子动作并执行。这种选择动作的方式和随机策略梯度方法中的方式是一致的，这种按概率随机采样的方式本身带有一定的随机性，起到了充分探索不同局面和落子的作用。但需要注意到，在 AlphaZero 中，在

每一次自我对局的 30 步之后，参数$\tau \to 0$，这时候 AlphaZero 使用了另一种方式进行探索，它在蒙特卡洛树搜索的根节点s_0处给每个动作a的先验概率$P(s_0, a)$上加上了 Dirichlet 噪声，即$P(s_0, a) = (1-\varepsilon)p_a + \varepsilon\eta_a$，其中$\boldsymbol{\eta} \sim \mathrm{Dir}(0.03)$是参数为 0.03 的 Dirichlet 噪声，$\varepsilon = 0.25$，这个噪声使得所有落子都有被尝试的可能，从而达到了探索的效果。还有一点要补充的是，在 AlphaZero 论文中有明确提到，对于不同的棋类，Dirichlet 噪声的参数需要近似的反比于该棋类典型局面下合法落子的数量来设置，在 AlphaZero 论文中，对于国际象棋、将棋和围棋，该参数分别被设置为 0.3、0.15 和 0.03。

12.3.2 策略价值网络的训练

我们再来看 AlphaZero 中策略价值网络训练的部分。所谓的策略价值网络，就是在给定局面 s 的情况下，返回该局面下每一个可行动作的概率p（策略部分）及该局面评分 v（价值部分）的神经网络模型。那么，如何描述当前的局面s呢？

在 AlphaZero 中，一共使用了 17 个19×19的二值特征平面来描述当前局面，其中前 16 个特征平面描述了最近 8 步内双方 player 的棋子位置。具体的第 1 个平面表示当前 player 在最近一步时所有己方棋子的位置，有棋子的位置为 1，其余位置全部为 0；第 2 个平面表示对手 player 在最近一步时所有棋子的位置，有对手 player 棋子的位置为 1，其余位置全部为 0，后面的 14 个平面以此类推，分别表示最近 2、3……8 步时双方的棋子位置情况。最后一个特征平面描述当前 player 对应的棋子颜色，如果当前 player 执黑，则该特征平面所有位置为 1，如果当前 player 执白，则该特征平面所有位置为 0，其实就是指示了当前 player 是否是先手一方。这 17 个平面堆叠在一起，就构成了$19 \times 19 \times 17$的 3 维矩阵，这就是 AlphaZero 中策略价值网络的输入。AlphaZero 中的策略价值网络训练如图 12.20 所示。

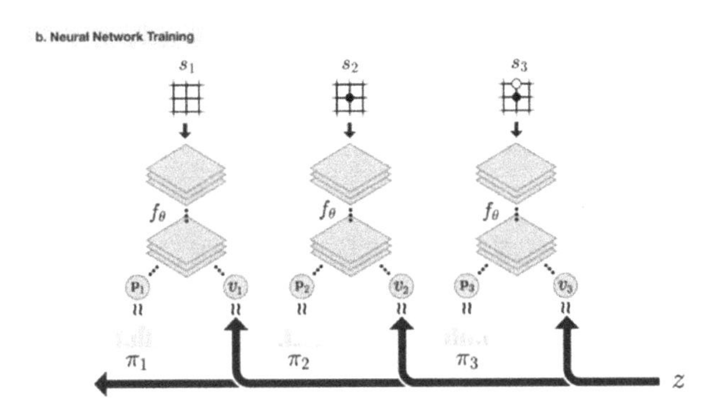

图 12.20 AlphaZero 中的策略价值网络训练

明确了输入的表示方式，我们接下来看 AlphaZero 中使用的策略价值网络的具体结构[10]。如图 12.21 所示，局面描述s首先经过 256 个3×3、步幅为 1 的卷积核构成的卷积层，然后经过批归一化处理和 ReLU 非线性激活函数输出。

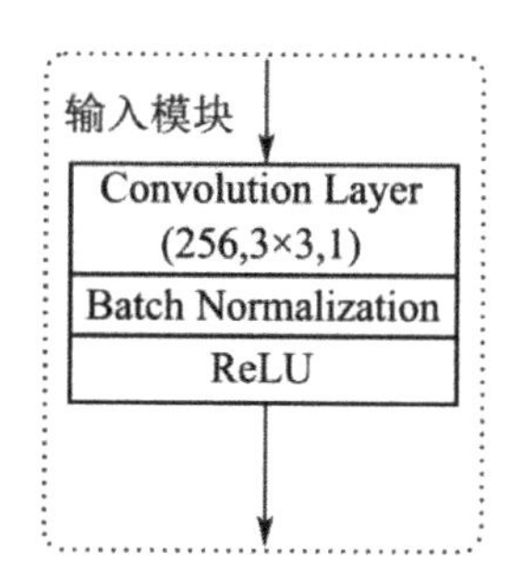

图 12.21　策略价值网络的具体结构

输入模块的输出接下来经过一连串如图 12.22 所示的残差模块。在每个残差模块内部，输入信号依次经过由 256 个3×3、步幅为 1 的卷积核构成的卷积层、批归一化层、ReLU 非线性激活函数、由 256 个3×3、步幅为 1 的卷积核构成的卷积层、批归一化层，然后和输入部分的直连信号叠加，最后经过 ReLU 非线性激活函数输出。在 AlphaGo Zero 论文中，明确提到两个版本的策略价值网络，区别其实就在于使用残差模块的个数不同，两个版本分别对应残差模块重复 19 次和 39 次。

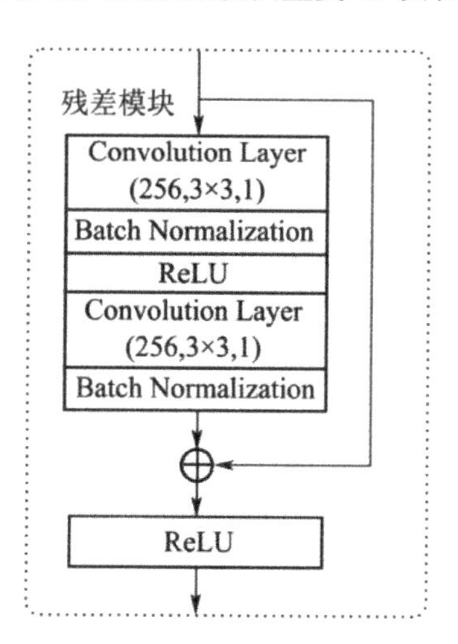

图 12.22　策略价值网络的残差模块

在经过一系列的残差模块之后，信号最后进入如图 12.23 所示的输出模块。输出模块分为策略输出和价值输出两部分，其中策略输出部分首先经过包含两个1×1卷积核的卷积层，然后经过批归一化和 ReLU 激活函数，最后通过一个全连接层输出 362 维的向量，对应落子19×19棋盘上的每一个位置和放弃走子（Pass Move）这 362 个动作的 logit 概率。价值输出部分首先经过包含 1 个1×1卷积核的卷积层，然后经过批归一化和 ReLU 激活函数，接着是 256 维输出的全连接层和 ReLU 激活函数，最后通过一个一维输出的全连接层，并使用 tanh 激活函数将最后的输出限制在[−1,1]的范围内，作为对局面价值的评估。

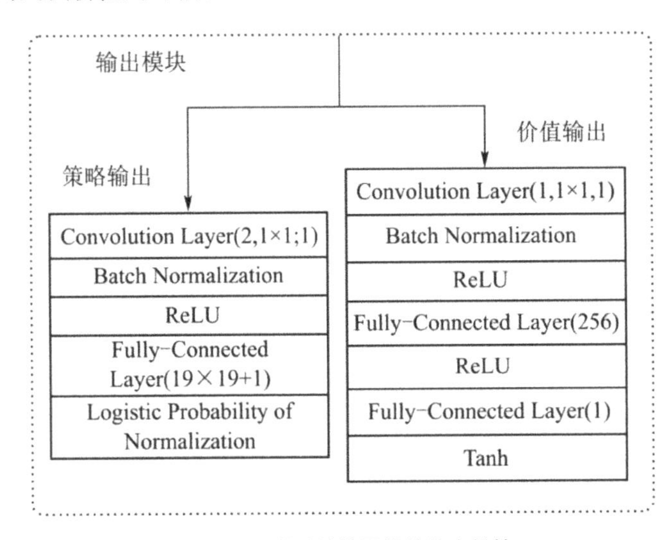

图 12.23　策略价值网络的输出模块

在进一步明确了策略价值网络的模型结构之后，我们再来看 AlphaZero 中是如何训练策略价值网络参数的。

在上一节中我们提到，对于 AlphaZero 自我对局中的每一步t，我们都会保存一个 3 元组$(s_t, \boldsymbol{\pi}_t, z_t)$，其中$s_t$是当时的局面描述，$\boldsymbol{\pi}_t$是在该局面下蒙特卡洛树搜索返回的落子概率分布，$z_t$是一局对局最终的胜负结果。对于同一个局面$s_t$，如果我们将其输入策略价值网络，则可以得到网络预测的当前局面下每个动作的概率p_t，以及对于局面胜负的评估v_t。

在自我对局中保存的这些数据其实就是用于训练策略价值网络的样本，根据图 12.20 中的策略价值网络训练示意图，策略价值网络训练的目标就是让网络输出的动作概率p_t更加接近 MCTS 输出的动作概率$\boldsymbol{\pi}_t$，让网络输出的局面价值评估v_t能更准确地预测真实的对局结果z_t。明确地说，策略价值网络的训练过程就是在 self-play 数据集上最小化损失函数：

$$l = (z_t - v_t)^2 - \boldsymbol{\pi}_t^T \log \boldsymbol{p}_t + c\|\theta\|^2,$$

其中前两项对应上面提到的两个训练目标，而第 3 项则用于防止过度拟合的 L2 正则项，参数c用来控制正则化的程度。

曾经有同学提出疑问：一盘围棋经常需要黑白双方交替进行各一百多手，而影响最后胜负的可能只有那关键的几手棋。按照我们现在收集数据和训练模型的方式，似乎会单纯依据胜负结果来认定胜方的每一步棋对应的局面都是好的（局面评估价值v_t的学习目标为 1），这似乎不是很科学。

如果只看一局比赛，认为胜方每一步对应的局面都是好的，那确实是不合理的，但实际训练其实是一个持续改进的过程，我们会慢慢地收集并使用很多局的信息。假设我们刚开始训练，现在的模型就是认为一个其实不怎么好的局面很好，那么在后续的自我对局中，如果执行某一步棋可以达到它认为很好的局面，它就会执行这一步，但是这可能会导致它最终输掉这一局。当使用这一局对局的数据更新模型的时候，它就会学会那个局面，这里面会有一个反馈校正的过程。随着训练对局数据的增多，理想情况下模型就能渐渐学到如何评估一个局面的好的程度，这是一个连续的评估值，而不是离散的或好或坏。

至此，我们就介绍完了 AlphaZero 基于自我对弈从零开始进行强化学习的整个过程，在下一章我们会动手实现自己的 AlphaZero 算法，在实践中更好地理解算法背后的思想。

13

AlphaZero 实战：从零学下五子棋

上一章我们介绍了 AlphaZero 自我对弈学习背后的一些算法原理和其中比较核心的蒙特卡洛树搜索算法的思想。在这一章，我们将一起来实现我们自己的 AlphaZero 算法。不过上一章也提到了，AlphaZero 的巨大成功也是建立在巨大的算力的基础上的，对于个人而言，要在19×19的棋盘上训练一个围棋 AI 模型几乎是不太现实的。同时，考虑到很多同学对于围棋也不太了解，我们选择了大家都比较熟悉的五子棋作为实践对象，而且只考虑最简单的无禁手的情况。这样我们能更专注于 AlphaZero 算法本身，同时也能通过亲自和 AI 模型对阵，来感受自己训练出来的 AI 模型慢慢变强的过程。我们会考虑相对迷你的8×8的棋盘，简化局面状态的表示方式，同时使用简化的策略价值网络模型结构，从而使得我们可以在一两天之内就在一台普通的电脑上从零开始训练出一个比较好的五子棋 AI 模型。当然 AlphaZero 算法的原理是比较通用的，有兴趣的同学完全可以将其应用到自己感兴趣的其他棋类上。

本章实战的完整代码里面包括基于 Theano\Lasagne、PyTorch、TensorFlow、Keras 等深度学习框架实现的代码版本及几个训练好的 AI 模型。在下面的讲解过程中，对于策略价值网络训练部分我们使用基于 PyTorch 的版本，同时讲解专注于核心训练的流程，精简了代码中部分用于辅助的代码。

13.1 构建简易的五子棋环境

我们首先在 Python 中创建一个简易的五子棋环境，能够实现棋盘的表示、下棋状态的记录、胜负的判断，以及对局的控制，等等。首先导入外部 Python 库，这边只需要用到一个 numpy，用来进行一些向量和矩阵的操作。

```
import numpy as np
```

先创建一个关于棋盘的类 Board，该类包括以下几个属性：width（棋盘宽度），height（棋盘高度），n_in_row（获胜需要几颗棋子成一线），players（用于表示下棋双方的编号，固定为 1 和 2），以及 states（用于记录棋盘上双方落子情况的一个字典，key 表示棋盘上的某个位置，编号从 0 到 width×height -1，value 记录该位置的棋子是哪一方的）。在默认情况下，我们考虑的是在8×8的棋盘上下五子棋。

```
class Board(object):

    def __init__(self, **kwargs):
        self.width = int(kwargs.get('width', 8))
        self.height = int(kwargs.get('height', 8))
        self.n_in_row = int(kwargs.get('n_in_row', 5))
        self.players = (1, 2)
        self.states = {}
```

接下来定义 Board 类的 init_board()方法，该方法有一个可选参数 start_player，可以用来指定先手一方的编号，默认为 0，表示 self.players 中的第 1 个 player，即编号为 1 的一方先手；如果设为 1，则表示编号为 2 的一方先手。在 init_board()方法中，我们进行棋盘参数的合法性判断，并将表示棋盘上可以落子位置的属性 available 初始化为包含棋盘上所有位置的列表，将记录落子情况的字典 state 设置为空，将记录对方最近一步落子位置的属性 last_move 设置为合法落子位置以外的-1，表示 current_player 的对手还未落子。init_board()方法一般在开始一局对局之前调用，用来初始化棋盘。

```
    def init_board(self, start_player=0):
        if self.width < self.n_in_row or self.height < self.n_in_row:
            raise Exception('board width and height can not be '
                            'less than {}'.format(self.n_in_row))
        # 当前 player 编号
        self.current_player = self.players[start_player]
        self.available = list(range(self.width * self.height))
        self.states = {}
        self.last_move = -1
```

在上面提到，对于棋盘上的位置，我们是使用从 0 开始的整数进行编号的，具体是从下往上，从左往右进行编号，下面的注释中包含了 1 个3 × 3棋盘的位置编号示例。这种 1 维的位置编号表示比较便于程序的处理，但有时候我们也需要将这种 1 维的整数编号转化为 2 维的坐标位置（棋盘上从下往上、从左往右数的第几行第几列）。比如在人工理解的时候，2 维的位置表示会更加直观清晰。为此，我们定义下面的两个方法，用于在两种棋盘位置表示之间进行方便的转化，代码如下。

```
def move_to_location(self, move):
    """
    3*3 board's moves like:
    6 7 8
    3 4 5
    0 1 2
    and move 5's location is (1,2)
    """
    h = move // self.width
    w = move % self.width
    return [h, w]

def location_to_move(self, location):
    if(len(location) != 2):
        return -1
    h = location[0]
    w = location[1]
    move = h * self.width + w
    if(move not in range(self.width * self.height)):
        return -1
    return move
```

接下来实现在棋盘上下一步棋的方法 do_move()。输入的参数是整数编号的落子位置，我们在 self.states 中记录该位置对应的 player，同时在可行的落子位置列表 self.available 中删除该位置，并更新当前 player 的编号及最后一步落子的位置。同时我们也定义 get_current_player()方法，用于获取棋盘对应的当前 player 的编号。

```
def do_move(self, move):
    self.states[move] = self.current_player
    self.available.remove(move)
    self.current_player = (
        self.players[0] if self.current_player == self.players[1]
        else self.players[1]
    )
    self.last_move = move
```

```
def get_current_player(self):
    return self.current_player
```

接下来我们定义 Board 类的 current_state()方法，该方法用于获取棋盘的当前局面描述，这是后面策略网络模型的输入。在原始的 AlphaGo Zero 算法中，一共使用了 17 个二值特征平面来描述当前局面，其中前 16 个平面描述了最近 8 步对应的双方 player 的棋子位置，最后一个平面描述当前 player 对应的棋子颜色，即当前 player 是先手还是后手。

为了减少后期的计算量，在我们的实现中，对局面的描述进行了一定的简化，我们只使用 4 个二值特征平面，其中前两个平面分别表示当前 player 的棋子位置和对手 player 的棋子位置，有棋子的位置是 1，没棋子的位置是 0。然后第 3 个平面表示对手 player 最近一步的落子位置，也就是整个平面只有一个位置是 1，其余全部是 0。第四个平面，也就是最后一个平面表示的是当前 player 是不是先手 player，如果是先手 player 则整个平面全部为 1，否则全部为 0。相较于原始 AlphaGo Zero 算法中的局面表示方案，我们省略了用于表示前面 7 步对应的双方棋子位置的 14 个平面，并且增加了一个用于指示对方最近一步落子位置的平面，具体代码如下。

```
def current_state(self):
    square_state = np.zeros((4, self.width, self.height))
    if self.states:
        moves, players =
        np.array(list(zip(*self.states.items())))
        move_curr = moves[players == self.current_player]
        move_oppo = moves[players != self.current_player]
        square_state[0][move_curr // self.width,
                        move_curr % self.height] = 1.0
        square_state[1][move_oppo // self.width,
                        move_oppo % self.height] = 1.0
        square_state[2][self.last_move // self.width,
                        self.last_move % self.height] = 1.0
    if len(self.states) % 2 == 0:
        square_state[3][:, :] = 1.0
    return square_state[:, ::-1, :]
```

举一个具体的例子，假设目前棋盘状态如图 13.1 所示，黑白双方到目前为止各下了 3 步，现在轮到黑方落子，则 current_state()方法返回的局面状态描述如下：

```
[[[0 0 0 0 0 0 0 0]  [[0 0 0 0 0 0 0 0]  [[0 0 0 0 0 0 0 0]  [[1 1 1 1 1 1 1 1]
  [0 0 0 0 0 0 0 0]   [0 0 1 0 1 1 0 0]   [0 0 1 0 0 0 0 0]   [1 1 1 1 1 1 1 1]
  [0 0 0 1 1 0 0 0]   [0 0 0 0 0 0 0 0]   [0 0 0 0 0 0 0 0]   [1 1 1 1 1 1 1 1]
  [0 0 0 0 0 0 1 0]   [0 0 0 0 0 0 0 0]   [0 0 0 0 0 0 0 0]   [1 1 1 1 1 1 1 1]
  [0 0 0 0 0 0 0 0]   [0 0 0 0 0 0 0 0]   [0 0 0 0 0 0 0 0]   [1 1 1 1 1 1 1 1]
  [0 0 0 0 0 0 0 0]   [0 0 0 0 0 0 0 0]   [0 0 0 0 0 0 0 0]   [1 1 1 1 1 1 1 1]
  [0 0 0 0 0 0 0 0]   [0 0 0 0 0 0 0 0]   [0 0 0 0 0 0 0 0]   [1 1 1 1 1 1 1 1]
  [0 0 0 0 0 0 0 0]]  [0 0 0 0 0 0 0 0]]  [0 0 0 0 0 0 0 0]]  [1 1 1 1 1 1 1 1]]]
```

第 1 个矩阵表示当前 player（黑方）的棋子位置，第 2 个矩阵表示对手 player（白方）的棋子位置，第 3 个矩阵表示对手 player（白方）最近一步的落子位置，即编号为 6 的棋子的位置，最后一个矩阵表示当前 player 是不是先手 player，因为当前 player 是先手黑方，所以整个矩阵全为 1。

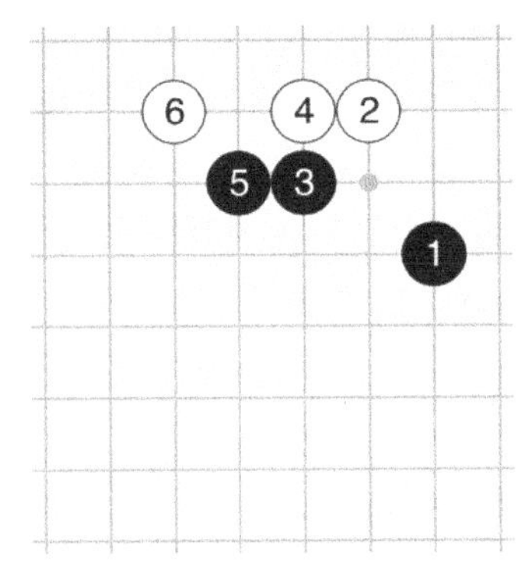

图 13.1　棋盘状态样例

其实笔者在实践过程中，曾经尝试过只用前两个平面，也就是双方棋子的位置，因为直观感觉这两个平面已经能够表达整个完整的局面了。但是后来发现在增加了后两个特征平面之后，训练的效果有了比较明显的改善。笔者分析，因为在五子棋中，我方下一步的落子位置往往会在对手前一步落子位置的附近，所以加入的第 3 个平面对于策略网络确定哪些位置应该具有更高的落子概率具有比较大的指示意义，这有点类似于深度学习里的 attention 机制，可能有助于训练。同时，因为先手在对弈中是很占优势的，所以在局面上棋子位置相似的情况下，当前局面的优劣和当前 player 到底是先手还是后手十分相关，所以第 4 个指示先后手的平面可能对于价值网络具有比较大的意义。

下面定义 Board 类的最后两个方法，has_a_winner() 和 game_end()。其中 has_a_winner()方法用于判断当前棋盘上有没有一方出现 self.n_in_row 个棋子连成一线的情况，如果有则返回 True 及对应的 player 编号，如果没有则返回 False 和−1。具体过程是，我们遍历当前棋盘上的每一个棋子，然后从当前棋子出发，判断水平方向、竖直方向、左下往右上和右下往左上 4 个方向有没有出现连续 self.n_in_row 个棋子都属于和当前棋子同一方的情况。

game_end()方法用于确认当前局面是不是已经对应局对局的结束状态。在 game_end()方法中，首先调用 has_a_winner()方法，确认有没有一方获胜，如果有则返回 True 和获胜一方的 player 编号，如果没有再判断当前棋盘是不是已经被下满，如果是则返回 True 和-1，表示对局已经结束，但是没有胜方，也就是平局。如果棋盘也没有下满，则返回 False 和-1，表示对局还没有结束。

```
def has_a_winner(self):
    width = self.width
    height = self.height
    states = self.states
    n = self.n_in_row

    moved = list(set(range(width * height)) - set
    (self.available))
    if(len(moved) < self.n_in_row + 2):
        return False, -1

    for m in moved:
        h = m // width
        w = m % width
        player = states[m]

        if (w in range(width - n + 1) and len(set(
                states.get(i, -1) for i in range(m, m + n)
                )) == 1):
            return True, player

        if (h in range(height - n + 1) and len(set(states.get(i, -1)
                for i in range(m, m + n * width, width)
                )) == 1):
            return True, player

        if (w in range(width - n + 1) and h in range(height - n + 1)
                and len(set(states.get(i, -1) for i
                in range(m, m + n * (width + 1), width + 1)
                )) == 1):
            return True, player

        if (w in range(n - 1, width) and h in range(height - n + 1)
                and len(set(states.get(i, -1) for i
                in range(m, m + n * (width - 1), width - 1)
```

```
                    )) == 1):
                return True, player

        return False, -1

    def game_end(self):
        win, winner = self.has_a_winner()
        if win:
            return True, winner
        elif not len(self.available):
            return True, -1
        return False, -1
```

接下来，我们在 Board 类的基础上定义 Game 类，该类用于启动并控制一整局对局的完整流程，并收集对局过程中的数据，以及进行棋盘的展示等。该类的初始化方法需要传入一个 Board 类的实例，作为对局的棋盘。

```
class Game(object):

    def __init__(self, board):
        self.board = board
```

接来下实现 Game 类的 start_self_play()方法，用于开始并执行一局完整的自我对弈。自我对弈是 AlphaZero 算法流程中的一个核心环节，因为相较于前一代的 AlphaGo 算法，AlphaZero 算法的一大改进就是从零开始，仅仅依靠自我对弈的数据来训练，所以 start_self_play()方法还要担负起收集自我对弈数据的作用。该方法必须输入的参数是 player，这是一个封装好的类的实例，在自我对弈的过程中，我们调用 player.get_action()方法来获取一个给定局面下该怎么落子，以及所有可能落子对应的概率。

根据前一章的原理介绍，我们知道 AlphaZero 在自我对弈的过程中，每一步棋怎么下都是通过蒙特卡洛树搜索驱动的，所以 player 对应的类的具体实现我们会在后面实现蒙特卡洛树搜索时再一并展开。第 2 个参数 is_shown 控制自我对弈过程中是否打印棋盘，默认为 False 表示不打印，有时候当我们需要人工观察一局自我对弈的情况进行分析调试时可以设为 True。第 3 个参数 temp 是温度参数，用来控制自我对弈过程中 player.get_action 时的探索程度。

在开始一局自我对弈前，先执行 self.board.init_board()初始化棋盘，并将用于收集对局数据的列表初始化为空。在 while 循环中，我们首先获取当前棋盘下的落子位置（move）和棋盘上每个位置对应的落子概率，然后保存相应的数据，在棋盘上执行落子，并检查对弈是否结束，如此循环直到一局对弈结束。这时候我们确定了这一局对弈的胜者 winner，我们需要根据之前保存的每一个棋盘状态对应的 player 来调整最后存储的胜负信息 winner_z，确保它是从每一个棋盘状态对应的 player 的视角来表示的。

```
def start_self_play(self, player, is_shown=False, temp=1e-3):
    self.board.init_board()
    p1, p2 = self.board.players
    states, mcts_probs, current_players = [], [], []
    while(1):
        move, move_probs = player.get_action(self.board,
                                             temp=temp,
                                             return_prob=1)
        # 保存 self-play 数据
        states.append(self.board.current_state())
        mcts_probs.append(move_probs)
        current_players.append(self.board.current_player)
        # 执行一步落子
        self.board.do_move(move)
        if is_shown:
            self.graphic(self.board, p1, p2)
        end, winner = self.board.game_end()
        if end:
            # 从每一个 state 对应的 player 的视角保存胜负信息
            winners_z = np.zeros(len(current_players))
            if winner != -1:
                winners_z[np.array(current_players) == winner] = 1.0
                winners_z[np.array(current_players) != winner] = -1.0
            player.reset_player()
            if is_shown:
                if winner != -1:
                    print("Game end. Winner is player:", winner)
                else:
                    print("Game end. Tie")
            return winner, zip(states, mcts_probs, winners_z)
```

在训练的过程中，我们只需要用到自我对局，但是为了评估训练得到的模型的效果，我们再实现一个 start_play()方法，用于两个不同的 player 之间进行对战，这样就可以方便地将训练出来的 AI 模型和其他方法或模型进行对战以评估效果，也可以用于后面人工和 AI 模型进行对战。

相比于 start_self_play()方法，start_play()方法需要分别指定对战双方，即 player1 和 player2，然后通过 start_player 参数控制先手的一方，默认 start_player=0 表示 player1 先手，如果设置为 start_player=1 则表示 player2 先手。在初始化棋盘之后，通过轮流调用 player1 和 player2 的 get_action()方法来交替下棋，直到对局结束。

```
        def start_play(self, player1, player2, start_player=0,
is_shown=1):
            if start_player not in (0, 1):
                raise Exception('start_player should be either 0 or 1')
            self.board.init_board(start_player)
            p1, p2 = self.board.players
            player1.set_player_ind(p1)
            player2.set_player_ind(p2)
            players = {p1: player1, p2: player2}
            if is_shown:
                self.graphic(self.board, player1.player, player2.player)
            while(1):
                current_player = self.board.get_current_player()
                player_in_turn = players[current_player]
                move = player_in_turn.get_action(self.board)
                self.board.do_move(move)
                if is_shown:
                    self.graphic(self.board, player1.player,
                    player2.player)
                    end, winner = self.board.game_end()
                if end:
                    if is_shown:
                        if winner != -1:
                            print("Game end. Winner is", players[winner])
                        else:
                            print("Game end. Tie")
                    return winner
```

最后我们实现一下 Game 类的最后一个方法 graphic()，用于展示棋盘，在可视化自我对局过程或者后面人工对战 AI 模型时都需要用到。在 graphic()方法中，我们简单地使用 *X* 和 *O* 来表示双方的棋子，代码如下。

```
    def graphic(self, board, player1, player2):
        width = board.width
        height = board.height

        print("Player", player1, "with X".rjust(3))
        print("Player", player2, "with O".rjust(3))
        print()
        for x in range(width):
            print("{0:8}".format(x), end='')
        print('\r\n')
        for i in range(height - 1, -1, -1):
```

```
        print("{0:4d}".format(i), end='')
        for j in range(width):
            loc = i * width + j
            p = board.states.get(loc, -1)
            if p == player1:
                print('X'.center(8), end='')
            elif p == player2:
                print('O'.center(8), end='')
            else:
                print('_'.center(8), end='')
        print('\r\n\r\n')
```

一个8×8的棋盘的样例如图 13.2 所示。

```
Player 1 with X
Player 2 with O

       0       1       2       3       4       5       6       7

   7   _       _       _       _       _       O       _       _

   6   _       _       O       O       X       O       _       _

   5   X       X       X       X       X       O       _       _

   4   _       O       X       X       O       _       _       _

   3   _       _       X       X       O       _       _       _

   2   _       _       X       X       O       _       _       _

   1   _       _       O       O       X       _       _       _

   0   _       _       _       _       O       _       _       _
```

图 13.2　8×8棋盘展示样例

至此，我们完成了一个简易的五子棋环境的构建，接下来我们开始实现 AlphaZero 算法本身。我们会首先建立 AlphaZero 算法的整体流程，让大家对整个算法有个宏观的把握，然后逐步完善蒙特卡洛树搜索和策略价值网络等模块。

13.2　建立整体算法流程

AlphaZero 算法的整体流程，概括来说就是通过自我对弈收集数据，并用于训练更新策略价值网络，更新后的策略价值网络又会被用于后续的自我对弈过程中，从而产生更高质量的自我对弈数据，这样相互促进、不断迭代以实现稳定的学习和提升。

我们首先导入一些需要用到的 Python 模块，其中包括我们前面实现的五子棋环境中的 Board 和 Game，以及我们后面会实现的建立在蒙特卡洛树搜索基础上的 MCTSPlayer 模块和策略价值网络模块 PolicyValueNet。

```
import random
import numpy as np
from collections import deque
from __future__ import print_function
from game import Board, Game
from mcts_alphaZero import MCTSPlayer
from policy_value_net_pytorch import PolicyValueNet
```

我们将整个训练流程封装为一个类 TrainPipeline，该类初始化时有一个可选参数 init_model，可以用于指定初始的策略价值网络模型，比如我们可以将之前训练过程中保存的模型传入，从而实现在之前训练模型的基础上继续训练。如果不传入初始模型，则使用随机初始化的策略价值网络。在后面创建用于自我对弈的 self.mcts_player 时，策略价值网络会被作为一个参数传入。

在该类的初始化方法中，我们还需要设定很多参数。首先是棋盘相关的参数，在下面的代码中，我们设定为在8×8的棋盘上下五子棋，并初始化 Board 和 Game 类的实例；然后是自我对弈相关的参数，包括控制对弈过程中探索程度的参数 temp、蒙特卡洛树搜索算法中控制探索利用平衡的参数 c_puct 和蒙特卡洛树搜索的模拟次数参数 n_playout；最后是一些训练更新相关的参数，包括策略价值网络参数更新时使用的学习率 learn_rate、存放自我对局数据的 data_buffer 的 buffer_size、更新策略价值网络时使用的 mini-batch 的 batch_size 等。

另外还需要说明的是，我们这边使用了一个双端队列 deque 作为存放自我对局数据的 data_buffer，并设定 deque 的 maxlen 参数为 self.buffer_size，这样在 data_buffer 中的数据个数达到 self.buffer_size 之后，在存入新数据时会自动把最早的数据删除。

```
class TrainPipeline():

    def __init__(self, init_model=None):
        # 棋盘相关参数
        self.board_width = 8
        self.board_height = 8
        self.n_in_row = 5
        self.board = Board(width=self.board_width,
                           height=self.board_height,
```

```
                    n_in_row=self.n_in_row)
        self.game = Game(self.board)
        # 自我对弈相关参数
        self.temp = 1.0
        self.c_puct = 5
        self.n_playout = 400
        # 训练更新相关参数
        self.learn_rate = 2e-3
        self.buffer_size = 10000
        self.batch_size = 512
        self.data_buffer = deque(maxlen=self.buffer_size)
        self.check_freq = 50 # 保存模型的频率
        self.game_batch_num = 3000 # 训练更新的次数
        if init_model:
            # 如果提供了初始模型，则加载其用于初始化策略价值网络
            self.policy_value_net = PolicyValueNet(
                    self.board_width,
                    self.board_height,
                    model_file=init_model)
        else:
            # 随机初始化策略价值网络
            self.policy_value_net = PolicyValueNet(
                    self.board_width,
                    self.board_height)
        self.mcts_player = MCTSPlayer(
                self.policy_value_net.policy_value_fn,
                c_puct=self.c_puct,
                n_playout=self.n_playout,
                is_selfplay=1)
```

接下来我们实现整个训练的执行流程，我们将其定义为方法 run()。执行流程的主体是一个 for 循环，如果没有被意外中断，会循环执行 self.game_batch_num 次，每一次循环我们首先调用 self.collect_selfplay_data()方法来收集自我对弈的数据，收集到的数据会被存入 self.data_buffer 中，当 self.data_buffer 中的数据个数多于 self.batch_size 时，我们就开始调用 self.policy_update()方法来训练更新策略价值网络。在循环过程中，我们也会打印一些训练过程信息用于观察训练进程是否正常，同时每隔 self.check_freq 次循环，我们会将最新的策略价值网络模型保存到文件。

```
    def run(self):
        """执行完整的训练流程"""
        try:
            for i in range(self.game_batch_num):
                episode_len = self.collect_selfplay_data()
                if len(self.data_buffer) > self.batch_size:
```

```
                    loss, entropy = self.policy_update()
                    print(("batch i:{}, "
                           "episode_len:{}, "
                           "loss:{:.4f}, "
                           "entropy:{:.4f}"
                           ).format(i+1,
                                    episode_len,
                                    loss,
                                    entropy))
                else:
                    print("batch i:{}, "
                          "episode_len:{}".format(i+1, episode_len))
                # 定期保存模型
                if (i+1) % self.check_freq == 0:
    self.policy_value_net.save_model(
    './current_policy.model')
        except KeyboardInterrupt:
            print('\n quit')
```

在 run()中，我们用到了 self.collect_selfplay_data()和 self.policy_update()，但它们其实还没实现，下面我们就来分别实现这两个方法。我们先来看 collect_selfplay_data()，该方法首先调用我们在前一节中实现的 Game 类的 start_self_play()方法，开始并执行一局完整的自我对局，并返回这一对局的数据 play_data，通过查看 paly_data 的长度我们可以知道该对局总共执行的步数 episode_len。然后通过进一步调用 self.get_equi_data(play_data)来获取对局数据的等价数据，从而对数据进行扩充，最后将扩充后的数据存入 self.data_buffer，供后面训练使用。

```
    def collect_selfplay_data(self):
        """collect self-play data for training"""
        winner, play_data =
self.game.start_self_play(self.mcts_player,

                              temp=self.temp)
        play_data = list(play_data)[:]
        episode_len = len(play_data)
        # augment the data
        play_data = self.get_equi_data(play_data)
        self.data_buffer.extend(play_data)
        return episode_len
```

那么 self.get_equi_data()具体是如何获取对局数据的等价数据的呢？其实我们利用的是五子棋旋转和镜像翻转后等价的性质。给定一个局面，通过旋转和镜像翻转，我们一共可以得到 8 个等价的局面，这里的等价是指这些局面对于双方的博弈而言其实是等价的，一个具体的示例如图 13.3 所示。

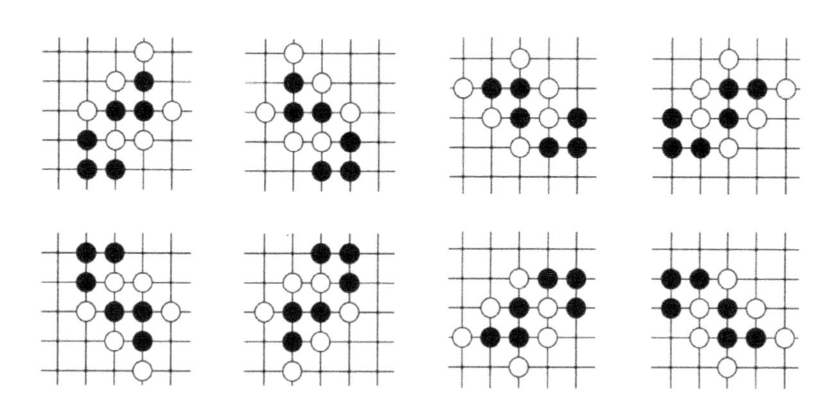

图 13.3 旋转与翻转 8 种等价的局面

围棋其实也具有同样的性质，在 AlphaGo Zero 中，这一性质被充分地利用来扩充 self-play 数据，以及在评估叶子节点的时候提高局面评估的可靠性。但是在 AlphaZero 中，因为要同时考虑国际象棋和将棋这两种不满足旋转及翻转等价性质的棋类，所以对于围棋也没有利用这个性质。而在我们的实现中，因为生成自我对弈数据本身是计算的瓶颈，为了能够在算力非常有限的情况下尽快地收集对弈数据训练模型，我们依然利用这种性质，将对局过程中每一步的数据进行旋转和镜像翻转，把得到的 8 种等价情况的数据全部存入 data buffer 中。除了起到扩充数据的作用，这种旋转和翻转在一定程度上也能提高自我对弈数据的多样性和均衡性。

get_equi_data()的具体实现如下，其中需要特别注意的是，我们在旋转或镜像翻转棋盘状态之后，之前在原棋盘状态下获得的每个棋盘位置的落子概率数据也需要做相应的变换，以保持对应关系正确。

```
def get_equi_data(self, play_data):
    """play_data: [(state, mcts_prob,
    winner_z), ..., ...]"""
    extend_data = []
    for state, mcts_prob, winner in play_data:
        for i in [1, 2, 3, 4]:
            # 逆时针旋转
  equi_state = np.array([np.rot90(s, i) for s in state])
  equi_mcts_prob = np.rot90(np.flipud(
  mcts_prob.reshape(self.board_height,
  self.board_width)), i)
  extend_data.append((equi_state,
```

```
np.flipud(equi_mcts_prob).flatten(), winner))
        # 水平翻转
        equi_state = np.array([np.fliplr(s) for s in equi_state])
        equi_mcts_prob = np.fliplr(equi_mcts_prob)
        extend_data.append((equi_state,
        np.flipud(equi_mcts_prob).flatten(), winner))
          return extend_data
```

我们再来看训练流程中另一个重要方法 policy_update()。该方法的作用是使用收集到的自我对弈数据来训练更新策略价值网络参数。具体的，我们先从 self.data_buffer 中随机采样 self.batch_size 个数据，构成一个 mini-batch，并将其中的局面状态、落子概率和对应的胜负数据分开，然后将这些数据传入 self.policy_value_net.train_step()执行一步训练，从而更新策略价值网络的参数。这边有必要说明一下更新的策略价值网络 self.policy_value_net 是如何进一步影响后续的自我对弈数据生成的，在 collect_selfplay_data()方法中我们可以看到自我对弈依赖于 self. mcts_player，而在初始化方法__init__()中，我们可以看到 self.mcts_player 进一步依赖于 self.policy_value_net，所以当策略价值网络 self.policy_value_net 更新之后，在后续的自我对弈过程中自然就会使用到更新后的网络。

```
def policy_update(self):
    """update the policy-value net"""
    mini_batch = random.sample(self.data_buffer,
    self.batch_size)
    state_batch = [data[0] for data in mini_batch]
    mcts_probs_batch = [data[1] for data in mini_batch]
    winner_batch = [data[2] for data in mini_batch]
    loss, entropy = self.policy_value_net.train_step(
          state_batch,
          mcts_probs_batch,
          winner_batch,
          self.learn_rate)
    return loss, entropy
```

至此，我们就完成了整个 TrainPipeline 类的定义，这个类定义了 AlphaZero 的完整训练流程。当需要进行训练时，我们首先创建一个 TrainPipeline 类的实例，然后执行它的 run()方法即可开启完整的训练流程。注意，在创建 TrainPipeline 类的实例时，我们可以通过 init_model 参数，传入已有的策略价值网络模型，从而达到从已有的模型基础上开始训练的效果。

```
if __name__ == '__main__':
    training_pipeline = TrainPipeline()
```

```
    training_pipeline.run()
```

在建立完整的算法流程时，我们用到了两个关键的模块，分别是基于蒙特卡洛树搜索的 MCTSPlayer 模块和策略价值网络模块 PolicyValueNet。在接下来的两节中，我们就来分别实现这两部分。

13.3 实现蒙特卡洛树搜索

在这一节中，我们首先会实现蒙特卡洛树搜索的逻辑，这是 AlphaZero 算法中最核心的部分，然后在此基础上封装一个 MCTSPlayer 类，提供实际下棋的接口。

我们首先导入需要用到的 Python 模块，这边会用到的是 numpy 和 copy。

```
import numpy as np
import copy
```

然后我们定义一个后面会用到的辅助函数 Softmax，在函数第一行中减去最大值是为了计算的数值稳定性，在数学上其实都是等价的。

```
def Softmax(x):
    probs = np.exp(x - np.max(x))
    probs /= np.sum(probs)
    return probs
```

蒙特卡洛树搜索的执行过程本质上是在建立并维护一棵树，这棵树的每个节点中保存了用于决策的信息。所以为了实现蒙特卡洛树搜索，我们先定义一个关于树节点的类 TreeNode。该类的初始化方法需要传入两个参数 parent 和 prior_p，分别用于指定当前创建节点的父节点及当前节点被选择的先验概率。同时，在初始化方法中，我们将用于记录当前节点的子节点信息的属性 self._children 初始化为空字典，将用于记录当前节点的访问次数的属性 self._n_visits、当前节点对应动作的平均行动价值 self._Q 和判断是否选择当前节点时会用到的置信上限 self._u 全部初始化设置为 0。其中子节点信息 self._children 的具体存储方式有必要展开说明一下，它是一个以动作为键，以树节点（TreeNode）为值的字典，记录了在当前节点可以选择的不同的动作，以及选择这些动作之后分别会跳转到哪个节点。所以有了 self._parent 和 self._children 这两个信息，我们从任意一个节点出发，都可以遍历整棵搜索树。

```
class TreeNode(object):
    """A node in the MCTS tree."""

    def __init__(self, parent, prior_p):
```

```
        self._parent = parent
        self._children = {}
        self._n_visits = 0
        self._Q = 0
        self._u = 0
        self._P = prior_p
```

接下来定义 TreeNode 类的 select()方法，该方法对应蒙特卡洛树搜索的选择步骤，从当前节点的子节点中选择 $Q+U$ 最大的，其中 Q 是平均动作价值，U 是置信上限，U 的具体计算公式在上一章中有详细介绍，为了便于和代码对照再次列出如下：

$$U(s,a) = c_{\text{puct}} P(s,a) \frac{\sqrt{\sum_b N(s,b)}}{1 + N(s,a)}$$

$Q+U$ 的具体计算在 get_value()方法中执行并返回。控制探索和利用平衡的参数 c_puct 通过外部传入，以方便后期调节。Select()方法最后返回的是被选择的动作和执行该动作后跳转到的节点。

```
    def select(self, c_puct):
        """Return: A tuple of (action, next_node)"""
        return max(self._children.items(),
                   key=lambda act_node:
                   act_node[1].get_value(c_puct))

    def get_value(self, c_puct):
        self._u = (c_puct * self._P *
                  np.sqrt(self._parent._n_visits) / (1 +
                  self._n_visits))
        return self._Q + self._u
```

在蒙特卡洛树搜索执行选择步骤遇到叶子节点时，我们需要扩展该叶子节点，具体来说就是以该叶子节点为父节点，给它添加子节点，从而进一步往下扩展搜索树。这个功能在 expand()方法中实现，该方法的输入参数 action_priors 是一个节点下的可行动作和其对应的先验概率构成的 Tuple 的列表（由策略价值网络返回），我们遍历该列表，如果一个动作还不在当前节点的子节点 self._children 中，则创建一个对应的新节点，并把它加入 self._children 中。

```
    def expand(self, action_priors):
        for action, prob in action_priors:
            if action not in self._children:
                self._children[action] = TreeNode(self, prob)
```

接下来我们实现 update()和 update_recursive()两个方法，这两个方法用于更新节点

自身的访问次数和 Q 值，在 MCTS 的回传阶段会使用。具体的，在 update()方法中，我们将节点的访问次数 self._n_visits 加 1，并使用增量更新的方式更新 self._Q。而在 update_recursive()方法中，我们使用递归的方式更新从叶子节点到根节点这整条路径上的节点的访问次数和 Q 值。其中特别值得注意的是，在递归调用 update_recursive()的时候，我们传入的是-leaf_value，也就是说更新相邻的两层节点时，我们传入的叶子节点评估值是取反的，这是因为相邻两层节点分别对应了对战的双方，两者的视角是相反的，一个局面如果对于当前节点来说很好，那么对于其上一层节点来说就一定是很差的。所以在实际回传更新的过程中，需要根据当前更新节点对应的视角和叶子节点对应视角的异同进行必要的取反。

```
def update(self, leaf_value):
    self._n_visits += 1
    self._Q += 1.0*(leaf_value - self._Q) / self._n_visits

def update_recursive(self, leaf_value):
    if self._parent:
        self._parent.update_recursive(-leaf_value)
    self.update(leaf_value)
```

最后，我们定义 TreeNode 类的两个辅助方法，is_leaf()和 is_root()，分别用于判断当前节点是不是叶子节点或根节点。具体的，在 is_leaf()方法中，如果节点的子节点为空，则返回 True，表明该节点是叶子节点；而在 is_root()方法中，如果节点的父节点是 None，则返回 True，表明该节点是根节点。

```
def is_leaf(self):
    return self._children == {}

def is_root(self):
    return self._parent is None
```

在 TreeNode 类的基础上，接下来我们定义蒙特卡洛树搜索类，该类用于实现蒙特卡洛树搜索的完整流程。该类的初始化方法必须要传入策略价值网络 policy_value_fn，另外还有两个可选参数 c_puct 和 n_playout，分别用于控制蒙特卡洛树搜索执行过程中探索的程度及循环执行的次数。同时在初始化方法中，我们将搜索树的根节点初始化为一个父节点为 None 的 TreeNode。

```
class MCTS(object):
    """An implementation of Monte Carlo Tree Search."""

    def __init__(self, policy_value_fn, c_puct=5, n_playout=10000):
```

```
        self._root = TreeNode(None, 1.0)
        self._policy = policy_value_fn
        self._c_puct = c_puct
        self._n_playout = n_playout
```

接下来实现 MCTS 类的_playout()方法。该方法将当前需要做出决策的棋盘状态（state 是 Board 类的实例）作为参数传入，该棋盘状态对应于搜索树的根节点。然后，从根节点出发，完整地执行蒙特卡洛树搜索的选择、扩展、评估和回传等 4 个步骤。具体来看，首先从根节点出发，循环调用 node.select()方法进行动作选择，并调用 state.do_move()方法在棋盘上实际执行，直到遇到叶子节点。然后使用策略价值网络，将叶子节点的棋盘状态传入，返回得到该叶子节点下的可行动作和对应的概率 action_probs，以及该叶子节点对应的局面评分 leaf_value。同时，判断该叶子节点是否已经对应游戏结束状态。如果该叶子节点下游戏还未结束，则调用 node.expand()方法扩展该节点；如果该叶子节点已经对应游戏结束状态，则根据实际的游戏胜负结果得到该节点对应的真实局面评分（替代策略价值网络返回的估计值）。最后调用 node.update_recursive()方法来回传更新整个搜索路径上的节点信息。

```
    def _playout(self, state):
        """完整的执行选择、扩展评估和回传更新等步骤"""
        node = self._root
        # 选择
        while(1):
            if node.is_leaf():
                break
            action, node = node.select(self._c_puct)
            state.do_move(action)
        # 扩展及评估
        action_probs, leaf_value = self._policy(state)
        end, winner = state.game_end()
        if not end:
            node.expand(action_probs)
        else:
            if winner == -1:  # 平局
                leaf_value = 0.0
            else:
                leaf_value = (
                1.0 if winner == state.get_current_player() else -1.0
                )
        # 回传更新
        node.update_recursive(-leaf_value)
```

在_playout()方法的基础上，我们接来下定义 get_move_probs()方法。该方法输入一个棋盘状态 state，返回该棋盘状态下的所有可行动作及每个动作对应的概率，即第 12 章中的原理解析部分多次提及的$\boldsymbol{\pi}$。具体来看，我们首先循环调用_playout()方法 self._n_playout 次，即重复执行蒙特卡洛树搜索的选择、扩展及评估和回传步骤，从而建立一棵搜索树。需要注意的是，我们重复调用_playout()方法时，每次传入的都是当前棋盘状态 state 的一个深拷贝，这是因为在_playout()方法中我们会在棋盘上实际执行动作并改变棋盘状态，所以需要传入拷贝版本以防原始的棋盘状态被修改。在搜索树建立完成之后，我们根据根节点处每个子节点的访问次数来计算选择对应动作的概率，具体计算公式在第 12 章有详细介绍，为了便于说明再次列出下式：

$$\pi(a|s_0) = \frac{N(s_0,a)^{\frac{1}{\tau}}}{\sum_b N(s_0,b)^{\frac{1}{\tau}}}$$

其中τ为控制探索程度的参数，对应 get_move_probs()方法的可选参数是 temp。注意在下面的代码实现中，我们没有按照公式直接计算，因为当 temp 很小时，直接计算访问次数的 1/temp 次方会有数值问题，所以我们套用了 Softmax 函数来实现数值稳定的计算，但在数学上其实都是等价的。

```
def get_move_probs(self, state, temp=1e-3):
    for n in range(self._n_playout):
        state_copy = copy.deepcopy(state)
        self._playout(state_copy)

    act_visits = [(act, node._n_visits)
                  for act, node in self._root._children.items()]
    acts, visits = zip(*act_visits)
    act_probs = Softmax(1.0/temp * np.log(np.array(visits) +
    1e-10))

    return acts, act_probs
```

下面定义 MCTS 类的最后一个方法 update_with_move()，该方法主要用于在自我对弈的过程中复用搜索的子树。具体来看，该方法传入上一步最终执行的动作 last_move，正常的话，该动作应该对应了当前搜索树根节点的某个子节点，那么我们将该子节点设为新的根节点，这样就能复用该子节点以下的那部分搜索子树了。如果传入的 last_move 不是根节点的子节点，我们就会重新初始化一个根节点，这样后续执行蒙特卡洛树搜索时就会完全重新开始建立搜索树了，可以起到重置的效果。

```
def update_with_move(self, last_move):
    if last_move in self._root._children:
```

```
            self._root = self._root._children[last_move]
            self._root._parent = None
        else:
            self._root = TreeNode(None, 1.0)
```

在 MCTS 类的基础上，我们再封装一个 MCTSPlayer 类，提供实际落子决策的接口，供自我对弈或人机对战中调用。在该类的初始化方法中，我们创建一个 MCTS 类的实例，用于实际执行蒙特卡洛树搜索的逻辑。另外，有一个通过参数传入的指示变量 self._is_selfplay，用于区分当前是否是在进行自我对弈。

```
class MCTSPlayer(object):
    """AI player based on MCTS"""

    def __init__(self, policy_value_function,
                 c_puct=5, n_playout=2000, is_selfplay=0):
        self.mcts = MCTS(policy_value_function, c_puct, n_playout)
        self._is_selfplay = is_selfplay
```

接下来，我们定义 MCTSPlayer 类中最核心的方法 get_action()，在自我对弈或者实际人机对战评估的过程中，我们都会调用该方法，传入当前的棋盘状态 board，返回 MCTS 算法最终选择的落子动作，以供实际执行。

该方法还有两个可选参数 temp 和 return_prob，temp 用于进一步传入 MCTS 类的 get_move_probs()方法，用来控制 MCTS 计算每个动作的概率时的探索程度；return_prob 参数用来指示是否需要返回棋盘上每个位置的落子概率$\boldsymbol{\pi}$，一般在自我对弈收集训练数据时需要设置为 True，而在对战评估等只需要最终落子动作的情况下则可以使用默认参数 0。

另外，在进行自我对弈时，我们在 MCTS 返回的每个动作的概率 probs 的基础上，加了一些 Dirichlet 噪声以促进探索，确保在自对弈收集数据时能访问更多样化的局面。

注意，在原始的 AlphaGo Zero 论文中，Dirichlet 噪声是加在根节点处的先验概率$P(s_0, a)$上的，而在我们的实现中是直接加到了 MCTS 返回的走子概率上，相对而言对探索的鼓励更加直接了，有兴趣的同学可以通过实现原始论文中的方法来比较两种方式实际运行的效果，具体代码如下：

```
    def get_action(self, board, temp=1e-3, return_prob=0):
        sensible_moves = board.availables
        move_probs = np.zeros(board.width*board.height)
        if len(sensible_moves) > 0:
            acts, probs = self.mcts.get_move_probs(board, temp)
```

```
            move_probs[list(acts)] = probs
            if self._is_selfplay:
                move = np.random.choice(
                    acts, p=0.75*probs +
                    0.25*np.random.dirichlet(0.3*np.ones(len(probs)))
                )
                # 更新根节点，复用搜索子树
                self.mcts.update_with_move(move)
            else:
                move = np.random.choice(acts, p=probs)
                # 重置根节点
                self.mcts.update_with_move(-1)
                location = board.move_to_location(move)
                print("AI move: %d,%d\n" % (location[0], location[1]))

            if return_prob:
                return move, move_probs
            else:
                return move
        else:
            print("WARNING: the board is full")
```

最后定义 MCTSPlayer 类的 3 个辅助方法 set_player_ind()、reset_player()和__str__()，分别用来设定一个 MCTSPlayer 的编号，重置一个 MCTSPlayer 和返回一个 MCTSPlayer 的字符串表达式，以支持直接 print。

```
    def set_player_ind(self, p):
        self.player = p

    def reset_player(self):
        self.mcts.update_with_move(-1)

    def __str__(self):
        return "MCTS {}".format(self.player)
```

到这里，我们就完整地实现了 AlphaZero 算法流程中的蒙特卡洛树搜索部分，在下一节中我们实现策略价值网络部分。

13.4 实现策略价值网络

在这一节中，我们使用 PyTorch 来实现策略价值网络部分：主要是定义策略价值网络的结构和实现模型参数训练更新的方法。

首先，导入需要用到的 Python 模块，主要是 PyTorch 相关的模块和 NumPy。

```
import torch
import torch.nn as nn
import torch.optim as optim
import torch.nn.functional as F
from torch.autograd import Variable
import numpy as np
```

然后，在开始定义网络结构之前，我们先定义一个辅助函数 set_learning_rate()，通过该函数我们可以直接设定学习速率，在后面实现模型训练方法的时候会用到。

```
def set_learning_rate(optimizer, lr):
    """Set the learning rate to the given value"""
    for param_group in optimizer.param_groups:
        param_group['lr'] = lr
```

接下来，我们开始定义策略价值网络的结构，通过上一章我们知道，在原始的 AlphaZero 中，策略价值网络由输入模块、19 或 39 个残差模块，以及策略和价值输出模块构成，整个网络的层数有 40 甚至 80 多层。根据论文中的实验数据，使用更深的策略价值网络确实能够带来一定的效果提升。但是使用很深的网络结构，对算力的要求很高，同时考虑到相对于围棋19×19的棋盘，我们是在相对迷你的8×8棋盘上进行训练，本身需要的网络深度就要小很多。

所以，在我们的实现中，对这个网络结构进行了极大的简化。

首先，公共的 3 层全卷积网络分别使用 32、64 和 128 个3×3的卷积核，使用 ReLU 激活函数。

然后，分成策略和价值两个输出。在策略这一端，先使用 4 个1×1的卷积核进行降维，再接一个全连接层，并使用 log_Softmax 非线性函数直接输出取 log 之后的棋盘上每个位置的落子概率。在价值这一端，类似地先使用 2 个1×1的卷积核进行降维，再接一个 64 个神经元的全连接层，最后通过 1 维输出的全连接层，并使用 tanh 非线性函数直接输出$[-1,1]$之间的局面评分。

整个策略价值网络的深度只有 5~6 层，训练和预测相对比较快，具体的实现代码如下。

```
class Net(nn.Module):
    """定义策略价值网络结构"""
    def __init__(self, board_width, board_height):
        super(Net, self).__init__()
```

```
        self.board_width = board_width
        self.board_height = board_height
        # common layers
        self.conv1 = nn.Conv2d(4, 32, kernel_size=3, padding=1)
        self.conv2 = nn.Conv2d(32, 64, kernel_size=3, padding=1)
        self.conv3 = nn.Conv2d(64, 128, kernel_size=3, padding=1)
        # action policy layers
        self.act_conv1 = nn.Conv2d(128, 4, kernel_size=1)
        self.act_fc1 = nn.Linear(4*board_width*board_height,
                                 board_width*board_height)
        # state value layers
        self.val_conv1 = nn.Conv2d(128, 2, kernel_size=1)
        self.val_fc1 = nn.Linear(2*board_width*board_height, 64)
        self.val_fc2 = nn.Linear(64, 1)

    def forward(self, state_input):
        # common layers
        x = F.relu(self.conv1(state_input))
        x = F.relu(self.conv2(x))
        x = F.relu(self.conv3(x))
        # action policy layers
        x_act = F.relu(self.act_conv1(x))
        x_act = x_act.view(-1,
        4*self.board_width*self.board_height)
        x_act = F.log_Softmax(self.act_fc1(x_act))
        # state value layers
        x_val = F.relu(self.val_conv1(x))
        x_val = x_val.view(-1,
        2*self.board_width*self.board_height)
        x_val = F.relu(self.val_fc1(x_val))
        x_val = F.tanh(self.val_fc2(x_val))
        return x_act, x_val
```

在定义好策略价值网络结构的基础上，接下来实现 PolicyValueNet 类。该类主要提供 policy_value_fn()和 train_step()两个方法。其中前一个方法用于在蒙特卡洛树搜索过程中评估叶子节点对应的局面评分和返回该局面下的所有可行动作及对应概率，后一个方法用于在自我对弈收集的数据上更新策略价值网络的参数。

在 PolicyValueNet 类的初始化方法中，棋盘的宽度和高度是两个必选参数。另外，有一个可选参数 model_file，支持传入已有的策略价值网络模型用于初始化。在初始化方法中，我们设定了模型训练使用的优化器 Adam 及 L2 正则化的参数。

```
class PolicyValueNet():
```

```
    def __init__(self, board_width, board_height,
                 model_file=None):
        self.board_width = board_width
        self.board_height = board_height
        self.l2_const = 1e-4
        self.policy_value_net = Net(board_width, board_height)
        self.optimizer =
        optim.Adam(self.policy_value_net.parameters(),
        weight_decay=self.l2_const)
        if model_file:
            net_params = torch.load(model_file)
            self.policy_value_net.load_state_dict(net_params)
```

接下来实现 PolicyValueNet 类的第 1 个主要方法 policy_value_fn()，该方法需要输入一个 Board 类的实例 board 作为参数，描述一个特定的棋盘状态。从 board 中我们可以获取当前所有可行的落子 legal_positions，以及当前局面的状态描述 current_state。通过将 current_state 输入策略价值网络，可以获得棋盘上每个位置的落子概率及整个局面的评分。最后我们将所有可行位置和它们对应的落子概率两两配对，并和局面评估值一并返回。

```
    def policy_value_fn(self, board):
        legal_positions = board.availables
        current_state = np.ascontiguousarray(
                board.current_state().reshape(
                        -1, 4, self.board_width, self.board_height))
        log_act_probs, value = self.policy_value_net(
                Variable(torch.from_numpy(current_state)).float())
        act_probs = np.exp(log_act_probs.data.numpy().flatten())
        act_probs = zip(legal_positions,
act_probs[legal_positions])
        value = value.data[0][0]
        return act_probs, value
```

下面我们来看 PolicyValueNet 类的第 2 个主要方法 train_step()，用于执行下一步参数更新。该方法需要输入 1 个 batch 的自我对弈数据，对应到前一章的原理解析部分，即一个 batch 的$(s,\boldsymbol{\pi},z)$数据，其中s对应 state_batch，$\boldsymbol{\pi}$对应 mcts_probs，z对应 winner_batch，同时该方法可以通过输入参数 lr 直接设定更新时使用的学习速率。有了输入的训练数据，我们就可以结合网络模型的输出定义损失函数：

$$l=(z-v)^2-\boldsymbol{\pi}^T\log\boldsymbol{p}+c\|\theta\|^2,$$

然后使用预先创建的优化器 self.optimizer 执行一步参数更新。注意，在 PyTorch

中，损失函数中的 L2 正则化项是在优化器 self.optimizer 创建的时候加入的。最后，我们计算了策略网络输出的动作概率分布的熵和损失函数值一并返回，用于在训练过程中观察训练进度。

```
def train_step(self, state_batch, mcts_probs, winner_batch, lr):
    """perform a training step"""
    state_batch = Variable(torch.FloatTensor(state_batch))
    mcts_probs = Variable(torch.FloatTensor(mcts_probs))
    winner_batch = Variable(torch.FloatTensor(winner_batch))
    # zero the parameter gradients
    self.optimizer.zero_grad()
    # set learning rate
    set_learning_rate(self.optimizer, lr)
    # forward
    log_act_probs, value = self.policy_value_net(state_batch)
    # define the loss
    value_loss = F.mse_loss(value.view(-1), winner_batch)
    policy_loss = -torch.mean(
            torch.sum(mcts_probs*log_act_probs, 1)
            )
    loss = value_loss + policy_loss
    # backward and optimize
    loss.backward()
    self.optimizer.step()
    # policy entropy, for monitoring only
    entropy = -torch.mean(
            torch.sum(torch.exp(log_act_probs) * log_act_probs, 1)
            )
    return loss.data[0], entropy.data[0]
```

最后是 PolicyValueNet 类的两个辅助方法 get_policy_param()和 save_model()，分别用于获取策略价值网络模型的参数，以及将模型保存到文件，以供后续使用。

```
def get_policy_param(self):
    net_params = self.policy_value_net.state_dict()
    return net_params

def save_model(self, model_file):
    """ save model params to file """
    net_params = self.get_policy_param()
    torch.save(net_params, model_file)
```

至此，我们就完成了策略价值网络部分的实现，将 AlphaZero 算法应用于从零开始训练五子棋 AI 模型的完整流程也就完全打通了。在下一节中，我们将执行这个完整的训练流程，观察训练的过程，并和训练得到的 AI 模型进行实际的对战。

13.5 训练实验与效果评估

在这一节中，我们尝试运行 AlphaZero 算法的完整流程，从零开始训练一个五子棋 AI 模型，并观察分析训练过程中一些关键指标的变化情况。我们对使用的代码中最主要的几个文件简要说明如下：

- game.py：创建简易五子棋环境。
- train.py：建立整体算法流程。
- mcts_alphaZero.py：实现蒙特卡洛树搜索。
- policy_value_net_pytorch.py：实现策略价值网络（PyTorch 版）。

要从零开始训练 AI，我们只要切换到代码路径下执行 train.py 即可。

我们的代码默认进行的是6×6棋盘下 4 子棋的训练，对于这种情况，我们一般只需要 1000 局以内的自我对弈训练（普通个人电脑上 2 小时左右），就能得到一个比较靠谱的 AI 模型。建议有兴趣从零开始训练自己的 AI 模型的同学也可以从这种情况开始尝试，首先确保整个训练流程可以正常运行。

而在本节中，我们希望进行一个8×8棋盘下的五子棋训练实验，所以我们首先修改 train.py 中的参数设置：

```
self.board_width = 8
self.board_height = 8
self.n_in_row = 5
```

另外，代码中默认使用的是 Theano\Lasagne 版本的策略价值网络，现在我们希望使用 PyTorch 版本的策略价值网络模块，所以我们在 train.py 的最开始替换导入的模块：

```
from policy_value_net_pytorch import PolicyValueNet
```

然后就可以通过执行 Python train.py 文件开启训练流程了。

这次实验进行了 3000 局自我对弈训练（普通个人电脑上 2 天左右），因为整个训练的过程就是在最小化损失函数，那么在训练的过程中，如果正常我们就会观察到损失函数在慢慢减小。如图 13.4 所示展示了在这次训练过程中损失函数随着自我对弈局数变化的情况，在 3000 局自我对弈训练的过程中，损失函数从最开始的 4.8 左右慢慢

减小到了 2.2 左右，和预期的情况相符。

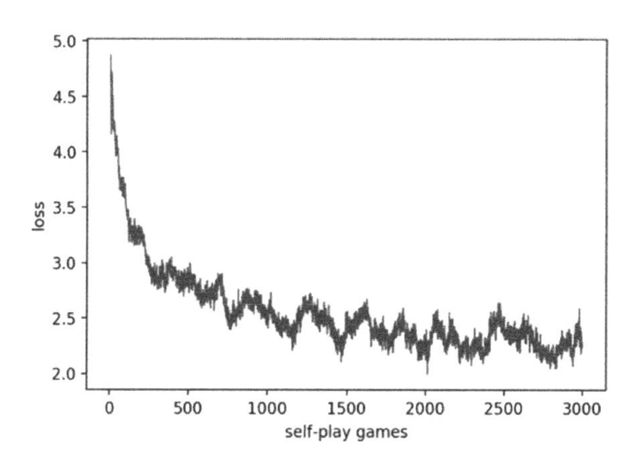

图 13.4　训练过程中损失函数变化曲线

在训练过程中，除了观察损失函数是否在慢慢减小，我们一般还会关注策略价值网络输出的策略（即落子的概率分布）的熵的变化情况。正常来讲，最开始的时候，随机初始化的策略网络基本上是偏向于均匀地输出落子的概率，所以熵会比较大。随着训练过程的慢慢推进，策略网络会渐渐学会在不同的局面下哪些位置应该有更大的落子概率，也就是说落子概率的分布不再均匀，会有比较强的偏向，这样熵就会变小。也正是由于策略网络输出概率的偏向，才使得 MCTS 在搜索过程中能够在更有潜力的位置进行更多的模拟，从而在比较少的模拟次数下达到比较好的性能。如图 13.5 所示展示了这次训练过程中观察到的策略网络输出策略的 entropy 的变化情况，逐渐下降的趋势与上面的分析相符。

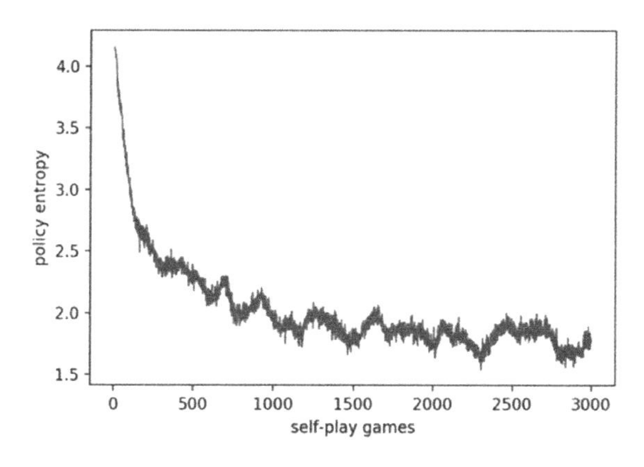

图 13.5　训练过程中策略熵变化曲线

在训练的过程中，我们会定期将训练得到的策略价值网络模型保存到文件中。在训练结束之后，我们自然希望评估最终得到的模型的效果，那么一个最直接的方式就是自己和训练得到的 AI 模型进行人机对战。下面我们就来实现人机对战的功能。

首先导入我们定义好的五子棋环境，以及蒙特卡洛树搜索和策略价值网络相关模块，代码如下：

```
from game import Board, Game
from mcts_alphaZero import MCTSPlayer
from policy_value_net_pytorch import PolicyValueNet
```

然后我们给人类玩家定义一个 Human 类，提供类似于 MCTSPlayer 类中的接口，主要是 get_action()方法。在 Human 类中，get_action()方法让人类玩家以行、列坐标的方式输入想要落子的位置，然后判断合法性，如果不合法会提示重新输入。

```
class Human(object):
    """human player"""

    def __init__(self):
        self.player = None

    def set_player_ind(self, p):
        self.player = p

    def get_action(self, board):
        try:
            location = input("Your move: ")
            if isinstance(location, str):  # for Python3
                location = [int(n, 10) for n in location.split(",")]
            move = board.location_to_move(location)
        except Exception as e:
            move = -1
        if move == -1 or move not in board.available:
            print("invalid move")
            move = self.get_action(board)
        return move

    def __str__(self):
        return "Human {}".format(self.player)
```

有了 Human 类，我们就可以实现人机对战的过程了，我们将其定义为函数 run()。首先，设置棋盘相关的参数，以及我们训练过程中保存的模型的名字。然后，创建棋盘和游戏实例，以及 AI 玩家和人类玩家的实例。注意，在创建 AI 玩家时，参数

n_playout 决定了 AI 模型做每一步决策时所执行的 MCTS 模拟的次数。该参数越大，AI 模型每次决策所需要的时间越长，但实力也会更强。最后我们通过调用 game.start_play()启动对战流程。

```
def run():
    n = 5
    width, height = 8, 8
    model_file = 'current_policy.model'
    try:
        board = Board(width=width, height=height, n_in_row=n)
        game = Game(board)

        # 创建AI player
        best_policy = PolicyValueNet(width, height,
                                     model_file=model_file)
        mcts_player = MCTSPlayer(best_policy.policy_value_fn,
                                 c_puct=5, n_playout=400)

        # 创建Human player,输入样例: 2,3
        human = Human()

        # 设置start_player=0可以让人类先手
        game.start_play(human, mcts_player,
                        start_player=1, is_shown=1)
    except KeyboardInterrupt:
        print('\n\rquit')


if __name__ == '__main__':
    run()
```

至此，我们就实现了人机对战的功能。当需要进行对战时，我们直接在文件目录下执行 Python human_play.py 即可。在上面的代码中，我们设置的是 AI 先手，所以开启对战之后，AI 会执行第 1 步落子，我们可能会看到如图 13.6 所示的输出，表示 AI 模型第 1 步落子选择了(3,3)位置。最下方的“Your move:”表示在等待我们输入。

假设我们决定将棋子下在(4,4)位置，则输入“4,4”；接着 AI 模型会执行第 2 步落子，我们可能看到如图 13.7 所示的输出。首先可以确认，我方已经在刚才选择的(4,4)位置落子了，以符号“X”表示，同时我们看到 AI 模型第 2 步选择了(4,3)位置，并在等待我们的下一步输入。这样轮流交替，我们就可以和训练得到的 AI 模型进行人机对战了。

```
AI move: 3,3

Player 1 with X
Player 2 with O

        0       1       2       3       4       5       6       7

    7   _       _       _       _       _       _       _       _

    6   _       _       _       _       _       _       _       _

    5   _       _       _       _       _       _       _       _

    4   _       _       _       _       _       _       _       _

    3   _       _       _       O       _       _       _       _

    2   _       _       _       _       _       _       _       _

    1   _       _       _       _       _       _       _       _

    0   _       _       _       _       _       _       _       _


Your move:
```

图 13.6　人机对战 AI 第 1 步

```
AI move: 4,3

Player 1 with X
Player 2 with O

        0       1       2       3       4       5       6       7

    7   _       _       _       _       _       _       _       _

    6   _       _       _       _       _       _       _       _

    5   _       _       _       _       _       _       _       _

    4   _       _       _       O       X       _       _       _

    3   _       _       _       O       _       _       _       _

    2   _       _       _       _       _       _       _       _

    1   _       _       _       _       _       _       _       _

    0   _       _       _       _       _       _       _       _


Your move:
```

图 13.7　人机对战 AI 第 2 步

至此，整个 AlphaZero 实战部分就介绍完了，感兴趣的同学可以自己动手从零训练自己的 AI 模型并尝试和它进行对战。或者在本章实战代码的基础上，尝试修改策略价值网络的结构、自我对弈相关的参数或者训练相关的参数等，在实践中观察它们对训练速度和效果的影响，验证自己的想法，收获自己对 AlphaZero 算法的理解。

附录A PyTorch 入门

A.1 PyTorch 基础知识

A.1.1 Tensor

Tensor 是 PyTorch 中用来存储多维矩阵数据的数据结构，和 NumPy 中的 ndarray 比较类似，但 Tensor 能够使用 GPU 来加速运算。

在 PyTorch 中，构造 Tensor 的方式有很多，比如下面的代码构造了一个 2×3 的矩阵，注意这个矩阵中的值是没有初始化的。

```
>>> import torch
>>> x = torch.Tensor(2, 3)
>>> x
-6.7819e+34  4.5874e-41  9.8329e-38
 0.0000e+00  4.4842e-44  0.0000e+00
[torch.FloatTensor of size 2x3]
Tensor 也可以在 Python list 的基础上构造：
>>> x = torch.Tensor([[1, 2, 3], [4, 5, 6]])
>>> x
 1  2  3
 4  5  6
[torch.FloatTensor of size 2x3]
```

我们也可以很容易地构造一些比较常用的矩阵，比如随机初始化的矩阵、全 0 矩阵或者全 1 矩阵：

```
>>> x = torch.rand(2, 3)
>>> x
 0.6361  0.5503  0.7587
 0.2801  0.5975  0.4645
[torch.FloatTensor of size 2x3]

>>> x = torch.zeros(2, 3)
>>> x
 0  0  0
 0  0  0
[torch.FloatTensor of size 2x3]

>>> x = torch.ones(2, 3)
>>> x
 1  1  1
 1  1  1
[torch.FloatTensor of size 2x3]
```

然后通过 size()方法我们可以获取一个 Tensor 的大小：

```
>>> x.size()
torch.Size([2, 3])
```

注意，torch.Size 实际上是一个 Tuple，它支持 Tuple 的各种操作，比如可以方便地取出第 1 个维度：

```
>>> x.size()[0]
2L
```

A.1.2　基础操作

在 PyTorch 中我们可以方便地进行一些数学运算和矩阵操作，比如矩阵可以直接乘以一个数字，再加上另外一个矩阵：

```
>>> x = torch.ones(2, 3)
>>> y = torch.ones(2, 3) * 2
>>> x + y
 3  3  3
 3  3  3
[torch.FloatTensor of size 2x3]
```

加法也可以有多种写法，比如：

```
>>> torch.add(x, y)
```

```
 3  3  3
 3  3  3
[torch.FloatTensor of size 2x3]

>>> x.add_(y)
 3  3  3
 3  3  3
[torch.FloatTensor of size 2x3]
```

特别注意：最后一种方法 add_()会原地修改 Tensor *x* 的值。在 PyTorch 中，任何原地修改 Tensor 内容的操作都会在方法名后加一个下划线作为后缀，例如：x.copy_(y)、x.t_()、x.zero_()这些都会改变 *x* 的值。

```
>>> x
 3  3  3
 3  3  3
[torch.FloatTensor of size 2x3]

>>> x.zero_()
 0  0  0
 0  0  0
[torch.FloatTensor of size 2x3]

>>> x
 0  0  0
 0  0  0
[torch.FloatTensor of size 2x3]
```

Tensor 也支持 NumPy 中的各种切片操作，比如操作矩阵的某一列：

```
>>> x[:, 1] = x[:, 1] + 2
>>> x
 0  2  0
 0  2  0
[torch.FloatTensor of size 2x3]
```

另外，我们可以使用 torch.view()来改变矩阵的形状（类似于 NumPy 中的 reshape）：

```
>>> x.view(1, 6)
 0  2  0  0  2  0
[torch.FloatTensor of size 1x6]
```

A.1.3　Tensor 和 NumPy array 间的转化

Torch 的 Tensor 和 NumPy 的 array 可以非常方便地进行相互转化。但是需要注意的是，它们会共享内存的地址，所以修改其中的一个会导致另外一个也发生改变。

```
>>> import numpy as np
>>> x = torch.ones(2, 3)
>>> x
 1  1  1
 1  1  1
[torch.FloatTensor of size 2x3]

>>> y = x.numpy()
>>> y
array([[1., 1., 1.],
       [1., 1., 1.]], dtype=float32)

>>> x.add_(2)
 3  3  3
 3  3  3
[torch.FloatTensor of size 2x3]

>>> y
array([[3., 3., 3.],
       [3., 3., 3.]], dtype=float32)

>>> z = torch.from_numpy(y)
>>> z
 3  3  3
 3  3  3
[torch.FloatTensor of size 2x3]
```

A.1.4　Autograd：自动梯度

在任何深度学习框架中，都需要有一个计算误差的梯度并进行反向传播的机制，这对于构建神经网络模型至关重要。在 PyTorch 中，这个机制是由 Autograd 包实现的，其中提供了对 Tensor 上的所有操作进行自动求导的支持。

Variable 类是 Autograd 包中最核心的一个类，它包装了一个 Tensor，并且支持几乎所有定义在 Tensor 上的操作。我们可以通过.data 属性来访问原始的 Tensor。

```
>>> from torch.autograd import Variable
>>> x = Variable(torch.ones(2, 2)*2, requires_grad=True)
```

```
>>> x
Variable containing:
 2  2
 2  2
[torch.FloatTensor of size 2x2]

>>> x.data
 2  2
 2  2
[torch.FloatTensor of size 2x2]
```

在上面的创建语句中,我们传入了一个 Tensor,并设置 requires_grad 参数为 True。只有一个 Variable 的 requires_grad 为 True，我们才能关于它求梯度。

下面我们在 Variable x 的基础上再定义一个新的 Variable y:

```
>>> y = 2 * (x * x) + 5 * x
>>> y = y.sum()
>>> y
Variable containing:
 72
[torch.FloatTensor of size 1]
```

y 可以看成是一个关于 x 的函数,它关于 x 的梯度 dy/dx 的表达式我们可以通过解析和计算得到结果 $4x + 5$。现在 x 中的每一个元素值都是 2,将其代入 dy/dx 的表达式,我们可以知道 dy/dx 中的每一个元素值都是 13。在 PyTorch 中,当我们完成计算之后,可以通过调用.backward()方法来自动计算梯度。现在我们需要计算的是 y 关于 x 的梯度,所以我们调用 y.backward(),而计算得到的梯度会存储到 Variable x 的.grad 属性中。

```
>>> y.backward()
>>> x.grad
Variable containing:
 13  13
 13  13
[torch.FloatTensor of size 2x2]
```

可以看到,使用 backward()自动计算得到的梯度和我们手动计算得到的是一致的。

A.2 PyTorch 中的神经网络

至此，我们简单地介绍了 PyTorch 中的 Tensor、Variable 和 Autograd 等一些基础概念。接下来，我们以在 CIFAR-10 数据集上训练一个图像分类的神经网络为例，完整地介绍在 PyTorch 中构建并训练一个神经网络的一般过程。

CIFAR-10 数据集是一个图像数据集，其中共有 60000 张图像，对应了 10 个类别，分别是："airplane" "automobile" "bird" "cat" "deer" "dog" "frog" "horse" "ship" 和 "truck"，每个类别有 6000 张，其中 5000 张用于训练，1000 张用于测试。每张图像都是 3 通道的彩色图像，大小为 32 像素 × 32 像素，图 A.1 中展示了每个类别的 10 张样例图片。

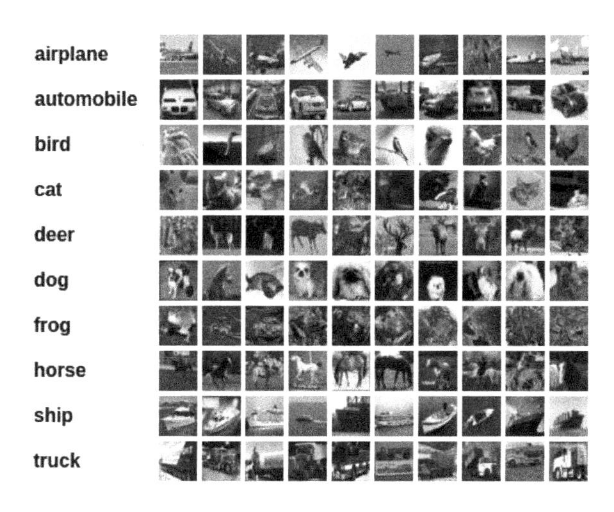

图 A.1　CIFAR-10 数据集样例图片

我们现在要构建并训练一个神经网络模型，输入原始的图像数据，输出这张图像的类别。

A.2.1　如何定义神经网络

让我们先来定义一个神经网络。在 PyTorch 中，神经网络的构建主要使用 torch.nn 包。我们定义的神经网络需要继承内置的 nn.Module 类，nn.Module 类给我们提供了很多定义好的功能，一般情况下我们只需要定义自己的网络模型结构及前向（Forward）方法。让我们来看实际定义网络模型的代码：

```
import torch
import torch.nn as nn
import torch.nn.functional as F

class Net(nn.Module):
   def __init__(self):
```

```
        super(Net, self).__init__()
        self.conv1 = nn.Conv2d(3, 6, 5)
        self.conv2 = nn.Conv2d(6, 16, 5)
        self.fc1 = nn.Linear(16 * 5 * 5, 120)
        self.fc2 = nn.Linear(120, 84)
        self.fc3 = nn.Linear(84, 10)

    def forward(self, x):
        x = F.max_pool2d(F.relu(self.conv1(x)), 2)
        x = F.max_pool2d(F.relu(self.conv2(x)), 2)
        x = x.view(-1, 16 * 5 * 5)
        x = F.relu(self.fc1(x))
        x = F.relu(self.fc2(x))
        x = self.fc3(x)
        return x
```

上面的代码定义了一个神经网络的类 Net，在初始化方法__init__()中，我们首先调用父类的初始化方法，然后定义一些用于构建神经网络的层，包含 2 个卷积层（nn.Conv2d）和 3 个全连接层（nn.Linear）。以第 1 个卷积层 nn.Conv2d(3, 6, 5)为例，第 1 个参数 3 表示该层的输入有 3 个通道，第 2 个参数 6 表示该层的输出有 6 个通道，第 3 个参数 5 表示该层使用 5 × 5 的卷积核。

再以最后一个全连接层 nn.Linear(84, 10)为例，第 1 个参数 84 表示该层的输入是 84 维，第 2 个参数 10 表示该层的输出是 10 维，对应 CIFAR-10 数据集中的 10 个图像类别。需要注意的是，在__init__()中我们只是定义了用于搭建网络的层，但没有真正定义网络的结构，神经网络真正的输入输出关系是在 forward()方法中定义的，它控制了数据在网络中的流动方式。在 forward()的定义中，我们将输入数据 x 作为参数传入，它首先经过第 1 个卷积层 self.conv1(x)，然后通过非线性激活函数 ReLU 和一个 2 × 2 的 MaxPooling 层。我们将这一系列变换之后的输出重新定义为 x，再通过后面的卷积层和全连接层。有一点需要说明的是，torch.nn 中要求输入的数据是一个 mini-batch，因为我们的图像数据本身是 3 维的，所以 forward()的输入 x 是 4 维的，在经过两个卷积层之后还是 4 维的 Tensor，所以在输入后面的全连接层之前我们先使用.view()方法将其转化为 2 维的 Tensor。

这样就定义好了我们自己的神经网络，接下来我们可以创建这个神经网络的实例，并打印出来看看。从打印的输出，我们也可以确认网络的结构。

```
>>> net = Net()
>>> print(net)
Net (
```

```
  (conv1): Conv2d(3, 6, kernel_size=(5, 5), stride=(1, 1))
  (conv2): Conv2d(6, 16, kernel_size=(5, 5), stride=(1, 1))
  (fc1): Linear (400 -> 120)
  (fc2): Linear (120 -> 84)
  (fc3): Linear (84 -> 10)
)
```

神经网络模型中可以训练的参数由 net.parameters()返回，在我们刚才定义的网络中，共有 10 个参数，分别对应 5 个层的 weight 参数和 bias 参数。比如前两个分别是第 1 个卷积层 conv1 的 weight 参数和 bias 参数，我们可以通过打印出来的参数的 size 确认这一点。

```
>>> params = list(net.parameters())
>>> print(len(params))
10

>>> print(params[0].size())
(6L, 3L, 5L, 5L)

>>> print(params[1].size())
(6L,)
```

我们也可以直接通过层和参数的名字访问具体的参数，比如 net.conv1.weight 是第 1 个卷积层 conv1 的 weight 参数。另外，我们可以看到，这些模型参数的 requires_grad 是默认为 True 的，这意味着后面可以计算关于这些参数的梯度并用梯度来更新这些参数。当然，如果我们想要固定网络中的某些层的参数不更新，那么可以设置这部分网络对应的参数的 requires_grad 为 False，这样在反向求梯度过程中就不会计算这些参数对应的梯度了。

```
>>> print(net.conv1.weight.size())
(6L, 3L, 5L, 5L)

>>> print(net.conv1.bias.size())
(6L,)

>>> net.conv1.weight.requires_grad
True
```

定义好了神经网络，让我们来看一下如何调用这个神经网络获取输出。前面提到，我们这边需要的输入数据是 4 维的。同时，在 PyTorch 里神经网络的输入需要包装成一个 Variable。在下面的代码中，随机生成了一个输入样本作为示例。有了输入数据之后，可以直接将其传入神经网络得到输出，实际上就是调用我们定义的 net.forward()

方法。可以看到，神经网络的输出也是一个 Variable，共有 10 维，和我们预期的一致。

```
>>> input = Variable(torch.rand(1, 3, 32, 32))
>>> output = net(input)
>>> print(output)
Variable containing:
-0.0291  0.0813 -0.0086  0.0770 -0.0638  0.0778  0.0990  0.0488
-0.1013 -0.0967
[torch.FloatTensor of size 1x10]
```

现在我们已经知道了如何在 PyTorch 中定义神经网络，如何输入数据得到输出。但是我们的神经网络现在还没有经过训练，即神经网络里的参数还是随机初始化的值。下面我们就来介绍如何在 PyTorch 中训练神经网络，更新它的参数。

A.2.2 如何训练神经网络

要训练神经网络，我们首先需要定义 1 个损失函数，我们训练的目标就是通过调整神经网络模型的参数来最小化这个损失函数。1 个损失函数输入神经网络的预测输出和样本的真实标签，然后返回 1 个值评估预测输出距离真实标签的远近程度。在 torch.nn 包中，有很多定义好的损失函数，比如 nn.MSELoss、nn.L1Loss、nn.CrossEntropyLoss 等。因为我们是在训练 1 个多分类模型，所以使用交叉熵损失函数 nn.CrossEntropyLoss。

```
criterion = nn.CrossEntropyLoss()
```

还是以前面随机生成的那个输入样本 input 为例，假设它对应的真实标签是 4，而我们刚才已经得到了它通过神经网络之后的输出 output，那么我们就可以直接把它们输入刚才选择的损失函数计算得到 loss。需要注意，损失函数的输入 output 和 label 都要求是 Variable，输出 loss 也是一个 Variable。

```
>>> label = Variable(torch.LongTensor([4]))
>>> loss = criterion(output, label)
>>> print(loss)
Variable containing:
 2.2698
[torch.FloatTensor of size 1]
```

在定义完损失函数之后，我们还需要选择最小化这个损失函数时准备采用的优化方法。这时候我们需要用到 torch.optim 包，里面已经实现了各种常用的优化方法，比如 SGD、Nesterov-SGD、Adam、RMSProp 等，一般我们从中选择就可以了。这边我们选择了带动量的随机梯度下降法，并将需要训练更新的模型参数作为第 1 个参数传入，同时设定学习速率参数 lr=0.001，动量参数 momentum=0.9。

```
import torch.optim as optim
optimizer = optim.SGD(net.parameters(), lr=0.001, momentum=0.9)
```

定义好了损失函数和优化方法，我们就可以训练更新神经网络的参数了。在更新之前，我们先挑一个参数看一下它现在的数值：

```
>>> print(net.conv1.bias)
Parameter containing:
1.00000e-02 *
  5.5906
 -1.5175
 -1.0123
 -3.0210
 -5.0763
 -4.4774
[torch.FloatTensor of size 6]
```

参数训练更新主要包含两步，首先我们调用 loss.backward()自动计算 loss 关于所有可训练参数的梯度，然后执行 optimizer.step()，根据上一步计算得到的梯度更新参数。需要注意，在调用 backward()计算梯度之前，我们一般需要先调用 optimizer.zero_grad()将所有参数的梯度置为 0，因为 backward()计算得到的梯度是累积到原有的梯度之上的。

```
>>> optimizer.zero_grad()     # zeroes the gradient buffers
>>> loss.backward()
>>> optimizer.step()    # Does the update
```

在执行了一步参数更新之后，我们再来看刚才打印的那个参数的数值。可以发现，它已经被更新过了。

```
>>> print(net.conv1.bias)
Parameter containing:
1.00000e-02 *
  5.6065
 -1.5020
 -1.0208
 -2.9953
 -5.0804
 -4.4815
[torch.FloatTensor of size 6]
```

至此，相信大家已经基本了解了在 PyTorch 中训练神经网络的方法。下面我们就在 CIFAR-10 数据集上真正地训练神经网络多分类模型，并进行测试。

A.2.3 在 CIFAR-10 数据集上进行训练和测试

首先我们需要获取 CIFAR-10 数据集，并对数据进行必要的预处理。有一个 torchvision 包（需要另外安装）已经为我们收集好了各种常用的图像数据集，比如 Imagenet、CIFAR-10、MNIST 等，并提供了非常方便的加载和预处理的功能。在下面的代码中，我们使用 torchvision 分别获取 CIFAR-10 的训练集和测试集，将图像数据转化为 Tensor 并归一化到[−1, 1]之间。

```
import torchvision
import torchvision.transforms as transforms

transform = transforms.Compose(
   [transforms.ToTensor(),
    transforms.Normalize((0.5, 0.5, 0.5), (0.5, 0.5, 0.5))])

trainset = torchvision.datasets.CIFAR-10(root='./data',
                                        train=True,
                                        download=True,
                                        transform=transform)
trainloader = torch.utils.data.DataLoader(trainset, batch_size=4,
                                          shuffle=True,
                                          num_workers=2)

testset = torchvision.datasets.CIFAR-10(root='./data',
                                       train=False,
                                       download=True,
                                       transform=transform)
testloader = torch.utils.data.DataLoader(testset, batch_size=4,
                                         shuffle=False,
                                         num_workers=2)

classes = ('plane', 'car', 'bird', 'cat', 'deer',
         'dog', 'frog', 'horse', 'ship', 'truck')
```

注意：在执行上面这段代码时，因为需要下载数据集，因此速度可能会有一些慢，开始下载及下载完成时会分别有下面的输出提示：

```
    Downloading
https://www.cs.toronto.edu/~kriz/cifar-10-Python.tar.gz
to ./data/cifar-10-Python.tar.gz
    Files already downloaded and verified
```

数据准备好之后，我们就可以开始真正的训练了。我们会多次遍历训练数据集，每次取出一个 mini-batch（设置为 4）的数据，根据 mini-batch 的数据执行我们前面介绍的训练更新神经网络参数的几个步骤，直到结束。

```
for epoch in range(5):

    running_loss = 0.0
    for i, data in enumerate(trainloader, 0):
        # 获取输入图像和对应标签
        inputs, labels = data
        # 把它们包装成 Variable
        inputs, labels = Variable(inputs), Variable(labels)
        # 求梯度之前先将参数的梯度置零
        optimizer.zero_grad()
        # 根据网络输出和目标标签计算损失函数，求梯度并更新参数
        outputs = net(inputs)
        loss = criterion(outputs, labels)
        loss.backward()
        optimizer.step()
        # 每 6000 个 mini-batch 输出一次 loss 情况
        running_loss += loss.data[0]
        if i % 6000 == 5999:
            print('[%d, %5d] loss: %.3f' %
                  (epoch + 1, i + 1, running_loss / 6000))
            running_loss = 0.0

print('Finished Training')
```

执行上面的训练过程，可以得到下面的输出。可以看到，随着训练过程的推进，损失函数在慢慢减小，说明神经网络的输出在慢慢接近真实的标签。

```
[1,  6000] loss: 1.874
[1, 12000] loss: 1.509
[2,  6000] loss: 1.367
[2, 12000] loss: 1.304
[3,  6000] loss: 1.208
[3, 12000] loss: 1.193
[4,  6000] loss: 1.113
[4, 12000] loss: 1.109
[5,  6000] loss: 1.040
```

```
[5, 12000] loss: 1.046
Finished Training
```

在上面的训练过程中，我们已经完整地遍历了 5 遍训练数据集。下面我们在测试数据集上看一下模型预测的准确率，看看我们的神经网络有没有学到一些东西。在预测时，我们将模型输出的 10 个值中最大的那个对应的类别作为模型的预测类别。

```
correct = 0
total = 0
for data in testloader:
    images, labels = data
    outputs = net(Variable(images))
    _, predicted = torch.max(outputs.data, 1)
    total += labels.size(0)
    correct += (predicted == labels).sum()

print('Accuracy of the network on the 10000 test images: %d %%' % (
    100 * correct / total))
```

执行上面的代码，我们看到在测试集的 10000 张图片上，神经网络预测输出的分类准确率为 59%：

```
Accuracy of the network on the 10000 test images: 59 %
```

考虑到一共有 10 个类别，如果随机预测一个类别，准确率应该只有 10%左右，所以我们这个结果还是不错的，至少说明经过训练的神经网络确实学到了一些东西。

下面进一步看一下我们的神经网络在每个类别上的分类准确率，代码如下：

```
class_correct = list(0. for i in range(10))
class_total = list(0. for i in range(10))
for data in testloader:
    images, labels = data
    outputs = net(Variable(images))
    _, predicted = torch.max(outputs.data, 1)
    c = (predicted == labels).squeeze()
    for i in range(4):
        label = labels[i]
        class_correct[label] += c[i]
        class_total[label] += 1

for i in range(10):
    print('Accuracy of %5s : %2d %%' % (
        classes[i], 100 * class_correct[i] / class_total[i]))
```

从下面的输出可以看到，我们训练的神经网络分类最不准确的两个类别是 cat 和

dog。

```
Accuracy of plane : 66 %
Accuracy of   car : 61 %
Accuracy of  bird : 60 %
Accuracy of   cat : 38 %
Accuracy of  deer : 50 %
Accuracy of   dog : 40 %
Accuracy of  frog : 76 %
Accuracy of horse : 61 %
Accuracy of  ship : 83 %
Accuracy of truck : 51 %
```

A.2.4 模型的保存和加载

神经网络的训练往往是比较耗时的，特别是在模型比较复杂、数据量比较大的时候，所以我们经常会希望将训练好的模型保存到文件供以后使用。这时我们可以调用网络的 state_dict()方法，该方法会以字典的形式返回模型的所有参数。字典的 key 是模型参数的名字，字典的 value 是存储对应参数具体数值的 Tensor。下面我们可以看到神经网络的所有参数的名字，并展示了第 1 个卷积层的 bias 参数在训练之后的具体数值，具体代码如下：

```
>>> net.state_dict().keys()
['conv1.weight',
 'conv1.bias',
 'conv2.weight',
 'conv2.bias',
 'fc1.weight',
 'fc1.bias',
 'fc2.weight',
 'fc2.bias',
 'fc3.weight',
 'fc3.bias']

>>> net.state_dict()['conv1.bias']
 0.4714
-0.4299
-0.0080
-0.2268
-0.3520
-0.5306
[torch.FloatTensor of size 6]
```

接下来我们可以进一步使用 torch.save()将 state_dict()返回的模型参数保存到文件。之后需要使用的时候，可以先用 torch.load()从文件中读取模型参数，再用 load_state_dict()方法将参数加载到神经网络模型中。

```
torch.save(net.state_dict(), 'model.pt')
net.load_state_dict(torch.load('model.pt'))
```

至此，PyTorch 的入门知识就介绍完了，如果需要进一步深入学习，或者在实际使用的过程中遇到问题，可以参考 PyTorch 的官方文档和官方教程。

参考文献

[1] Slivkins A.Introduction to Multi-Armed Bandits,https://arxiv.org/abs/1904.07272v1

[2] Sutton R S, Barto A G.Reinforcement learning: an introduction, USA: The MIT Press, 2017.

[3] 郭宪，方勇纯. 深入浅出强化学习：原理入门，电子工业出版社，2018.

[4] Nagabandi A,Kahn G,Fearing R S,et al.Neural Network Dynamics for Model-Based Deep Reinforcement Learning with Model-Free Fine-Tuning.IEEE International conference on robotics and automation,2018.

[5] Silver D, Huang A,Maddison C J,et al.Mastering the game of Go with deep neural networks and tree search.Nature,529(7587):484 – 489,January 2016.

[6] Silver D,Schrittwieser J,Simonyan K,et al.Mastering the game of go without human knowledge.Nature,550:354 – 359,2017.

[7] Silver D, Hubert T,Schrittwieser J,et al.Mastering Chess and Shogi by Self-Play with a General Reinforcement Learning Algorithm[J].2017.

[8] P.Auer,N.Cesa-Bianchi,and P.Fischer.Finite time analysis of the multiarmed bandit problem.Machine Learning,47(2-3):235 – 256,2002.

[9] Kocsis L, Szepesv á ri C.Bandit based monte-carlo planning.Lecture Notes in Computer Science,4212:282-293,2006.

[10] 唐振韬, 邵坤, 赵冬斌, 等. 深度强化学习进展：从 AlphaGo 到 AlphaGo Zero[J]. 控制理论与应用, 2017,34(12),1529-1546.

后　记

书结束了，你学会了几成？

如果不到十成，没有关系，请读第二遍。

书读百遍，其义自见，这也是我的读书习惯。我在读一本新书时，第一遍怀着崇敬的心情去读、去观赏，这是对作者辛勤付出的敬意；第二遍怀着求知的心情去读，将书里的知识融为自己的知识；第三遍则是怀着质疑和思考的心情去读，去寻找书中哪些地方讲得不对或者不好，哪些地方还有待改善。

记得曾经跟我的博士生导师马书根先生交流探讨读论文的事情。有段时间，我连续读了几十篇论文，很得意地对导师说："最近读论文很有感触。"马老师问我有什么感触。我说我知道什么叫读懂论文了。

马老师很感兴趣地说："你说说，什么叫读懂论文了。"

我很有心得地说："当论文读到用一句话就能概括的程度，就算是读懂了。"

马老师思索了片刻，道："你这个境界还不够，论文读到能看出其中的破绽才算真正读懂了！"

听完之后，我佩服得五体投地，马老师说的这个境界比我说得更高。所以，我希望我的读者也都能达到这个境界：当你发现这本书漏洞百出的时候，那么恭喜你，你读懂了这本书！

本书大部分成稿于2018年年初，主要内容是强化学习的基本算法。2018年以来，强化学习领域得到快速发展，多智能体强化学习持续发力，笔者本人的研究兴趣也扩展到了多智能体强化学习领域。多智能体强化学习中的很多算法和思想经过研究者的初步探索，集成了经典强化学习算法，所以仔细领悟本书对于研究多智能体的人也大有裨益。或许，下一步，笔者会写一本关于多智能体强化学习算法的书。

生命不息，奋斗不止！

请把青春献给思想的成长，那是很值、很值的。